内蒙古苜蓿研究

◎徐丽君　辛晓平　著

中国农业科学技术出版社

图书在版编目（CIP）数据

内蒙古苜蓿研究 / 徐丽君，辛晓平著，—北京：中国农业科学技术出版社，2018.12

ISBN 978-7-5116-3682-9

Ⅰ．①内… Ⅱ．①徐… ②辛… Ⅲ．①紫花苜蓿—研究—内蒙古 Ⅳ．① S541

中国版本图书馆 CIP 数据核字（2018）第 255586 号

责任编辑　闫庆健　陶莲
责任校对　李向荣

出 版 者　中国农业科学技术出版社
　　　　　北京市中关村南大街 12 号　邮编：100081
电　　话　（010）82106636（编辑室）（010）82109702（发行部）
　　　　　（010）82109709（读者服务部）
传　　真　（010）82106631
网　　址　http://www.castp.cn
经 销 者　各地新华书店
印 刷 者　北京建宏印刷有限公司
开　　本　710mm × 1000mm　1/16
印　　张　14
字　　数　274 千字
版　　次　2018 年 12 月第 1 版　2018 年 12 月第 1 次印刷
定　　价　78.00 元

引　言

苜蓿既是我国草地农业的主要作物，也是生态治理的重要草种，更是畜牧业赖以发展的物质基础。随着我国农业产业结构的不断优化、生态保护的不断推进和畜牧业的不断发展，特别是奶业对苜蓿需求量的不断增加，我国苜蓿种植业得到了持续快速发展，种植水平不断提高，种植规模不断扩大，产业化程度不断提升，经济效益、生态效益和社会效益不断凸显，苜蓿产业已成为我国草业的支柱产业。

内蒙古自治区（全书简称内蒙古）生态类型多样，冬季寒冷少雪严重威胁着苜蓿的安全越冬。为了更好地利用旱区农业生态资源发展苜蓿，针对内蒙古自治区农业生态特点和生产需求，我们从"十二五"开始，先后在科尔沁沙地、土默特平原、河套灌区和呼伦贝尔草原区等地，围绕苜蓿稳定持续生产与利用等方面的理论与技术问题，开展了较为系统的研究，本书就是在此基础上形成。研究得到多个项目的资助，包括农业农村部国家牧草产业技术体系专项经费（CARS-34）、中国农业科学院创新工程、科技部国家重点基础研究发展计划（973 计划）"优质高效人工草地可持续利用模式与优化布局"（2015CB150800）、科技部重点研发计划"北方草甸退化草地治理技术与示范"（2016YFC0500600）、农业农村部公益性行业专项"半干旱牧区天然打草场培育及利用技术研究与示范"（201300630）、国家自然基金青年基金"开垦对温性草甸草原土壤氮转化与氮平衡的影响及微生物学机制"（41703081）、科技部国际合作项目"草地碳平衡监测评估与增汇技术合作研究"、科技部国家农业科学数据共享中心 - 草地与草业数据分中心、农业农村部呼伦贝尔国家野外台站运行经费等科研项目。正因为有了这些项目的支持，我们才能开展持续的研究，才能取得第一手资料，才能为本书的撰写奠定基础。在本书即将付梓之时，对提供项目资助的相关部门表示衷心的感谢。

在研究区域选择、试验设计、书稿策划、内容整理等方面，孙启忠研究员、杨桂霞研究员、梁正伟研究员、逄焕成研究员、赵淑芬研究员、陶雅副研究员、柳茜高级畜牧师等人都给予大量支持与帮助。同时，李雅璐、闫亚飞、张仲娟、李峰、李达、王笛、唐雪娟、聂莹莹、青格勒等人不论是在项目研究过程中，还是在书稿撰写整理过程中都无怨无悔、默默无闻、勤勤恳恳地工作着、学习着、努力着，他们的付出为本书的成稿奠定了基础，尤需铭谢。

本书重点介绍了内蒙古从东至西四个生态区，苜蓿生产管理中产量构成要素、品种生产性能、草地健康评价、区划布局等内容。倘若从事苜蓿种植、热爱苜蓿事业的同仁，能从书中获得一些启示，我们将感到由衷的高兴和莫大的欣慰。由于苜蓿研究尚处于进展阶段，有很多科学问题尚待解决，本书出版的只是对我们近十年工作的一个阶段性总结，兼以水平和成稿时间所限，难免有疏漏之处，敬请批评指正。

著者

2018 年 6 月

目　录

第一章　内蒙古草牧业资源

第一节　内蒙古区域生态

一、地理位置、地貌特点

内蒙古自治区位于我国北部边疆，自东北向西南呈弧状。东、南、西依次与黑龙江、吉林、辽宁、河北、山西、陕西、宁夏回族自治区和甘肃8省区毗邻，跨越三北（东北、华北、西北），靠近津京。北部自西至东依次同蒙古国和俄罗斯接壤，东部距海较近，西部则深居内陆。从东向西干旱程度逐渐增加，由湿润、半湿润、半干旱到干旱，由冷到热的纬度地带性与由湿到干的经度地带性的纵横交织，相互作用，结合地貌条件，形成了内蒙古三大景观类型——草原景观、森林景观和荒漠景观。三大景观类型中，以草原占优势，是我国草原的重要组成部分。本区大小河流较多，东部河网密集，西部河流稀疏，较大的河流有黄河、额尔古纳河、嫩江、西辽河等，其余多为流量不大的山川沟溪和季节性河流。内蒙古天然湖泊星罗棋布，是一些主要牧区的天然供水源，比较大的湖泊有呼伦湖、贝尔湖（一部分）、达里湖、乌梁素海、岱海、居延海、查干诺尔等。内蒙古的地貌以蒙古高原为主体，具有复杂多样的形态。除东南部外，基本是高原，占总土地面积的50%左右，由呼伦贝尔高平原、锡林郭勒高平原、巴彦淖尔——阿拉善及鄂尔多斯等高平原组成，平均海拔1000m左右，海拔最高点贺兰山主峰3556m。高原四周分布着大兴安岭、阴山（狼山、色尔腾山、大青山、灰腾梁）、贺兰山等山脉，构成内蒙古高原地貌的脊梁。内蒙古高原西部分布有巴丹吉林、腾格里、乌兰布和、库布其四大沙漠和毛乌素沙地；中东部分布有浑善达克、科尔沁和海拉尔沙地。在大兴安岭的东麓、阴山脚下和黄河岸边，有嫩江西岸平原、西辽河平原、土默川平原、河套平原及黄河南岸平原，这里地势平坦、土质肥沃、光照充足、水源丰富，是内蒙古的粮食和经济作物主要产区及牧草种植的最佳适宜区。在山地向高平原、平原的交接地带，分布着黄土丘陵和石质丘陵，其间分布有低山、谷地和盆地，水土流失较严重。全区高原面积占总土地面积的53.4%，山地占20.9%，丘陵占16.4%，河流、湖泊和水库等水面面积占0.8%。

二、气候、光、热、水资源

内蒙古自治区大部分地区属于温带大陆性季风气候。大兴安岭北段，以大杨树—小二沟—索伦—阿尔山一线以北地区属于寒温带大陆性季风气候。巴彦浩特—海勃湾—巴彦高勒以西地区属于暖温带大陆性气候。本区冬季寒冷漫长，夏季炎热短促，年温差、日温差较大，无霜期短，降水集中于夏季，水热同期，日照充足，太阳能丰富。一般年平均气温在0~8℃，≥10℃积温在1800~4000℃，全年太阳辐射总量在115~167kcal/cm^2，年日照时数为2600~3400h，无霜期80~150d，降水量在100~450mm。年平均气温的分布是由大兴安岭向东南、西南方向递增，年总降水量的分布与气温分布相反，由东向西减少。东北部降水最多，鄂伦春旗的年降水量达468mm，越往西越少，阿拉善高原西部地区，年降水量少于50mm。蒸发量的分布与降水量的分布相反，愈往西蒸发量愈大。全区大部分地区年蒸发量相当于年降水量的5~10倍，致使空气干燥，干旱严重。内蒙古高原地下水分布广泛，埋藏较浅，开发利用较为方面，全区地下水资源量为268.8亿m^3；地表水较为富集，有大小河流100多条，大小湖泊1000余个。

三、土地资源、土壤类型

内蒙古自治区土地总面积118.3万km^2，居全国第3位，全区人均土地资源总面积约80亩（1亩≈667m^2。下同）。人均耕地5亩，人均林地4.55亩，人均草地50多亩，均远远高于全国平均水平。总体上看，内蒙古土地人均占有量总体较高，土地可开发潜力较大，土地类型多样，土地资源地区分布不均衡，土地退化严重且较为普遍。

土壤资源丰富，类型多，面积大，有大面积的宜农、宜林、宜草、宜牧土壤资源。土壤的分布具有清晰的带状分异现象，水平带大体与生物气候带相一致，为因地制宜地发展农林牧业提供了良好的基础。本区森林淋溶型土壤有暗棕壤、棕壤、棕色针叶林土、灰色森林土、褐土、灰褐土；森林草原类型土壤有黑土、黑钙土；典型草原土壤有栗钙土，荒漠草原有棕钙土、灰钙土；荒漠类型有灰漠土、灰棕漠土；森林向草原过渡的类型有栗褐土；初育类型土壤有新积土、龟裂土、风沙土、石质土、粗骨土；水成、半水成土壤有草甸土、山地草甸土、林灌草甸土、潮土、沼泽土、泥炭土；盐碱类型土壤有盐土、漠境盐土、碱土；山地土壤有亚高山草甸土。共计29个土类，是我国土壤类型丰富的省区之一。

第二节　草地资源与农牧业生产

一、草地资源

内蒙古草原资源十分丰富，东起大兴安岭，西至阿拉善居延湖畔，是欧亚大陆草原的重要组成部分，也是目前世界上草地类型最多，保护最完整的草地之一。全区草原总面积为13.2亿亩（15亩＝1hm^2。全书同），占全区国土总面积的 74%，占全国草地面积的 22%。本区地处中高纬度，远离海洋，地势高燥，具有明显的温带大陆性气候特征。按照《中国草地类型分类的划分标准和中国草地类型分类系统》，把内蒙古草地划分为 8 个类、21 个亚类、134 个组、476 个型。8 个类包括 5 大类水平分布的地带性草地，即温性草甸草原类、温性典型草原类、温性荒漠草原类、温性草原化荒漠类、温性荒漠类，3 类隐域性草地，即山地草原类、低平地草甸类和沼泽类。从草地分布看，典型草原类分布范围广、面积最大，占草原总面积的 35.1% 左右，构成内蒙古草原的主体。锡林郭勒高平原构成该类草地分布中心，北界到蒙古国，东北达呼伦贝尔高平原中西部，东越过大兴安岭南段延伸至西辽河平原东部，西沿阴山北麓呈狭长条状分布，并跨越阴山山脉，一直分布到鄂尔多斯高原东南部。其次是荒漠类，集中分布在内蒙古西部最干旱的阿拉善高原，约占草原总面积的 21.4%。处于过渡地带的草甸草原类、荒漠草原类和草原化荒漠类分布范围都比较狭窄，分别占全区草地总面积的 10.9%、10.6%、6.8%。非地带性的低平地草甸类分布也广泛，占全区草地总面积的 11.7%。此外，在农区、林区还零星分布有可供利用的多种林间草地、草滩、草坡等，一般称之为附带草地，面积较小。内蒙古牧草栽培区不同草地类型的植物种类组成、草群结构特点、产草量差别很大。由东部的草甸草原到西部的荒漠，草地植物种类成分愈来愈趋于贫乏，草地类型的分化明显，草群结构愈来愈简单，产草量构成中灌木、半灌木比重逐渐增加，草本植物比重、特别是杂类草比重则相对减少。草原的地带性变化导致草地质量的空间变化也有明显的时间性和地域性，并随年际的变化表现出不同的生产力。地带性草地产草量以草甸草原产草量在五类草地中为最高，并从东到西呈递减态势。据 20 世纪 80 年代草地普查，草甸草原平均每亩产青干草 78kg，其次是典型草原，平均每亩产青干草 39kg，其他类草地亩产青干草分别为：荒漠草原 19kg，草原化荒漠 17kg，荒漠 8kg。

本区草原分布着丰富的野生植物资源，据统计，全区有野生植物 2 271 种，其中野生饲用植物 793 种，分属于 52 科、272 属，占全区野生植物总数的 34.92%。主要优质饲用植物约 200 多种，占饲用植物总数的 25%，是各种草地类型中的建群种或优势种，代表着草地类型的结构特征和群落特性，决定草地类型的利用价值和经济价值。全区草地资源年生物总贮量约 680.8 亿 kg，其中可食干草总贮量约 408.57 亿 kg。在草地饲用植物组成中，禾本科、菊科、豆科、藜科、蔷薇科、莎草科、蓼科、十字花科、百合科、杨柳科等植物占 79.19%，其他科占 20.81%。禾本科牧草约 163 种，菊科约 134 种，豆科约 87 种。

二、农牧业生产

内蒙古有蒙、汉、回、满、达斡尔、鄂温克、鄂伦春等 49 个民族，全区总人口约 2400 多万人。内蒙古的种植业发展历史悠久，早在新石器时期即有黍、稷的种植，夏商、西周时期汉民已学会选择“嘉种”，秦汉时期已有黍、稷栗、麦等种植，西汉时期居延郡（额济纳旗）、朔方郡（今河套地区）一带已经种植粟、麦、稷、豌豆、油菜、菊芋、长山药和高粱，乾隆年间玉米、马铃薯传入，清光绪年间东部一些旗县开始种植水稻。新中国成立初，全区的粮食作物播种面积为5177.2万亩，平均亩产仅有35kg。到2011年，内蒙古粮食总产量达到238.8亿kg。本区农作物主要有小麦、荞麦、莜麦、大麦、玉米、水稻、高粱、粟、黍、稷、马铃薯、大豆、蚕豆、豌豆、绿豆、豇豆、小豆、油菜、胡麻、向日葵、蓖麻、大麻、芝麻、花生、甜菜等。

内蒙古是我国六大牧区之首，是国家重要的畜牧业基地，以草原畜牧业为主导产业的牧业旗县有33个，半农半牧业旗县21个。畜牧业是内蒙古的基础产业和优势产业，在国民经济中具有非常重要的地位和作用。内蒙古畜牧业，可大致划分为四个发展时期。1947年以前为游牧畜牧业，这是游牧民族对畜牧业的主要经营方式，逐水草而居是游牧畜牧业的主要特征，生产极不稳定。1949—1965年为恢复发展时期，新中国成立后，政府非常重视畜牧业的恢复与发展，针对当时畜牧业实际情况和农村牧区经济社会特点，提出在牧区的一切工作都必须以有利于恢复和发展畜牧业生产为出发点，牧区的社会经济等各个方面都发生了很大变化。1966—1978年为徘徊波动时期，这一时期畜牧业生产徘徊不前，甚至出现倒退现象。1979年以来为建设发展时期，内蒙古制定了促进畜牧业发展的政策措施，提出要把资源优势转化为经济优势，实施科教兴牧战略，发展效益畜牧业，走建设养畜的道路。对畜牧业经济体制和牧区工作进行了一系列改革，率先推行了“草畜双承包”责任制和统分结合的双层经营体制，到20世纪90年代畜牧业改革进一步深化，在全区推行“草牧场有偿承包使用制度”，全面深入落实草原“双权一制”、草畜平衡制度、基本草牧场保护，更进一步加强草原基本建设，完善法律法规。这一时期，内蒙古畜牧业没有发生大的波动，牲畜数量逐年增长，进入了建设养畜、稳步发展的阶段。目前，符合品种要求的畜禽品种共有98个，其中地方品种16个，培育品种24个，引进品种58个。到2011年牧业年度，全区牲畜存栏10 762万头，连续7年保持1亿头以上。2011年全区肉类、牛奶、禽蛋产量分别达到255万t、960万t和53万t。

三、畜牧业生产

内蒙古拥有闻名世界的广袤草原与丰富的家畜品种资源，是我国重要的畜产品生产和商品基地。经过60多年的建设和发展，内蒙古畜牧业取得了举世瞩目的成就，实现了历史性的跨越。内蒙古自治区已经具备了年稳定饲养1亿头牲畜、年生产240万t肉、10万t绒毛、900万t牛奶和50万t禽蛋的综合生产能力。牛奶、羊肉、上羊绒、细毛羊产量均居全国第一，畜牧业产值已占大农业的45.93%。畜牧业综合生产水平居全国五大牧区之首，为国民经济的发展和人民生活水平的提高做出了巨大贡献。

内蒙古畜禽品种资源十分丰富。地方良种颇负盛名，不同的草原生态，造就了不同类型的牲畜品种。有蒙古马、蒙古牛、蒙古羊、双峰驼、白绒山羊等地方品种，培育出了三河马、草原红牛、内蒙古细毛羊、内蒙古白绒山羊、阿拉善双峰驼等 27 个优良品种，并引进了荷斯坦、西门塔尔、安格斯、道赛特、萨福克等一批世界著名优良畜禽品种，特别是最近新育成命名的呼伦贝尔肉羊和巴美羊两个新品种，填补了国内杂交肉羊品种的空白，在提供高档畜产品和支援区内外畜种等方面，均发挥着重大作用。内蒙古自治区的肉、蛋、奶、毛绒、皮张五大类畜产品，在国内占有重要的地位，有些产品在国外也享有盛名。已建成种畜场为龙头的良种繁育体系，畜牧业年度良种及改良牲畜总头数 10 285.4 万头（只），比重为 94.7%，基本实现了畜禽良改化。

优势畜产品生产基地建设成效显著。立足内蒙古自治区优势，按照大力发展特色、绿色、生态畜牧业的战略要求，加快发展现代畜牧业。充分发挥内蒙古自治区具有发展草原畜牧业和农区畜牧业的双重优势，优化生产布局，转变养殖观念，调整养殖模式，使畜牧业尽快向质量、效益与生态安全并重的方向转变，做大做强畜牧业，畜牧业生产布局发生了积极变化，优势畜产品逐步向优势产区集中，畜产品生产区域布局日趋合理，一批优势畜产品产业带初步形成。以呼和浩特市、包头市、呼伦贝尔市为重点的奶业生产基地，以通辽市、赤峰市为重点的肉牛、猪禽生产基地，以呼伦贝尔市、兴安盟、通辽市、赤峰市、锡林郭勒盟、乌兰察布市、鄂尔多斯市、巴彦淖尔市为重点的肉羊、细毛羊生产基地，以兴安盟、通辽市、赤峰市、锡林郭勒盟、鄂尔多斯市、巴彦淖尔市、阿拉善盟为重点的羊绒生产基地各具特色，发展势头良好。

第三节　牧草栽培现状

一、牧草栽培历史及现状

内蒙古一直是我国人工种草面积较大的省区之一。据统计，2011 年全区人工种草面积 4382.67 万亩，占全国的 24.73%。其中多年生牧草 1657.41 万亩，占全区的 37.82%；饲用灌木 919.21 万亩，占全区的 20.97%；一年生牧草 1806.05 万亩（包括青贮玉米 1355.51 万亩），占全区的 41.25%（青贮玉米占 30.93%）。

人工草地起步于 20 世纪 50 年代初，经历了四个不同的发展阶段。

1947 — 1977 年起步发展阶段。在牧区率先引进了豆科牧草（紫花苜蓿、沙打旺、草木樨）和青贮玉米，大面积种植。1959 年全区人工种植饲草面积 240 多万亩，1977 年达到 600 多万亩，主要用于牲畜冬春补饲。种植的草种主要是苜蓿、沙打旺、草木樨、玉米、羊草等。

1978 — 2000 年快速发展阶段。在国家、自治区专项资金和项目的支持下，群众积极性高，全区各地人工种草迅速发展。建设上以户为主，以小型为主，内容和形式丰富。牧草品种由单一变为多样，主要有豆科、禾本科、藜科、菊科等多年生、一年生牧草和饲用灌木。牧草品种的选育、繁殖、技术推广取得成效，内蒙古选育的草品种 23 个，建立国有草种繁殖场 13 个。全区人工种草面积由 1980 年的 785 万亩发展到 2000 年的 3928.67 万亩，青贮饲料由 2.7 亿 kg 发展到 43 亿 kg，草种生产自给有余，达到年生产 1500 万 kg 的生产能力，成为我国牧草种子的主要产区之一。种植的草种主要是苜蓿（*Medicago sativa* L.）、沙打旺（*Astragalus adsurgens* Pall.）、草木樨（*Melilotus suaveolens* Ledeb. ）、草木樨状黄芪（*Astragalus melilotoides* Pall.）、羊柴（*Hedysarum mongolicum* Turez.）、柠条（*C. KorshinskiiKom*）、冰草（*Agropyron cristatum* (L.) Gaertn.）、老芒麦（*Elymus sibiricus* Linn.）、披碱草（*Elymus dahuricus* Turcz.）、无芒雀麦（*Bromus inermis* Leyss.）、羊草（*Leymus chinensis*(Trin.) Tzvel）等。人工种草为畜牧业由波动起伏变为持续稳定发展起到了重要的保障作用。

2001 — 2010 年减缓发展阶段。国家加大了草原生态保护和建设的投入，实施了京津风沙源治理、退牧还草、草种基地建设等重大工程项目。由单纯服务于畜牧业生产的观念转为生产建设与生态建设并重的观念。2005 年以来，由于农作物免税又实施良种和种植补贴，人工种草受到冲击，多年生和一年生牧草出现下滑的趋势。人工种草由 2001 年的 5575.5 万亩回落到 2009 年的 4522 万亩。全区青贮玉米始终保持增长趋势，种植面积稳定在 1000 万亩左右，由 2001 年的 61.41 万 kg 增长到 2009 年的 278.27 万 kg。种植的草种主要是苜蓿、沙打旺、草木樨、草木樨状黄芪、杨柴、柠条、冰草、老芒麦、披碱草、无芒雀麦、羊草等。国内自主选育和进口的草品种愈来愈多，内蒙古选育的草品种 29 个。国有草种繁殖场转制转产，草种基地转为产草或种粮，市场化草种生产体系尚未建立，草种生产经营处境艰难。

2011 年及以后草产业发展起步阶段。自 2011 年起，国家实施草原生态补助奖励机制政策，种草首次像种粮一样列入国家补贴。这一重大举措，标志着人工种草将进入新的产业化发展阶段。

二、栽培草种分区

内蒙古在近 70 年的牧草种植栽培中，各地通过引种筛选、栽培驯化及品种选育，结合当地的生产与生态建设，已基本选定了主要的栽培草种或品种。青贮玉米、草谷子、青莜麦、箭筈豌豆、草木樨等一、二年生牧草和饲料作物种植分布广泛，仅在品种上有特定的适宜区域。多年生牧草经常出现一个草种成为多个区域的当家草种之一，一个区域同时存在多个当家草种，即当家草种呈多样性的状况。由于苜蓿、沙打旺等草种的适应性广，品种多样，已在不同的区域成为当家草种，广泛种植；羊草、披碱草、冰草等草种的适应性也很广，因经济效益、种植习惯等原因，在一些适宜地区尚未大面积种植，仅在草原牧区种植，而平原丘陵区很少种植。这样，在亚区命名时，按“双重命名法”则会出现苜蓿等一个草种在各亚区都有，而一些主要优质草种又不能完全体现在名称里。鉴于在一个亚区里多年生和一年生主要优质草种或当家草种呈多样性的情况，本区亚区划分主要以自然条件、气候因子、生产与生态发展需求为考量，亚区命名以内蒙古地理方位、地貌特征或草原类型的区域为名称，共划分为五个亚区（包括：东北部大兴安岭岭北呼伦贝尔草原区，东部西辽河—嫩江流域平原丘陵区，中北部锡林郭勒及周边草原与农牧交错区，中西部黄河流域平原丘陵区，西部干旱荒漠草原区），在每个亚区中详细依次列出主要优质草种或当家草种名称。

（一）东北部大兴安岭岭北呼伦贝尔草原区

本区处于内蒙古东北部大兴安岭岭北呼伦贝尔草原及山地林业地区。包括陈巴尔虎旗、鄂温克旗、新巴尔虎左旗、新巴尔虎右旗、鄂伦春自治旗、海拉尔区、牙克石市、额尔古纳市、根河市、满洲里市、阿尔山市。含岭北牧业 4 旗，林区旗市 6 个，1 个口岸市。

本区的湿润度（k）为 0.4~1.0 或 1.0 以上，属温寒湿润半湿润区。气温低，湿度大。纬度为 46° 39′~53° 26′，海拔在 550~1400m。年降水量 300~450mm，≥ 10℃积温 1400~2200℃，大部地区不足 2000℃；年平均气温 -4~0℃，大部地区在 -1℃以下，最低月平均气温 -24℃以下，极端最低气温 -50℃或以下；无霜期 50~110d，大部地区不足 90d，全年积雪日数达 150d 左右。土壤有黑钙土、黑土、暗棕壤土、灰色森林土、草甸土及部分沼泽土、栗钙土和风沙土。分布有海拉尔沙地，湖泊河流众多及大面积的原始森林。

本区是内蒙古高纬高寒湿润草原牧区，尤以呼伦贝尔草原为著名，是保存最完善的大草原。在草原上优质牧草分布的种类多样，达 120 多种，被誉为“天然牧草王国”，其中最好优异的是羊草、黄花苜蓿等草种。本区虽然热量资源不足，无霜期短，但土质肥沃，一些地区积雪日数长，在无霜期 90d 以上的地区宜于种植羊草、无芒雀麦、老芒麦、杂种冰草、黄花苜蓿等耐寒性强的中生或旱中生优质牧草。多年来，在人工种草上，当地多种植无芒雀麦、冰草和老芒麦，形成了多年生禾本科牧草种植核心区。在苜蓿种植上，本世纪初鄂温克旗境内外地公司种植几万亩进口紫花苜蓿第三年全部未越冬，近几年种植黄花苜蓿、杂花苜蓿和肇东苜蓿效果很好。在海拉尔沙地区，种植和飞播冰草、老芒麦、羊柴、柠条、沙蒿（*Artemisia desterorum* Spreng.），治沙效果明显。

本区以天然草原和森林为主体，水草丰美。由于天然打草场面积大，牧草贮备丰富，冬春缺草问题不突出，但存在草地过牧问题，一些夏营地草地退化严重，特别是岭北牧业4旗和海拉尔区、额尔古纳市，牧草种植也集中在这一地区。这一地区年降水量70%集中在6—8月，冬季积雪10~15cm，而春季十年九旱，为提高种植效果和牧草产量，应配套节水灌溉条件。这一地区是乱井乱垦严重区，也是退耕种草重点区，应坚持保护优先，严禁开垦，大力推进退耕还草，发展人工草地。

本区适宜种植的牧草为：人工草地有黄花苜蓿、杂花苜蓿等耐寒性强的苜蓿、无芒雀麦、羊草、杂种冰草、老芒麦、披碱草等；沙地区和水土流失区宜种植蒙古冰草（*Agropyron mongolicum*（Fisch.）Schul.）、沙打旺、羊柴、柠条等。

（二）东部西辽河—嫩江流域平原丘陵区

本区地处内蒙古东部燕山以北，西辽河平原、嫩江平原及大兴安岭岭东山地丘陵区。东起大兴安岭岭东，西至燕山北部山地丘陵区。包括：喀喇沁旗、宁城县、松山区、翁牛特旗、敖汉旗、巴林右旗、巴林左旗、林西县、开鲁县、奈曼旗、库伦旗、科尔沁区、科尔沁左翼后旗、科尔沁左翼中旗、突泉县、科尔沁右翼前旗、扎赉特旗、扎兰屯市、阿荣旗、莫力达瓦达斡尔自治旗、阿鲁科尔沁旗和扎鲁特旗罕山以南科尔沁沙地区，科尔沁右翼中旗南部平原丘陵地区。含牧业旗县8个，半农半牧业旗县12个，农业旗县3个。

本区的湿润度（k）介于0.4~1.0，温热半干旱半湿润区，水土热资源较为丰富，纬度在41°33′~49°50′，海拔在150~2000m，年降水量350~400mm，年平均气温2~6℃，≥10℃积温2600~3000℃，日照时数2900~3100h，无霜期120~150d。土壤有黑土、暗棕壤土、黑钙土、褐土、黑壤土、草甸土、栗钙土、风沙土，间有坨甸土、沙丘土、灌淤土和冲积土，土壤肥力由东向西递减。分布着著名的科尔沁沙地和科尔沁大草原。科尔沁沙地怪柳林得到保护，榆树林和草地利用过度，科尔沁大草原已面目全非，垦殖历史久远，平原区分布地段土壤盐渍化严重。水资源较为丰富，有西辽河、嫩江两大流域，部分地区地下水水位高，水量大，易于开发利用。本区是内蒙古主要的农畜产品生产基地，农牧业有重要的地位和发展潜力。

本区气候雨热同期，土质条件好，水资源富集，整体上宜农、宜牧、宜草。在牧草栽培种植上，宜于灌溉，也宜于旱作。苜蓿、沙打旺种植面积大，范围广，形成了内蒙古东部苜蓿、沙打旺等豆科牧草种植核心区，牧草种类也呈现出多样性特点，是内蒙古人工草地面积最大的区域，也是牧草种子生产的主产区之一。由于本区人口密集，农牧业基础条件差，种草养畜、种草创收肥田成为农牧民生产经营的首选，群众基础好，种草技术水平较高，牧草栽培种植的方式多样，适地适草，因地制宜。在平地或丘陵缓坡地种植苜蓿、沙打旺，常采用单种条播方式，行距 30cm 左右，也普遍采用谷子、荞麦套种苜蓿、沙打旺的轮作方式；在沙地或严重沙化草地多采用牧草混播、撒播和飞播的形式，飞播组合为“长、中、短”，即长寿命饲用灌木（有柠条、羊柴），中寿命多年生牧草（有沙打旺、冰草），短期牧草（有沙蒿）作为先锋植物；组合比例通常为长中短 3∶3∶4，目前已坚持 30 多年连续飞播，治理沙地，取得了很好的效果。赤峰和通辽地区过去曾大面积种植苜蓿和沙打旺，仅敖汉旗种植面积达 100 多万亩，为全国种草大旗。近年来，本区奶牛业和肉牛养殖业发展迅速，苜蓿种植面积不断增加。特别是科尔沁沙地，地下水资源丰富，沙地平坦，节水灌溉苜蓿草地发展很快，2008 年以来，以阿鲁科尔沁旗东南部三个苏木为中心，形成了大规模苜蓿种植区域。多年生禾本科牧草也适宜本区种植，由于比较效益低，很少种植。

基于本区水热条件好，土地资源丰富，宜于灌溉和旱作种植牧草，在平原区可大力推行草田轮作，发展农田草地；在丘陵山区可大力发展牧草旱作种植，推广套种、混种等方式；在沙地区，合理开发利用水资源，适度发展高产优质苜蓿草产业；在半农半牧和牧区推行退耕还草。通过多种形式和政策鼓励，不断壮大内蒙古东部地区苜蓿、青贮玉米等草产业优势。

本区适宜种植的牧草为：优质人工草地有苜蓿、沙打旺、羊草、冰草、杂种冰草（*Agropyron desertorum*(Fisch.) Schult.）、老芒麦（*Elymus sibiricus* Linn.）、无芒雀麦、披碱草、青贮玉米（*Zea mays* L.），箭筈豌豆（*Vicia sativa* L.）；沙化和严重退化草地宜种植羊柴、柠条、沙蒿、草木樨、苜蓿、沙打旺、冰草等。

（三）中北部锡林郭勒及周边草原与农牧交错区

本区地处内蒙古中北部阴山北麓乌兰察布高原、锡林郭勒高原及大兴安岭南段山地丘陵区，东起兴安盟科右中旗北半部，西至阴山北麓固阳县。包括固阳县、石拐区、武川县、卓资县、集宁区、兴和县、察哈尔右翼后旗、察哈尔右翼中旗、商都县、化德县、镶黄旗、正镶白旗、正蓝旗、太仆寺旗、多伦县、阿巴嘎旗、锡林浩特市、西乌珠穆沁旗、东乌珠穆沁旗、克什克腾旗、霍林郭勒市，达茂旗、四子王旗、苏尼特左旗和苏尼特右旗南部，阿鲁科尔沁旗和扎鲁特旗罕山以北科尔沁右翼中旗北半部草原地区。含牧业旗 15 个，半农半牧业旗 3 个，农业旗 10 个。

本区的湿润度（k）介于 0.3~0.6，气候温凉，属干旱和半干旱气候。纬度为 41°18′~46°41′，海拔在 260~1800m，年降水量 200~400mm，多集中在夏季，≥ 10℃积温 1800~2600℃，无霜期 90~120d，7 月平均气温 18~22℃，最低月平均气温 −22~−14℃，极端最低温度 −40℃左右。冬季寒冷，夏季凉爽，土壤主要为栗钙土，也分布有黑栗钙土、风沙土、灰褐土。浑善达克沙地和乌珠穆沁沙地分布在区内，西南部为农牧交错带，东北部为典型草原和草甸草原牧区，牧区也分布着一些农业苏木或乡镇。

本区大部分地区为温性典型草原，以锡林郭勒高平原为中心，是内蒙古天然草原的主体部分，也是欧亚大陆草原区的重要组成部分。草原主要由旱生多年生丛生禾草、根茎禾草及旱生半灌木和灌木构成，饲用植物较为丰富，有258种。草原土层厚度大部不足40cm，土层较薄，不宜垦殖，翻耕后植被难以恢复。在土层厚度40cm以下，有灌溉保障的局部区域可建设高产饲草料基地。水资源贫乏，仅有滦河和海河流域，小水流多集中在山区，地表水时空分布不均，属少水带或缺水带区。

由于本区气候温凉，雨热同期，适宜多年生禾草种植，蒙古冰草、老芒麦、披碱草和无芒雀麦等牧草种植面积较大，形成了内蒙古中北部多年生禾本科牧草种植核心区。在降水量250mm以上，无霜期100d以上的地区种植沙打旺，干草产量较高，但由于积温不足，不能结实或结实很少。抗寒耐旱性较强的苜蓿亦可种植，如敖汉苜蓿、黄花苜蓿、杂花苜蓿等，一年刈割一次，产草量350kg/亩左右。羊草和黄花苜蓿是本区内分布最好的两种牧草，生产需求大，但因黄花苜蓿种子产量低，羊草种植难度大，种子繁殖困难，现推广种植面积不大。豆科牧草与多年生禾草混播建立混播人工草地是今后发展的重点。

本区适宜种植的牧草为：黄花苜蓿（*Medicago falcata* L.）、杂花苜蓿（*Medicago varia*）及抗寒耐旱性苜蓿、沙打旺、胡枝子（*Lespedeza bicolor* Turcz.）、扁蓿豆（*Melissitus ruthenica*）、羊柴、羊草、无芒雀麦、披碱草、沙蒿、驼绒藜（*Ceratoides latens*）、玉米、草谷子（*Setariaitalica*(L.) Beauv.）等。

（四）中西部黄河流域平原丘陵区

本区地处内蒙古中西部阴山、乌拉山南麓土默川、河套平原及南部丘陵地区，东起丰镇市西至西鄂尔多斯荒漠。包括丰镇市、察哈尔右翼前期、凉城县、清水河县、和林格尔县、托克托县、赛罕区、玉泉区、新城区、土默特左旗、土默特右旗、九原区、达拉特旗、准格尔旗、伊金霍勒旗、乌审旗、东胜市、临河市、杭锦后旗、磴口县、五原县，以及西鄂尔多斯以东杭锦旗、鄂托克旗和鄂托克前旗的部分地区，乌拉特前旗、乌拉特中旗、乌拉特后旗的乌拉山山前地区。含牧业旗县6个，半农半牧旗县5个，农业旗县16个。

本区的湿润度（k）介于0.2~0.4，水土热资源丰富，≥10℃积温2600~3200℃，纬度为37°44′~41°28′，海拔为850~2000m，年降水量400~150mm，从东向西递减，无霜期110~150d或以上，日照时数2800~3200h，年平均气温5~8℃，年总辐射量140~150kcal/cm^2，年平均蒸发量2200~2600mm。土壤平原区由东至西属栗钙土、棕钙土和漠钙土带，由河流冲积作用形成的灌淤土、灰湖土等主要耕作土壤；丘陵区为淡栗钙土和棕钙土，分布着土默川平原、河套平原、黄土丘陵，毛乌素沙地和库布齐沙漠大部。在平原区土地存在盐碱化；在沙地和沙漠草地退化、沙化尚未从根本上好转；在黄土丘陵区坡陡沟深，地形破碎，水土流失较重。

本区地势多平坦，水土热条件好，垦殖历史久远。著名的河套灌区和土默川灌区为内蒙古乃至中国的重要粮、油生产基地，也是内蒙古奶牛主产区之一，有较高的农牧业生产水平。丘陵区和沙地区地下水资源较丰富，适于开发灌溉种植。整体上宜农、宜牧、宜草。在牧草栽培种植上，宜于灌溉，也宜于旱作，形成了内蒙古中西部以苜蓿、沙打旺为主的豆科牧草种植核心区，种类呈现出多样性特点，是内蒙古人工草地主要集中区之一，也是牧草种子生产的主产区之一。在 20 世纪 80、90 年代，该区人工种草发展较好，仅河套地区紫花苜蓿种植面积达 120 多万亩，准格尔旗坡梁地大面积种植紫花苜蓿，形成准格尔苜蓿地方品种，清水河县种植羊柴面积最大保有面积曾达 15 万多亩。草田轮作和灌丛草场建设技术在该区较为普及。在牧草种植方式上，苜蓿、沙打旺多为旱作单种条播，行距 15~45cm；羊柴、柠条等饲用灌木多为沙地或沙质荒地宽带条播，带间 5~10m，或与沙蒿、苜蓿、草木樨状黄芪、冰草、草木樨、沙枣（*Elaeagnus angustifolia* Linn.）等混播或飞播；毛苕子（*V. villosa* Roth.）、草木樨、苜蓿、沙打旺等豆科牧草在耕地采取复种、套中和间种轮作方式，麦田复种毛苕子或苜蓿是应予大力推广的轮作方式。在丘陵坡地采取草木樨 + 沙打旺 + 苜蓿 + 蒙古冰草的混播种植方式，前三年为草木樨和沙打旺草地，以后为蒙古冰草和苜蓿草地，这种方式在清水河等地较为普遍；在河套灌区盐碱地治理中采取深沟躲盐种植白花草木樨和种植碱茅都取得了一定的效果。蒙古冰草主要分布于黄土丘陵和山区，老芒麦、无芒雀麦和杂种冰草等多年生禾本科牧草适于本区种植，但由于比较效益低，推广种植的面积不大。基于本区地势平坦，土质肥沃，水土热资源丰富，适于牧草制种和人工种草，可采取节水灌溉和旱作并重的方略，大力发展优质人工草地；在节水灌溉的条件下，通过对弃耕地和中低产田改造，推行粮草轮作，发展高产优质苜蓿、青贮玉米等人工草地和制种基地的潜力巨大，有望形成内蒙古中西部地区草产业的优势产区。

本区适宜种植的草种为苜蓿、沙打旺、草木樨状黄芪、胡枝子、扁蓿豆、羊柴、柠条、草木樨、毛苕子（*Vicia villosa* Roth.）、箭筈豌豆、蒙古冰草、赖草（*Leymus secalinus*）、披碱草、老芒麦、杂种冰草、无芒雀麦、新麦草（*Psathyrostachys juncea* (Fisch.) Nevski）、扁穗冰草（*Agropyron cristatum* (L.) Gaertn）、沙蒿、青贮玉米、燕麦（*Avena sativa* L.）等。

（五）西部干旱荒漠草原区

本区地处内蒙古西部靠北边境地带，东起苏尼特左旗东北部，西至阿拉善、额济纳旗。包括二连浩特市、苏尼特左旗、苏尼特右旗、四子王旗和达茂旗的中北部，乌拉特前旗、乌拉特中旗和乌拉特后旗的后山地区，阿拉善、额济纳旗全境及西鄂尔多斯荒漠地区。含 15 个牧业旗和乌海市。

本区是湿润度（k）0.2 等值线以下的荒漠草原、草原化荒漠和荒漠区，大部分地区位于湿润度 0.13 等值线以下。纬度为 37° 44′~43° 39′，海拔 850~2500m，年降水量 200mm 以下的干旱和极干旱地区，有些地方年降水量甚至不足 50mm。光热充沛，日照时数为 3200h 以上，年平均气温 2℃以上，阿拉善和西鄂尔多斯高达 8℃，蒸发量高达 2300mm 以上。≥ 10℃积温 2600~3400℃，多数地区高于 3400℃；无霜期 120~160d，多数地区在 140d 以上。土壤为棕钙土、栗钙土、风沙土、灰漠土、灰棕漠土，及局部草甸土、灰褐土。分布着乌兰布和、巴丹吉林、腾格里沙漠和一部分库布齐沙漠、东阿拉善和西鄂尔多斯荒漠为典型的夏雨型荒漠。总体上土壤贫瘠、气候恶劣、环境严酷、生态脆弱，是中国北方重要的沙尘源地。

由于气候条件差，环境独特，成为我国乃至亚洲特有的生态区位。特别是东阿拉善和西鄂尔多斯荒漠是中国 8 个生物多样性中心之一的南蒙中心的核心区，也是亚洲大陆中部和内蒙古干旱荒漠区特有植物属、种集中分布中心，分布有四合木（*Tetraena mongolica* Maxim.）、半日花（*Helianthemum soongoricum*）、沙冬青（*Ammopiptanthus mongolicus*）、绵刺（*Potaninia mongolica*）、阿拉善苜蓿等多属种珍稀濒危物种。既是一个十分脆弱和敏感的生态地区，又是一个重要的濒危物种分布区之一。所以，在内蒙古的发展中，该区永远处于草原生态功能保护区。

在发展上，该区所辖全部为纯牧业旗，草原畜牧业一直是主体产业，局部有小区域的农业耕种和山区林业及农田草田防护林。种植牧草多为一些耐旱性极强的半灌木和饲用灌木，如梭梭（*Haloxylon ammodendron*）、沙拐枣（*Calligonum arborescens*）、花棒（*Hedysarum*）、羊柴、柠条、沙蒿等。种植方式为条播，行距 4~10m；条状穴播和育苗移栽，行距 4~10m，株距 50~100cm，梭梭、沙拐枣目前多采用育苗移栽；飞播，1979 年我国飞播牧草在阿拉善腾格里沙漠边缘首次获得成功。

根据本区自然气候条件，雨水贫乏，热量充沛，适宜于种植半灌木和饲用灌木，不能旱作种植多年生牧草。在有节水灌溉保证的小块地种植苜蓿等多年生牧草，或苜蓿、沙打旺与多年生禾草冰草、老芒麦混播可获较高产草量。在无霜期 140d 以上的区域，有节水灌溉保证的条件下，可进行豆科、禾本科多年生牧草制种。

本区适宜种植的草种为梭梭、沙拐枣、花棒、羊柴、中间锦鸡儿（*Caragana intermedia*）、柠条锦鸡儿（*Caragana korshinskii* Kom.）、驼绒藜、胡枝子、苜蓿、沙打旺、冰草、披碱草、青贮玉米、草谷子、草木樨等。

三、适宜草种及种植情况

（一）苜蓿（*M. sativa*）

苜蓿是内蒙古居首位的重要牧草，包括紫花苜蓿、杂花苜蓿和黄花苜蓿。紫花苜蓿及其众多的衍生品种栽培面积最大，范围最广，成为内蒙古现代农牧业经营中不可或缺的重要组成部分，黄花苜蓿也都得到不同程度的开发，潜在的价值被不断发掘利用。黄花苜蓿野生种在我区锡林郭勒、呼伦贝尔和赤峰等地曾有大面积分布，现在只是零星分布。内蒙古选育的苜蓿品种有 10 个，包括育成品种有草原 1 号、2 号、3 号杂花苜蓿，赤草 1 号杂花苜蓿、图牧 1 号杂花苜蓿、图牧 2 号紫花苜蓿 6 个；野生栽培品种有呼伦贝尔黄花苜蓿 1 个；地方品种有准格尔苜蓿、敖汉苜蓿 2 个；引进品种有润布勒苜蓿。目前，在内蒙古种植的苜蓿品种 50 多个，其中国内品种 20 多个（包括内蒙古选育的 10 个及陕北、甘肃、河北、东北等地苜蓿），国外品种 30 多个，成为内蒙古第一大种植牧草。

内蒙古是我国苜蓿种子和苜蓿草产品的主产区之一，由于受降雨、寒冷及收获机械等因素的制约，苜蓿尚未得到较快的发展。20 世纪 50 年代为 49.5 万亩，60 年代为 150 万亩，80 年代为 232.5 万亩，90 年代为 450 万亩，2011 年为 552.7 万亩，其中 85% 以上为旱作，灌溉苜蓿亩产干草 1000kg 左右，旱作苜蓿亩产干草 350kg 左右。相当于美国 20 世纪 50 年代的生产水平。

内蒙古的水、土、热等自然条件适宜种植苜蓿，是主栽的首选草种。由于独特的干旱和半干旱气候，是我国苜蓿制种和干草产品的优势产区之一。

（二）沙打旺（*A. hungheensis*）

沙打旺为我国特有牧草，原产我国黄河故道地区，已有近百年的栽培历史。内蒙古地区大面积种植沙打旺始于 20 世纪 70 年代末，首先用于飞播，而后在干旱和半干旱地区及荒漠区大面积种植。20 世纪 90 年代末，沙打旺成为内蒙古第一大种植牧草，种植面积达 730 多万亩。进入 21 世纪以来，由于农业减免税，比较效益低等原因，种植面积持续下滑，到 2011 年仅保有 266 万亩。目前，内蒙古种植的沙打旺主要为普通沙打旺，自繁自育，自给有余，是沙打旺种子的主产区之一，自主选育的品种有杂花沙打旺和绿帝 1 号沙打旺两个新品种。

（三）冰草（*A. cristatum*）

蒙古冰草产于我国北部的沙漠以南边缘地带，是荒漠草原和典型草原地带沙地植被的主要植物之一。20 世纪 70 年代开始，内蒙古就对野生蒙古冰草进行驯化栽培，90 年代驯化选育成野生栽培品种，在呼和浩特清水河县和锡林郭勒南部旗县大面积种植。蒙古冰草既可单种，又可与沙打旺、苜蓿、草木樨等混播，多用于沙地和退化草地治理。蒙古冰草营养价值高，适口性强，属兼用牧草，可以刈割调制干草，也可放牧利用。旱作亩产干草 100~200kg。2011 年蒙古冰草和冰草种植面积 99 万亩。2005 年已选育出高产的蒙农 1 号蒙古冰草新品种，用于人工草地建设。一般情况下，冰草旱作亩产干草 100~200kg，产种子 25~50kg。

1999年内蒙古农业大学云锦凤教授选育出四倍体蒙农杂种冰草新品种，为人工草地建设提供了一个优质多年生牧草品种，现已建立蒙农杂种冰草种子田0.75万亩，建立人工草地1.5万亩。

（四）老芒麦（*E. sibircus*）和披碱草（*E. dahuricus*）

老芒麦是披碱草属牧草中栽培较多且饲用价值较好的一种牧草，叶量多，适时收割能调制优等干草，收籽后的秸秆也是良好的干草，收割后的茬地还可放牧。老芒麦的营养成分和适口性都较披碱草好，大小畜均喜食。披碱草草群叶量较少，一般只占草群重量的30%左右，茎秆所占比例大，而且质地较硬。青绿时适口性较好，为各种家畜所喜食，开花后逐渐老化，家畜多不采食或不喜食。常作为干旱草原和荒漠化草原短期收、放兼用草地或改良盐渍化草地之用。

老芒麦和披碱草，在内蒙古锡林郭勒盟、呼伦贝尔市及其他草原牧区多用于人工草地建设。近些年，内蒙古从青海大量调入老芒麦和披碱草种子，用于草原生态建设，基本形成了锡林郭勒和呼伦贝尔市两个种植核心区，2011年种植面积为121.1万亩，其中老芒麦24.5万亩、披碱草96.6万亩。

（五）羊草（*L. chinensis*）

羊草在自然生境中以无性繁殖为主、有性繁殖为辅，且在营养生长的同时进行生殖生长。根茎分蘖力强，可向周围辐射延伸，纵横交错，形成根网，使其他植物不易侵入。这一特性也造成了不宜繁殖种子的问题，发芽率低，种子产量低，耕地不宜种植，好草难于推广。内蒙古羊草的人工栽培始于20世纪50年代，80年代以后种植面积虽然加以扩大，但推广缓慢。2011年内蒙古羊草种植面积为13.4万亩。羊草营养丰富，适应性强，喂饲效果好，有“牲畜的细粮”“抓膘草”和“奶牛的宝草”之美誉。栽培羊草主要用作建立人工草地调制干草。羊草的主要特征是营养枝比例大，抽穗期收割调制的干草颜色浓绿，气味芳香，是饲喂各种牲畜的上等青干草。此外，也是良好的放牧饲草，枯萎期迟，放牧利用时间长。

（六）无芒雀麦（*B. inermis*）

无芒雀麦属中旱生植物，对气候的适应性很强，特别适于寒冷干燥的气候，耐高温、高湿。内蒙古人工栽培的无芒雀麦草地亩产干草300~400kg，高产可达500kg以上。是刈割和放牧兼用饲草，人工栽培以刈割为主，可调制干草或青贮。由于具根茎，且生长快、生命力强、耐杂草、耐践踏，是适于草地补播、建立长期草地的放牧型牧草，也是内蒙古地区建立人工和半人工草地的当家草种。2011年内蒙古无芒雀麦种植面积5万亩。适宜内蒙古栽培种植，是高原草原牧区主要的栽培草种。

（七）扁蓿豆（*P. aruthenicall*）

扁蓿豆在内蒙古及西北各省的沙质地、丘陵坡地、河岸沙地等均有种植。野生种生于草原、沙质地、荒草地及固定沙丘等地。野生种有直立和和匍匐两种类型，栽培种一般为直立状态，容易在微酸性至碱性土壤建植人工草地。目前，内蒙古已选育成直立型扁蓿豆育成品种和土默特扁蓿豆野生栽培品种，扁蓿豆的种植逐步引起重视，有望成为主要栽培草种。

第二章　苜蓿生态生理学研究进展

苜蓿作为一种古老的栽培牧草，其研究历史久远，而且较为全面。目前主要研究包括苜蓿形态与产量构成、生理生化及与无机环境关系等各个方面。

第一节　国内外苜蓿研究进展

我国是一个人均草地占有量仅 0.33hm^2 的草地贫国，在我国天然草地生产力不断退化、品质低下、人工草地比例过小，草地生态环境形势严峻，严重制约着我国草地畜牧业的健康、可持续发展。推动畜牧业快速健康发展，离不开人工草地的建设。随着国家西部大开发战略的实施，国家农业种植结构的调整，种草养畜，紫花苜蓿的饲用价值越来越得到全社会的认可、推广与应用。

紫花苜蓿是优良的深根性多年生豆科牧草，起源于小亚细亚、外高加索等地，具有耐旱、耐寒、耐盐碱、耐瘠薄、适应性强、产量高、品质优、耐刈割持久性好、改土培肥及经济效益高等特点，是目前世界上分布最广、最古老的栽培牧草，素有“牧草之王”的美称。我国早在 2000 多年前，西北地区就已经开始栽培苜蓿，人工栽培面积最大的牧草，约有 104.53 万 hm^2，而且已达全国人工草地面积的 78.5%。

因此，大面积推广人工种草，建植人工草地，改善和提高牧草质量，已成为当地政府和群众对实现当地畜牧业可持续发展的基本认识。然而随着苜蓿产业化进程的深入发展，苜蓿生产中存在的问题也愈来愈突出，主要表现在产量降低，发病率升高，利用年限缩短等问题。目前林西县有苜蓿人工草地 1.52 万 hm^2，但苜蓿的利用年限一般在 5 年左右，与其他地区相比，利用年限相对较短。一般认为，延长苜蓿人工草地的利用年限，既可降低生产成本，又可提供优质苜蓿草。这对保证内蒙古地区畜牧业安全及其可持续发展具有保驾护航的作用。因此，有必要对苜蓿人工草地的健康与适宜种植的区域进行系统而深入的研究。

苜蓿作为一种古老的栽培牧草，其研究历史久远，而且较为全面。目前主要研究包括苜蓿形态与产量构成、生理生化及与无机环境关系等各个方面。

一、苜蓿产量构成要素研究现状

许多学者将枝条重量、长度、直径、侧枝数和叶片等作为研究苜蓿植物形态学的基本要件来进行研究。随着苜蓿生长发育进程，并建议用叶面积指数（LAI）、冠层结构、叶长、叶宽、叶角度、坚挺小叶、分枝数及叶茎比（LSR）等来完善。为了实现苜蓿的高产和稳产，除上述指标外，还增加了越冬率、生长速度、牧草再生性、干鲜比、产草量及其生理特性（光合、呼吸、水分利用率和抗逆指标）等来反映其生产性能的优劣。

植株高度是衡量苜蓿生长发育状况的重要标准。植株高度与生物量高度正相关，高植株通常有更高的相对生长潜力。高产苜蓿植株与低产植株相比，株型直立，植株较高，木质茎较厚，受阳光全辐射，栅栏和海绵组织大而多，叶片也较厚。

叶的生长直接影响到光合面积和光能的利用。研究发现苜蓿植株总干物质产量主要依靠叶面积指数（LAI）。净光合速率高的品种，叶面积指数大，同时LAI与牧草生物产量呈极显著正相关。自然条件下，群体结构合理，叶片数适当多，总叶面积较大时，叶片疏稠合理而光合面积较大，有利于牧草个体生产形成较多有机物而增加产量。

分枝数对产草量有一定的影响。苜蓿产草量主要由单位面积株丛数、每株枝条数和枝条重量构成。当株丛数从 17 株 /m^2 增加到 172 株 /m^2 时，产量也随之增加，但单株重量和单株枝条数趋于下降。Rumbaugh 等研究了丛径、茎长、分枝数对苜蓿产草量的影响，结果显示丛径和分枝数与产量呈显著正相关，而茎长相关性较小，随着密度增大丛径和分枝数对产草量的影响远远超过茎长对产量的影响，并发现分枝数对产量的影响是丛径的 2 倍。

叶茎比（LSR）是衡量牧草生产性能的一个重要指标，它能较好反映牧草适口性及青干草品质。叶形大、叶片数多的品种叶茎比大，植株茎叶柔软，营养价值高，适口性好，利于家畜采食消化，刈割后青贮调制成干草或放牧都具有很高的经济价值。苜蓿叶茎比在生育阶段会发生变化，吴旭红研究表明叶茎比随苜蓿成熟而下降，而且叶茎比也会随刈割次数的增加而增大，适当刈割周期可刺激叶片更新，增加功能叶片比例，提高草层中的叶量，改善适口性。

鲜干比反映牧草的干物质积累程度及利用价值，可以用于揭示牧草干物质累积的情况。苏加楷研究 10 个苜蓿品种 4 茬鲜干比发现，不同品种鲜干比为 23.8%~26.7%，平均为 25.2%。品种间差异不显著，而不同茬次的鲜干比略有差异。群落的鲜干比与群落对水分的需求呈负相关，群落的鲜干比在苜蓿的整个生育期的变化趋势是逐渐下降。一般苜蓿生育早期，植株幼嫩含水量高，干物质积累量少，鲜干比高，生育后期植株茎杆老化、坚硬、含水量低、鲜干比低。因此要调制干草可适当推迟刈割时期。

生长速度指牧草植株高度和叶片出现的快慢，它在一定程度上反映牧草生长能力的强弱，决定着某一草种的生物产量和利用方式。生长速度快的草种耐牧、耐刈割，产草量和利用率高，且生长快可减少杂草入侵，迅速形成草场经济产量，具有重要的意义。此外，还有报道认为分枝速率或分枝密度也是一个反映苜蓿生物量的关键因素。

二、苜蓿根系形态学特性研究现状

根系作为植物的重要维持器官，它不仅维持了植物的形态建成，更主要的是起着联系植株与土壤、输送水分和养分的重要生理作用。多年生苜蓿根系特性的研究主要集中在对其生产特性、抗性、持久性等起关键作用的特性研究。早在20世纪30年代初，加拿大和美国等国家就开展了苜蓿根系生长发育的研究，国外这方面的报道也较多。Burton发现侧根与产草量呈正相关。分枝根与最高产量呈明显正相关，高分枝根的品种比分枝根少的直根系品种有更高的总生物产量。王殿武（1998）研究发现在旱地农田生态系统中作物总根重和分层根重与作物产量呈显著正相关，作物根系深度、各层根重及总根重增加能显著提高产量。

研究发现生物固氮、WUE、抗寒性、对早霜的抗性、对病虫害的抵抗力均受根形态的影响。Lamb（2009）发现苜蓿在根尺寸和重量或抗病性反应方面变化差异可影响饲草产量。Johnson（1998）和Marquez-Oriz（1996）研究表明，苜蓿引进品种和美国本土品种在根和根颈上具有明显的不同，在引进品种中根颈分枝和根颈分枝直径随根颈直径增粗而增加，根颈分枝直径与秋季生长具有较高的正相关，非秋眠品种和秋眠品种相比根颈分枝直径较粗，而根颈直径与秋眠没有关系，但秋眠品种比非秋眠品具有更多的根颈芽。

苜蓿根系生长发育受土壤肥力、有机质含量、光照、温度、水分、土壤物理状况及其他生态因子的影响。Bradbury（1990）研究了土壤结构对苜蓿根系的影响后指出，坚实的土壤中苜蓿可产生大量的侧根但主根却不明显，而在松软的土壤中主根发达，一级侧根则较少。土壤水分过多或过少均会改变作物根系数量及分布，根系分布会随生长环境变化做出相应调整。

三、苜蓿生理生化特性研究现状

随着研究理论和手段的不断提高，人们在研究植物形态特征与其健康状况的同时，逐渐地转向更深层次的植物生理生化指标的研究，其中以苜蓿光合特性和生理抗逆特性的研究为主。

植物的生理特性反映了植物的内在健康状态。对于紫花苜蓿生理特性的研究，一直是国内外学者研究苜蓿的热点，目前主要包括了苜蓿的光合、呼吸作用、水分利用效率及其与外界环境因子间关系和抗逆生理指标等方面的研究。作为牧草之王，光合作用的研究一直备受国内外众多学者的高度关注。近年来，针对不同栽培条件、不同品种以及不同生育期苜蓿单叶及整株净光合速率（Pn）、蒸腾速率（Tr）和植物水分利用率（WUE）之间的关系，及其对植物叶片的气孔导度（Gs）和水分亏缺（VPD）等自身因子及气温（Ta）、空气相对湿度（RH）和光合有效辐射（PAR）等环境因子间的响应，光合作用与产量间的关系、农艺措施对光合作用的影响等方面进行了大量的研究。随着研究的逐步深入，研究领域已逐步延伸、深入到羧化效率、量子产量、叶绿素荧光等光合能力（自然或特定 CO_2 浓度水平和最适温、湿度条件下的光饱和光合速率）及某些生化指标在日进程中的变化规律。

抗逆性强、高产优质是苜蓿繁育的主要目标。苜蓿大多数性状与抗逆性（抗寒性、抗病性）相联系。抗寒性直接影响植株寿命、产草量和牧草品质。抗寒性强弱一般用越冬率、冬季冻伤程度、秋眠指数来评价。常规评价一般用越冬率这一个关系到北方引种成功与否的重要指标，而国外（如美国）使用秋眠性评价与预测品种抗寒性。

四、苜蓿草地土壤特性研究现状

近些年来对于与植物密切相关联的无机环境受到越来越多的关注，从起初的土壤水分、土壤养分的研究开始，到近些年来土壤微生物与酶、土壤呼吸等方面的研究已成为了研究植物健康的新热点。

Peltier（1931）早先提出，土壤含水量通过影响土壤的冻结或解冻速度而影响苜蓿的受冻，土壤冻结或解冻的速度受土壤含水量和气温的控制。所以土壤含水量直接影响苜蓿的耐寒性和存活。苜蓿的耐寒锻炼期，干旱条件有利于苜蓿耐寒力的增加，这就是有些地区灌溉苜蓿冻害比旱地苜蓿冻害严重的原因。也有研究表明，P、K 对苜蓿的耐寒性也有一定的影响。Wang（1953）指出 P、K 可促进根和根颈中淀粉、非还原糖和蛋白质的合成。Knapp（1980）研究表明高水平的 P/K 也能增加苜蓿的耐寒性。

土壤呼吸是土壤中包括微生物、无脊椎动物和植物根系呼吸这三个生物学过程以及土壤碳物质化学氧化过程在内的所有代谢过程。除植物冠层光合作用之外，土壤通过呼吸作用向大气释放的 CO_2，是陆地碳收支中最大的通量，约占全球 CO_2 交换量的 25%。近些年来，国内外对不同区域森林、农田、草地和湿地土壤呼吸的强度、时间和空间变化格局、影响因素等方面进行了大量的研究，并取得了一定的成果。土壤呼吸易受诸如土壤温度、土壤湿度、土壤有机质、土壤理化性质、植被类型、净生态系统生产力、地上和地下生物量的分配、种群和群落的相互作用和人类干扰等多种因素的共同影响。

土壤微生物是土壤生态系统中养分在源和汇之间流动的巨大动力，可作为土壤中植物有效养分的储备库，约占土壤有机质的 1%~3%。国内外学者已对土壤微生物量碳作为评价土壤肥力的生物指标的可行性进行了大量的研究，研究表明土壤微生物量碳、氮与土壤有机质含量相比更能反映土壤肥力的高低。土壤微生物碳与生态系统的初级生产力以及土壤健康密切相关，土壤微生物量对管理措施的变化具有极高的敏感性，可以作为土壤总有机质变化的早期预测指标。

第二节　草地健康评价的研究进展

健康是一个广泛应用于人类社会方方面面的概念。从日常生活中引申到自然生态环境等领域，其基本的内涵并没有改变。如医学上，个体的健康是相对于正常状态来定义的；生物种群中（如种群医学和流行病学）也大量应用健康概念。将描述个体和种群健康的概念扩展到生态系统，有助于提醒我们不仅要关注无机领域的环境破坏，更应关注整体包括无机成分和生物成分的生态系统状况。

随着我国草地生态的不断恶化和草地退化，草地的可持续利用、生态系统健康同人类的健康与生活的关系倍受关注，生态系统健康的研究与评价已成为目前及今后世界各国关注的重点与前沿之一，是新兴的生态系统管理学概念，已成为新的环境管理和生态系统管理目标。

一、草地健康的含义

自 1994 年美国草地分级委员会首次提出草地健康（Range health）的概念以来，草地健康的研究从此进入了人们的视野。草地健康作为一个公用的指标，是在 20 世纪 50 年代提出的草地基况（Range condition）的基础上发展起来的，而且并非是草地基况在某种特殊利用方式下的指标。联合国将草地健康定义为维持土壤和生态过程完整的程度，建议草地经营的最小标准应是禁止人类对草地健康的干扰破坏。并根据土壤和水文的稳定、生态系统功能（营养循环、能量流动和恢复机制）和生产能力进行评价，提出健康域、警戒域和不健康域三个指标。

草地健康是一种不同尺度下的综合性特征，它反映了草地本身的自然属性，还具有了人类活动所赋予的社会属性。具体说来，其自然属性就是草地生态系统的活力（vigor）、组织（organization）和弹性（resilience），对于草地植物个体，健康就是保持其正常的植物学、形态学、生理学特征特性，保持个体正常生长发育，以实现生产性能最大化的动态生物阈值。而对于整个草地生态系统，其健康就是草地生态系统中土地、植被、水和空气及其生态学过程的可维持程度。对于其社会属性则是指为人类的生存和发展提供持续和良好的草地生态系统服务功能，在这个意义上，草地生态系统健康就是草地生态系统的可持续性。健康的草地不仅能保持生态平衡，维持物种多样性，同时给草地畜牧业生产者提供持续的放牧的机会，并支持其他一系列的生产实践活动。

二、草地健康评价的研究进展和方法

草地生态系统健康评价是国际学术界探讨的热门领域，对这一领域的研究不仅反映人类对草地生态系统的认识程度，也是相关领域学术研究和社会、经济发展水平的综合体现。20 世纪 20、30 年代的北美“黑风暴”，给美国草地研究带来了沉重的教训的同时，也为合理草地利用方式的研究带来了崭新的启示。之后，随着草地研究理论和技术的发展，草地健康评价工作也开始于美国。1948 年，美国学者 Dyksterhuis 等提出草地基况（Range condition）的概念，1949 年他们进一步提出草地地境（Range Site）学说，认为可通过植物组成成分分组（减少者、增加者、入侵者）的草地基况分类法来进行草地基况评价。从一开始的土壤单因子评价，高于不好的定性评价，到草地基况分类法的提出，为草地属性评价的主要方法与标准。再到 20 世纪 60 年代，联合国国际生物学计划推动了草地生产力动态研究，将草地基况评价扩展到了不仅包括传统的以草地组成为主要判别标准，还要包括放牧利用、草地管理、野生动物等新理论。20 世纪 80 年代，《保护地球》和《我们的共同未来》等文献中提出的可持续发展的概念，逐渐渗入到草地生态系统研究中，使得草地健康的概念也逐步成型。

1994 年，美国草地管理学会出版的《Rangeland Health》一书中提出“草地土壤、系统内营养和能流等问题是评价草地健康的重要标志”（National Research Council，1994）。同年，澳大利亚学者提出了以土壤为主要标准的草地基况评价体系。1995 年，《Ecosystem Health》杂志创刊，标志着生态系统健康正式成为生态学研究的重要分支领域。1996 年，澳大利亚学者进一步提出包括环境、植被以及经济收益等在内的流域健康评价指标。Pellant（1997）提出草地健康评价指标与方法，并于 2000 — 2005 年先后对其进行了修订，认为可用 17 个可观测的指标（包括裸地、表土的流失或退化、凋落物数量、年生产量、多年生植物的繁殖能力等）来对草地的土壤稳定性、水文学功能和生物群落的完整性 3 个属性进行快速评价，该评价方法是到目前为止比较完善并且应用于实践的方法。

草地健康及草地健康评价是一个新的观念，也已为人们所普遍接受，但草地健康评价的方法还不够完善。从 1994 年概念的提出到现在，人们就在不断探究客观评价草地健康的关键因素、指标体系及评价方法。但有关报道以草地健康评价关键因素的研究居多，如对草地健康的植被、土壤和动物指示因子的研究，利用草地健康早期预警因子对草地健康状况进行估测。采用牧草生理低限（PLL）、生理上限（PUL）和再生长期（R 期）长度 / 放牧期（G 期）长度的比（R/G）等指标，构建了放牧草地健康评价的生理阈限双因子法，并以光合作用及其相关参数分析了多年生黑麦草轮牧草地的健康指标。此外，有些学者还利用 3S 技术，即地理信息系统（GIS）、遥感（RS）、全球定位系统（GPS），及具有多参数的生态模型等方法和手段进行了深入研究。

目前比较完善并且应用于实践的草地健康评价方法依然是美国2000年发布的草地健康质量评价方法。美国目前所采用的确定草地健康的标准化方法是定性指标的评价方法，仅仅给草地土壤、样地稳定性、水文作用和生物群落完整性一个初步评价，帮助草地经营者判断处于潜在退化危险的草地，给出潜在问题和潜在机遇的早期警告。

与当前较为成熟的农田生态系统健康评价相比，草地生态系统的健康评价相对滞后。农田生态系统是由农田作物与农田环境要素构成的人工生态系统，具有第一性生产、物质能量转化、生态服务、产品服务等功能，在全球生物圈中具有十分重要的地位。健康的农田生态系统在维持其自然的生态功能可持续性的同时，也要保障人类需求的可持续性。农田生态系统包括土壤生态子系统和作物子系统，土壤健康是作物健康生长的基础，作物的健康生长又是作物优质高产的基础。关于农田生态系统健康评价的指标体系和评价方法与草地生态系统健康评价相比更趋于完熟。

近20多年来，虽然草地生态系统健康得到了发展，但是仍存在着诸如：评价范围及尺度有待扩大、评价指标与方法不够完善及草地健康评价研究的水平有待深入，特别是有关人工草地健康评价方面的研究还有待于更进一步的研究。

虽然，目前对草地生态系统健康的评价还处于摸索阶段，但是随着对草地生态系统健康研究从自然生态系统的健康评价，逐步向包括草地人文、经济价值方面在内的更全面评价的方向发展，评价指标和方法定性描述与定量化研究相结合，健康易测定指标的进一步研究，利用3S技术与数学和景观生态模型等新方法和手段进行进一步的深入研究，都将是突破这一领域发展的新思维和新方向。

正如Steedman（1994）指出，“即使生态系统健康的概念具有应用价值，但到目前为止，这些原理还没有被从事这方面研究和管理的专家正式说明，也不完整。生态系统健康的概念还没有与一系列实用技术联系起来”。草地生态系统健康评价在管理方面的应用是今后的努力方向。

第三章 苜蓿产量构成要素

植物体是构成草地生态系统的基础之一（贾宏涛，2006），对于草地健康的评价，草地植物有关形态学和生理学指标的选取与研究，必然是草地健康评价的基础和重要组成部分（田佳倩，2006）。本章将对苜蓿的形态学、生理学及其外界环境因子等指标进行具体研究和分析。

第一节 研究方法

一、植株产量构成要素测定

（一）株高

随机选取健康植株从地面测量至植株顶端，重复 10 次。

（二）冠幅

植株的自然高度 × 植株距地 2/3 处的宽度。

（三）单株分枝数

选择生长健康植株，用小铁锹将其根颈挖得露出土面，数根颈上的分枝数，重复 10 次。

（四）叶面积

各品种选中上端大小相近，成熟程度相同的三出复叶顶端小叶 10 片，用美国生产的 CI202 型叶面积自动测定仪测定，重复 10 次，计算每个单叶片的平均叶面积。

（五）越冬率

越冬前选定地块做好标记，次年春季返青后，根据做的标记，查看 20 株的越冬返青情况，计算越冬率。

（六）产草量

样方 4.0m^2，齐地刈割，重复 3 次。每次测产时称 200g 鲜草带回实验室阴干，测定鲜干比，茎叶比。

（七）生长速度

每个月定期随机选择生长健康植株 10 株，测定株高，计算其日生长高度。

（八）茎叶比

每次测产时将各品种 100g 鲜样阴干，将叶分离，茎叶比 = 干样中茎量 / 干样叶量。

（九）鲜干比

每次测产时将各品种约 100g 鲜样放置阴凉处，风干，测重量。鲜干比 = 鲜样重量 / 干样重量。

（十）冠层

采用 CI-110 植物冠层仪于 5 — 8 月测定各紫花苜蓿品种的冠层影像，计算其叶面积指数、叶倾角和散射光穿透系数。

二、紫花苜蓿根系形态观测

（一）根颈收缩

于测定年份 8 月末 9 月初选择生长健康植株，用铁锹将其根颈挖得露出土面，用筷子做标准，在与根颈平行处做好标记，埋上土，来年开春再用铁锹将其根颈挖得露出土面，与筷子上的标记作比较，用尺子量出根颈收缩长度，同时用游标卡尺测根颈处粗度，重复 10 次。

（二）根颈粗

选择生长健康植株，用小铁锹将其根颈挖得露出土面，用游标卡尺测根颈膨大处粗度，重复 10 次。

（三）根颈芽

选择生长健康植株，用小铁锹将其根颈挖得露出土面，测定根颈上的根颈芽个数，重复 10 次。

（四）根系形态

将挖出的根系去土，置于 Epson4990 扫描仪，扫描，所得图片采用 WinRHIZO 根系分析软件进行分析，得到单位根系总长度、总表面积、总体积和根系腐烂面积。

（五）根系腐烂面积百分比

根系腐烂面积百分比 = 根系腐烂面积 / 根系纵切面表面积 ×100%

三、生理生化指标测定

（一）光合特性

分别于测定年份生长旺季20—25日选择连续3d（晴天），选取紫花苜蓿健康植株由上到下第3片完全伸展的健康叶片，利用Li-6400便携式光合仪测定其光合生理生态指标，主要包括：叶片的光合速率（Pn, $\mu molCO_2 \cdot m^{-2} \cdot s^{-1}$）、蒸腾速率（Tr, $mmolH_2O \cdot m^{-2} \cdot s^{-1}$）、气孔导度（Gs, $cm \cdot s^{-1}$）、胞间CO_2浓度（Ci, $\mu molmol^{-1}$）等生理因子以及大气温度（Ta, ℃）、相对湿度（RH, %）等指标。每次测量重复3次。测量时待数据稳定开始计数，连续计数5次。测定时间7:00—19:00，每隔2h测定1次。叶片瞬时水分利用效率（WUE, $\mu molCO_2 \cdot mmol^{-1}$）由下式求得。

$$WUE=Pn/Tr$$

（二）叶绿素

取新鲜植物叶片，擦净组织表面污物，剪碎（去掉中脉），混匀。

称取剪碎的新鲜样品0.2g，共3份，分别放入研钵中，加少量石英砂和碳酸钙粉及2~3mL 95%乙醇，研成均浆，再加乙醇10mL，继续研磨至组织变白。静置3~5min。

取滤纸1张，置漏斗中，用乙醇湿润，沿玻棒把提取液倒入漏斗中，过滤到25mL棕色容量瓶中，用少量乙醇冲洗研钵、研棒及残渣数次，最后连同残渣一起倒入漏斗中。

用滴管吸取乙醇，将滤纸上的叶绿体色素全部洗入容量瓶中。直至滤纸和残渣中无绿色为止。最后用乙醇定容至25mL，摇匀。

把叶绿体色素提取液倒入光径1cm的比色杯内。以95%乙醇为空白，在波长665nm、649nm下测定吸光度。

实验结果计算：将测定得到的吸光值代入下面的式子：Ca=13.95A665—6.88A649；Cb=24.96A649—7.32A665。据此即可得到叶绿素a和叶绿素b的浓度（Ca、Cb ：mg/L），二者之和为总叶绿素的浓度。最后根据下式可进一步求出植物组织中叶绿素的含量：

叶绿素的含量(mg/g)=(叶绿素的浓度 × 提取液体积 × 稀释倍数)/样品鲜重(或干重)

（三）脯氨酸

本研究采用磺基水杨酸法（马宗仁，1993）来测定脯氨酸的含量。取出冷冻材料，称取0.1g样品3份，碾磨成匀浆，放入洁净的小试管内。每个试管加入5mL 3%磺基水杨酸，将试管加盖后置于沸水浴中浸提10min，冷却至室温。吸取2mL提取液于另一干净试管中，再加入2mL冰乙酸和5mL 2.5%酸性茚三酮溶液，试管加盖后置沸水浴中显色30min，冷却后，加入5mL甲苯，手工充分振荡，萃取上层红色液体。吸取红色甲苯层进行比色（λ=520nm）。以2mL蒸馏水代替2mL提取液，重复上述步骤，以此作为空白样品。脯氨酸含量的计算公式如下：

$$脯氨酸含量（\mu g/g）= \frac{C \times 5}{W}$$

式中：C——由标准曲线查得的待测样品脯氨酸含量（μg）；

W——植物样品重量（g）；

5——提取脯氨酸时80%乙醇体积（10mL）与测定时所取样品液体积（2mL）比。

（四）丙二醛

取紫花苜蓿叶片0.5g，共3份，加少许pH值7.0的磷酸缓冲液研磨成匀浆，定容至10mL后，离心20min（4000rpm），上清液即酶液。

吸取离心的上清液2mL（对照加2mL蒸馏水），加入2mL 0.6%TBA溶液，混匀物于沸水浴上反应15min，迅速冷却后再离心。取上清液测定532nm、600nm和450nm波长下的消光度。MDA的计算公式如下式：

$$MDA（\mu mol/gFW）= C \times V/W$$

式中：C——MDA浓度（μM）；

V——提取液总体积（mL）；

W——植物组织鲜重（g）。

（五）电导率

每次取1组样品含6片叶片，从中用取样器取下60个直径0.5cm圆形叶片放入试验瓶中，首先用去离子水冲洗20S，然后放在滤纸上用真空抽干，分成3组，每20个叶片放入1个装有10mL去离子水的小瓶中，于摇床上摇动1h，再用电导率测量仪（DDS-307），测量其电导率，求平均值。

（六）过氧化氢酶

取苜蓿叶片1.0g，共3份，均加入pH值7.8的磷酸缓冲溶液少量，研磨成匀浆后，定容至25mL后，离心20min（4000rpm），上清液即为过氧化氢酶的粗提液。

取50mL三角瓶4个（两个测定，另两个为对照），测定瓶加入酶液2.5mL，对照加煮死酶液2.5mL，再加入2.5mL 0.1mol/L H_2O_2，同时计时，于30℃恒温水浴中保温10min，立即加入10% H_2SO_4 2.5mL。用0.1mol/L $KMnO_4$标准溶液滴定，至出现粉红色（在30min内不消失）为终点。CAT的计算公式：

$$CAT活性（H_2O_2 mg/g/min）=（A - B）\times VT/（W \times VS \times 1.7 \times t）$$

式中：A——对照 $KMnO_4$ 滴定 mL 数；

B——酶反应后 $KMnO_4$ 滴定 mL 数；

VT——提取酶液总量（mL）；

VS——反应时所用酶液量（mL）；

W——样品鲜重（g）；

t——反应时间（min）；

1.71mL 0.1mol/L $KMnO_4$ 相当于 1.7mgH_2O_2。

四、紫花苜蓿草地土壤特性指标测定

（一）原位呼吸

在不同生长年限的紫花苜蓿人工草地内建立 3 个 2m × 2m 的样地，在每个样地内按“梅花型”设置 5 个 50cm × 50cm 的样方作为土壤呼吸速率测定点。

土壤呼吸速率测定采用动态密闭气室红外 CO_2 分析法（IRGA），测定仪器为自动便携式 CO_2 分析仪（ADC BioScientific Ltd., England）。每次测定时，提前 24h 将测定基座嵌入土壤中，每块样方安放 5 个，共计 15 个重复。基座为 10cm、高 10cm 的不锈钢椭圆形筒，嵌入地表平均深度约 10cm。将基座内的绿色植物齐地剪掉，但应尽可能不扰动地表的凋落物。经过 24h 平衡后，土壤呼吸速率会恢复到基座放置前的水平，从而避免因安置气室对土壤扰动造成的短期内呼吸速率波动。测量时土壤呼吸室需要尽量接近土壤表面，以使土壤呼吸室内的气流能够充分与表面气体混和。

测定时间均于不同区域相应测定时间段，每个测定日从 8:00 至次日 8:00，每隔 2h 测定 1 次，连续测定 24h，连续进行 2d，求其算术平均值。测定土壤呼吸速率的同时，在样地中埋入曲管地温计（5cm），便于在测定土壤呼吸时同步测定不同深度土壤的温度变化。

（二）基础呼吸

预先将 20mL 0.05mol/L NaOH 溶液移液到宽口玻璃瓶中，称量 25g 湿土于小烧杯中，调节水分至 50% 田间持水量。将装有湿土的小烧杯悬挂在宽口玻璃瓶中，紧紧封闭玻璃瓶，于温度控制室内调温至 20℃，培养 24h。培养结束后用经过标定的 0.01mol/L HCl 滴定。

（三）诱导呼吸

称量 25g 湿土于小烧杯中，准确添加葡萄糖 0.2g，调节水分至 50% 田间持水量。将装有湿土的小烧杯悬挂在预先加入 20mL 0.05mol/L NaOH 溶液的宽口玻璃瓶中，紧紧封闭玻璃瓶，温度控制室内调温至 20℃，培养 6h。培养结束后用经过标定的 0.01mol/L HCl 滴定。

（四）土壤含水量

不同紫花苜蓿人工草地土壤含水量的测定，表层是每 5cm 一测，20~70cm 土层用直径为 4cm 土钻随机取 20~30cm、30~40cm、40~50cm、50~60cm、60~70cm 深度的新鲜土壤样品用改锥刮去土钻中的上部浮土，将土迅速装入已知准确质量并编号的铝盒内，盖紧，带回实验室内。将铝盒外表擦拭干净，立即称重并精确到 0.01g，然后揭开盒盖，置于铝盒底部，最后放入已预热至 105℃的烘箱中烘烤 12h。取出，盖好，在干燥器中冷却至室温，立即称重，计算土壤含水量。重复 3 次。计算公式如下：

$$含水量 =（W_1—W_2）/（W_2—W_3）$$

式中：W_1——为湿土 + 铝盒重量；

W_2——为干土 + 铝盒重量；

W_3——为铝盒重量。

（五）土壤紧实度

使用SC900 Soil Compaction Meter Spectrum Technologies(Inc Item # 6110FS)进行测定。

（六）土壤化学性质

在不同紫花苜蓿人工草地分别随机取 0~10cm 和 10~20cm 深度的土样，3 次重复，其中各重复以土钻分别取 5 个样点，所取土样混合均匀后，用四分法取土 1kg 左右，带回实验室进行化学性质分析。

1. 土壤有机质

采用重铬酸钾容量法—外加热法。

a. 在分析天平上准确称取通过 100 目筛子（0.149mm）的土壤样品 1.0000g，用长条腊光纸把称取的样品全部倒入干的硬质试管中，用移液管缓缓准确加入 0.8000mol/L 重铬酸钾一硫酸（$K_2Cr_2O_7$–H_2SO_4）溶液 10ml，在加入约 3ml 时，摇动试管，以使土壤分散，然后在试管口加一小漏斗。

b. 预先将液体石蜡油或植物油浴锅加热至 185~190℃，将试管放入铁丝笼中，然后将铁丝笼放入油浴锅中加热，放入后温度应控制在 170~180℃，待试管中液体沸腾发生气泡时开始计时，煮沸 5min，取出试管，稍冷，擦净试管外部油液。

c. 冷却后，将试管内容物倾入 250mL 的三角瓶中，使瓶内总体积在 60mL，保持其中硫酸浓度为 2mol/L，此时溶液的颜色应为橙黄色。然后加邻啡罗琳指示剂 5 滴，用 0.2mol/L 的标准硫酸亚铁（$FeS0_4$）溶液滴定，溶液由黄色变为棕红色即为终点。

d. 在测定样品的同时做两个空白试验，取其平均值。可用石英砂代替样品，其他过程同上。

对于上述实验，其结果按如下公式计算：

土壤有机质（g/kg）=［（$c \times 5/V_0$）×（V_0—V）$\times 10^{-3} \times 3.0 \times 1.1 \times 1.724$）/m］×1000

式中：c——0.8000mol/L（$1/6K_2Cr_2O_7$）标准溶液的浓度；

5——重铬酸钾标准溶液加入的体积（mL）；

V_0——滴定空白液时所用去的 $FeSO_4$ 毫升数；

V——滴定样品液时所用去的 $FeSO_4$ 毫升数；

m——烘干土样的质量（g）。

2．土壤全氮

采用凯氏定氮法。

a. 称取烘干土样 1.0000g，将土样送入干燥的消煮管底部，加入催化剂 2.00g 和浓 $H_2SO_4$10mL，摇匀，将开氏瓶倾斜置于 300W 变温电炉上，用小火加热，待瓶内反应缓和 15min，加强火力使消煮的土液保持微沸，加热的部位不超过瓶中的液面。

b. 待消煮液和土粒全部变为灰白稍带绿色后，再继续消煮 1h。消煮完毕，冷却，待消煮液冷却后，用少量无离子水将消煮液定量地全部转入蒸馏器内，并用水洗涤开氏瓶 4 次或 5 次，于 150mL 蒸馏瓶中，加入 20g/L 硼酸指示剂混合液 5mL，放在冷凝管末端，管口置于硼酸液面以上 3~4cm 处。然后向蒸馏室内缓缓加入 10mol/L 的 NaOH 溶液 20mL，通入蒸汽蒸馏，待蒸馏出液体体积约 50mL 时，即蒸馏完毕。

c. 用少量已调节至 pH 值 4.5 的水洗涤冷凝管的末端。用 0.01mol/L 的 HCl 标准溶液滴定蒸馏液由蓝绿色至紫红色，记下消耗标准 HCl 的毫升数。

测定时同时要做空白试验，除不加试验样品外，其他操作相同。

对于上述实验，其结果按如下公式计算：

N（g/kg）=［（$V-V_0$）$\times c \times 14 \times 10^{-3} \times 1000$］/$m$

式中：V——滴定时消耗标准 HCl 的毫升数；

V_0——滴定空白时消耗标准 HCl 的毫升数；

C——标准 HCl 的摩尔浓度；

0.014——氮原子的毫摩尔质量 g/mmol；

m——烘干土样的质量（g）。

3．速效氮

采用碱解—扩散法。

a. 称取通过 18 号筛（孔径 1mm）风干样品 2.000g（精确到 0.001g）和 1.000g $FeSO_4$ 粉剂，均匀铺在扩散皿外，水平地轻轻旋转扩散皿，使土样均匀地铺平。

b. 用吸管吸取 2% 硼酸溶液 2mL，加入扩散皿内室，并滴加 1 滴定氮混合指示剂，然后在皿的外室边缘涂上特制胶水，盖上毛玻璃，并旋转数次，以便毛玻璃与皿边完全粘合，再慢慢转开毛玻璃的一边，使扩散皿露出一条狭缝，迅速用移液管加入 10mL，1.0mol/L NaOH 于皿的外室，立即用毛玻璃盖严。

c. 水平轻轻转动扩散皿，使碱溶液与土壤充分混合均匀，用橡皮筋固定，贴上标签，随后放入 40℃恒温箱中。24h 后取出，再以 0.01mol/L HCl 标准溶液用微量滴定管滴定内室所吸收的氮量，溶液由蓝色滴至微红色为终点，记下盐酸用量毫升数 V。同时要做空白试验，滴定所用 HCl 量为 V_o。

对于上述实验，其结果按如下公式计算：

碱解氮（mg/kg）=c×（$V—V_o$）×14×1000/m

式中：c——标准 HCl 的摩尔浓度；

V——滴定样品时所用去的 HCl 的毫升数；

V_o——滴定空白试验所消耗的标准 HCl 的毫升数；

14——个氮原子的摩尔质量 g/mol；

m——烘干土样的质量（g）。

4．土壤全磷

采用 NaOH 熔融—钼锑抗比色法。

a. 熔样：准确称取风干土样 0.25g，精确到 0.0001g，小心放入镍坩埚底部，加入无水乙醇 3 滴，润湿样品，在样品上平铺 2g NaOH，将坩埚放入高温电炉，升温。当温度升至 400℃左右，切断电源，暂停 15min。然后继续升温至 720℃，并保持 15min，取出冷却，加入约 80℃的水 10mL，用水多次洗坩埚，洗涤液也一并移入该容量瓶，冷却，定容，用无磷定量滤纸过滤或离心澄清，同时做空白试验。

b. 绘制标准曲线：分别准确吸取 5mg/L 磷标准溶液 0mL、2mL、4mL、6mL、8mL、10mL 于 50mL 容量瓶中，同时加入与显色测定所用的样品溶液等体积的空白二硝基酚指示剂 2~3 滴，并用 100g/L 碳酸钠溶液或 50mL/L H_2SO_4 溶液调节溶液至刚呈微黄色，准确加入钼锑抗显色剂 5mL，摇匀，加水定容，即得含磷量分别为 0mL、0.2mL、0.4mL、0.8mL、1.0mg/L 的标准溶液系列。摇匀，于 15℃以上温度放置 30min 后，在波长 700nm 处，测定其吸光度，在方格坐标纸上以吸光度为纵坐标，磷浓度（mg/L）为横坐标，绘制标准曲线。

c. 显色：准确吸取待测样品溶液 5mL 于 50mL 容量瓶中，用水稀释至总体积约 3/5 处，加入二苯基酚指示剂 2~3 滴，并用 100g/L 碳酸钠溶液或 50mL/L H_2SO_4 溶液调节溶液至刚呈微黄色，准确加入 5mL 铝锑抗显色剂，摇匀，加水定容，室温 15℃以上，放置 30min。

d. 比色：显色的样品溶液在分光光度计上，用 700nm、1cm 光径比色皿，以空白试验为参比液调节仪器零点，进行比色测定，读取吸光度，从标准曲线上查得相应的含磷量。

对于上述实验，其结果按如下公式计算：

全 P（g/kg）= 显色液 × 显色液体积 × 分取倍数 ×0.001/m

式中：显色液 Pmg/L——从工作曲线上查得的 Pmg/L；

显色液体积——本试验中为 50mL；

分取倍数——消煮溶液定容体积 / 吸取消煮溶液体积；

m——烘干土样重（g）。

5. **速效磷**

采用 0.5mol/L 碳酸氢钠浸提法。

a. 称取通过 20 目筛子的风干土样 2.5000g（精确到 0.0001g）于 150mL 三角瓶中，加入 0.5mol/L 碳酸氢钠溶液 50mL，再加一小角勺无磷活性碳，塞紧瓶塞，在振荡机上振荡 30min，立即用无磷滤纸过滤，滤液置于 100mL 三角瓶中。

b. 吸取滤液 10mL 于 50mL 量瓶中，加硫酸钼锑抗混合显色剂 5mL 充分摇匀，排出 CO_2 后加水定容至刻度，再充分摇匀。

c.30min 后，在分光光度计上比色（波长 700nm），比色时同时做空白测定。

d. 磷标准曲线绘制：分别吸取 5mg/L 磷标准溶液 0、1.0、2.0、3.0、4.0、5.0mL 于 50mL 容量瓶中，每一容量瓶即为 0、0.1、0.2、0.3、0.4、0.5mg/L 磷，再逐个加入 0.5mol/L 碳酸氢钠 10mL 和硫酸—钼锑抗混合显色剂 5mL，然后同待测液一样进行比色。绘制标准曲线。

对于上述实验，其结果按如下公式计算：

土壤速效 P（mg/g）= 比色液 × 定容体积 /m × 分取倍数

式中：比色液 mg/L——从工作曲线上查得的比色液磷的 mg/L 数；

m——烘干土样重量；

分取倍数——100/10=10。

6. **土壤全钾**

采用 NaOH 熔融 - 火焰光度计法测定。

a. 称取烘干土样（100 目）0.2500g 于银坩埚底部，加无水乙醇湿润，然后加 0.2g 固体 NaOH，平铺于土样的表面，暂放于大干燥器中，以防吸湿。

b. 将坩埚放在高温电炉内，由低温升至 720℃保持此温度 15min，当炉温升至 400℃时关闭电源，15min 后继续升温。

c. 取出稍冷，加入 10mL 水，加热至 80℃左右，待熔块溶解后，再煮沸 5min，转入 50mL 容量瓶中，然后用少量 0.2mol/L H_2SO_4 溶液清洗数次，一起倒入容量瓶内，使总体积至约 40mL，再加 1:1HCl 5 滴和 4.5mol/L $H_2SO_4$5mL 用水定容，过滤。

d. 吸取滤液 5.00mL 于 50mL 容量瓶中，用水定容，直接在火焰光度计上测定，记录读数，同时测得钾标准系列溶液的读数值，绘制工作曲线，然后从工作曲线上查得待测液的钾浓度 mg/L。

对于上述实验，其结果按如下公式计算：

全 K（g/kg）= 钾浓度 × 测读液定容体积 × 分取倍数 $\times 10^3$/（$m \times 10^6$）

式中：mg/L——从工作曲线查得溶液中 K 的 mg/L 数；

测读液定容体积——50mL；

分取倍数——待测液体积 / 吸取待测液体积 =50/5=10；

m——烘干样品重（g）。

7. **速效钾**

采用醋酸铵浸提—火焰光度法。称取风干土样（1mm 孔径）5.00g 于 150mL 三角瓶中，加 1mol/L NH_4OAc 溶液 50.00mL（土液比为 1:10），用橡皮塞塞紧，在 20~25℃下振荡 30min 用干滤纸过滤，滤液与钾标准系列溶液一起在火焰光度计上进行测定，在方格纸上绘制成曲线，根据待测液的读数值查出相对应的 mg/L 数，并计算出土壤中速效钾的含量。

对于上述实验，其结果按如下公式计算：

土壤速效钾 K（mg/kg）= 待测液 mg/L × 加入浸提剂毫升数 / 烘干土重。

8.pH **值：采用电位法。**

称取通过 1mm 孔径筛子的风干土 25g，放入 50mL 烧杯中，加入蒸馏水 25mL 用玻璃棒搅拌 1min，使土体充分散开，放置 0.5h，然后用酸度计测定。具体操作方法如下：

a. 接通电源，开启电源开关，预热 15min；

b. 将开关按到 pH 挡；

c. 将斜率顺时针按到底；

d. 用温度计测出缓冲液或（待测液）的温度，将温度旋钮调至此温度；

e. 将电极放入 pH 值为 6.86 的缓冲溶液中，调定位旋钮，使仪器显示 6.86；

f. 将电极冲洗干净后，再放入 pH 值为 9.18 的缓冲溶液中，调斜率使仪器显示 9.18；

g. 如此重复 5 次或 6 次，直到仪器显示相应的 pH 值较稳定为止。

h. 将洗干净的电极放入待测液中，仪器即显示待测液的 pH 值，待显示数字较稳定时读数即可。此值为待测液的 pH 值。

9.Ca 和 Mg：均采用原子吸收分光光度法。

（七）土坡微生物各类群数量

土壤细菌、真菌和放线菌数量采用稀释平板法分离计数。其中：好气性细菌采用牛肉膏蛋白胨琼脂培养基，放线菌采用高氏 1 号培养基，真菌采用马丁氏培养基。

（八）土壤微生物生物量

土壤微生物生物量碳参照已有标准方法。称已过筛（0.2mm）相当于 10g 干土的新鲜土壤 6 份，置于 Φ15cm 的培养皿中，并摊平，其中 3 份土壤，连同盛有 50ml 的无醇氯仿三角烧杯和盛有蒸馏水（壁上放一滤纸条）的烧杯一起放入 25℃真空培养箱中，抽真空，直到氯仿沸腾为止，培养 2d。然后取出氯仿和蒸馏水烧杯，反复抽真空以去除残余氯仿。另外 3 份土壤除不经氯仿处理以外，其他条件都相同，同步培养。用 4 倍于土壤干重的 0.5mol K_2SO_4，溶液进行振荡提取 30min，过滤得上清液，用 $K_2Cr_2O_7$–H_2SO_4 氧化滴定法测定上清液中的总有机 C，将熏蒸土壤（FE）与未熏蒸土壤（CK）的有机 C 之差，除以碳氧化转换系数 Kc（0.38），即得 C_{bio} 含量（mg/kg）。

计算公式：

C_{bio}=（*CFE—CCK*）/ 0.38

（九）土壤酶活性的测定方法

转化酶用 hoffman 法，酶活性以还原糖 mg/g 表示（370℃，3h）；蛋白酶用加勒斯江法，酶活性以 NH_4–Nmg/g 表示（30℃，24h）；脲酶用奈氏比色法，酶活性以 NH_4–Nmg/g 表示（37℃，24h）。

五、温室气体的测定

（一）气体的采集

箱技术是测量土壤痕量气体释放通量的最常用方法，分密闭箱技术和动态箱技术，本研究采用密闭箱技术。密闭箱由有机玻璃材料制成，呈正立方体形，分箱体和底座两部分。箱体底面开口，连接带有凹槽的底座，箱内带有空气搅拌的小风扇。测量时将底座封闭嵌入土中，然后将箱体置于底座凹槽内，凹槽内在用水密封，使箱内空气不与外界空气交换或循环。然后每隔一定时间间隔测量一次箱内所研究气体的浓度，分别在 0、10、20、30min 用注射器采集气体于气袋中（化工部大连光明化工研究所生产的铝膜气样袋）。

（二）气体的分析

气袋中的样品用 HP5890 气相色谱仪（美国惠普公司研制生产）分析测定 CO_2、N_2O 和 CH_4 成分。测定分析系统主要由四部分组成：

（1）由高压气体钢瓶、气体发生器及过滤器组成的气源部分；

（2）气体转向阀、压力和质流量控制阀、粒子过滤器及六通二位阀组成的进样系统；

（3）分析柱及检测器组成的分离检测系统；

（4）由电脑、气相色谱仪、数据接收及处理软件组成的数据处理系统。

（三）气体通量的计算

根据浓度随时间的变化速率计算土壤的气体释放通量。所测痕量气体（以

CO_2为例）的释放通量（*F*）的计算公式为：

$$F=\rho Hdc/dt$$

根据理想气体方程可转换成（郑循华，2000）：

$$F=60\cdot10^{-5}\cdot[273/(273+T)]\cdot(P/760)\rho H\cdot(dc/dt)$$

式（2–5）和（2–6）中：*F*——CO_2的释放通量（$mgN_2Om^{-2}\cdot h^{-1}$）；

ρ——0℃和760mmHg气压条件下的CO_2密度（g/L）；

H——采样箱气室高度（cm）；

dc/*dt*——箱内CO_2气体浓度的变化速率（$109\cdot min^{-1}$）；

P——采样箱箱内大气压（mmHg）；

T——箱内平均气温（℃）；试验地点的高程接近海平面，所以 $P/760\approx1$。

气体通量（F）为负值时表示土壤从大气吸收该气体，为正值时表示土壤向大气排放该气体。

（四）日常气象与农田管理记录

1. 逐日气象资料

包括：每天的最高、最低气温、降雨。

2. 农田管理调查

在作物生长期间准确记录物候期、农田管理（施肥、灌溉、除草等）的时间和用量。

实验数据运用EXECL和SAS8.0进行处理，多重比较采用Anova、Duncan法；指标筛选采用相关分析、主成分分析、AHP层次分析法；苜蓿人工草地的健康评价采用模糊数学综合评价法。

第二节　苜蓿产量植株构成要素

一、科尔沁沙地

（一）株高

植物高度是描述植株生长状况和评价高产的主要指标之一。不同紫花苜蓿品种株高见图1。4个紫花苜蓿品种株高每个月的变化规律一致，即呈逐渐递增趋势，且差异极显著（$P<0.01$）。2007年4种紫花苜蓿5月至6月植株高度增幅最大，6—8月增幅相对较小，2008年各紫花苜蓿品种5—6月株高变幅较低，6—7月株高变幅最大，7—8月株高变幅也相对低。2007年，敖汉苜蓿株高以生长2年

和生长 5 年的较好，2008 年株高以生长 4 年和生长 6 年的较好；Rangelander 株高 2007 年以生长 2 年和生长 3 年的长势最好，2008 年株高以生长 3 年和生长 4 年的为好；阿尔冈金的株高变化规律与 Rangelander 相一致；金皇后株高 2007 年以生长 2 年和生长 5 年的状况最好，2008 年株高则是以生长 3 年和生长 4 年的较好（图 3-1）。

综合比较 4 个紫花苜蓿品种株高: Rangelander> 敖汉苜蓿 > 阿尔冈金 > 金皇后。

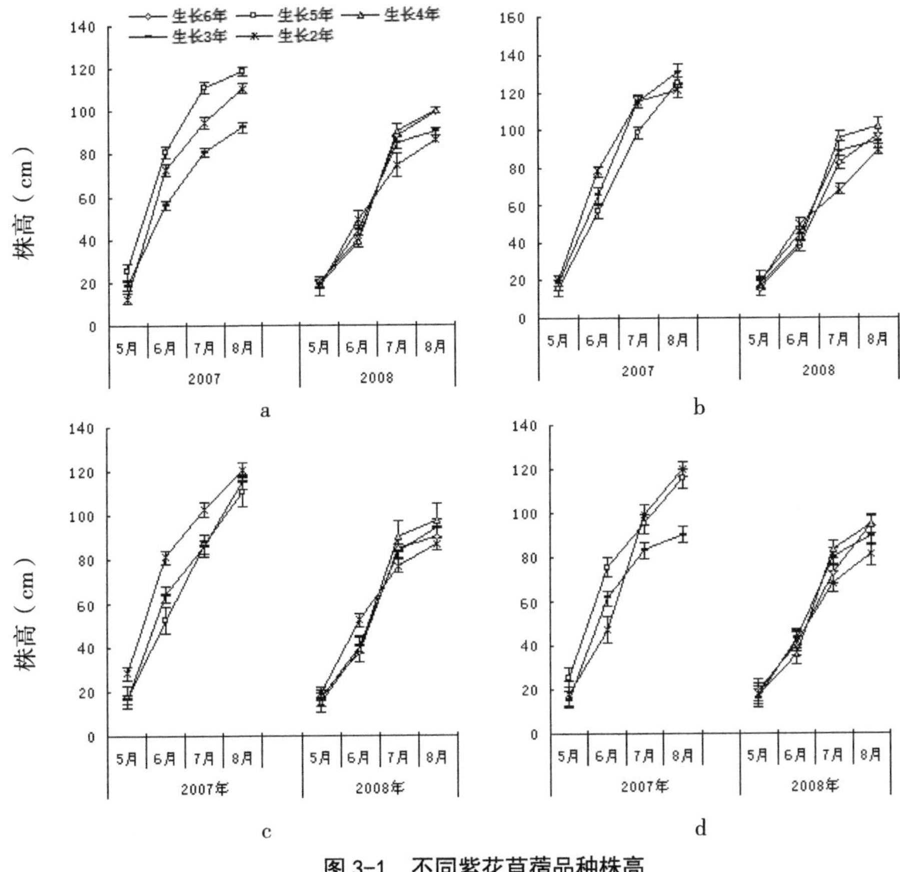

图 3-1 不同紫花苜蓿品种株高

a) 敖汉苜蓿 Aohan; b) Rangelander; c) 阿尔冈金 Algonquin; d) 金皇后 Golden queen

（二）单株分枝数

植株的分枝能力强弱影响着植物产量的高低。不同生长年限的敖汉苜蓿分枝数 2007 年的变化规律为“S”形（图 3-2a），2008 年总体上呈逐渐递增趋势，最大值均出现在 8 月。2007 年以生长 2 年的分枝数最高，2008 年以生长 3 年和生长 4 年的最高，分别为 44.8 枝 / 株和 39.0 枝 / 株。

Rangelander 分枝数量随着月份的增加而增加。2007 年生长 2 年和生长 5 年的分枝数量相当且最高，2008 年分枝数以生长 6 年的最高，可达 41.5 枝 / 株（图 2b）。

阿尔冈金从分枝情况看，2007 年 5—8 月分枝数量的变幅差异不大（图 2c），以生长 2 年的分枝数最多，且以 8 月分枝数量最高，达 53.8 枝 / 株。2008 年不同生长年限分枝数间差异显著（$P<0.05$），以生长 2 年和生长 4 年的最高。

金皇后分枝数的总体变化规律是随着生长期的延长，峰值亦出现在 8 月。2007 年以生长 2 年和生长 5 年的为高，2008 年则以生长 2 年和生长 4 年的为高（图 3-2d）。

综合比较 4 个紫花苜蓿品种分枝能力：金皇后 > 阿尔冈金 > 敖汉苜蓿 >Rangelander。

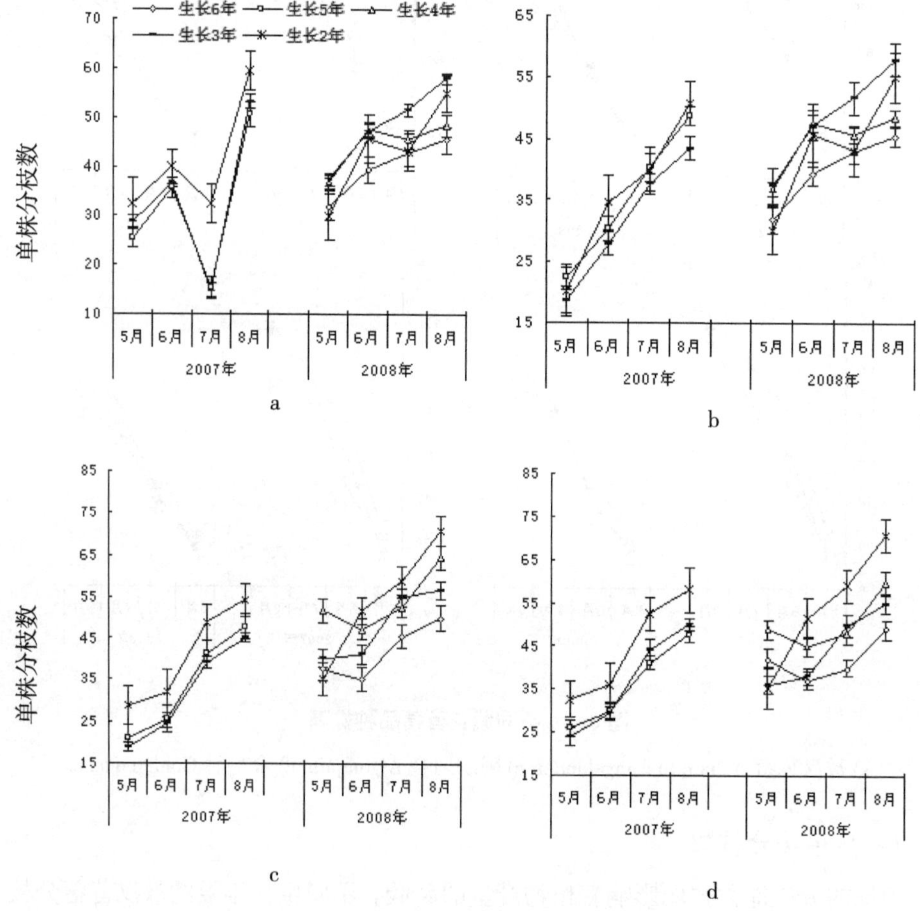

图 3-2　不同紫花苜蓿品种单株分枝数

a) 敖汉苜蓿 Aohan; b) Rangelander; c) 阿尔冈金 Algonquin; d) 金皇后 Golden queen

（三）叶片重

叶干重可以反映牧草的干物质累积程度和利用价值。从图 3-3a 可以看出，2007 年不同生长年限敖汉苜蓿叶片重差异不显著（$P>0.05$），总体变化趋势生长 3 年 > 生长 2 年 > 生长 5 年。2008 年不同年限间叶片重的变化趋势是生长 4 年 > 生长 3 年 > 生长 6 年 > 生长 2 年。

Rangelander 2007 年以生长 3 年的叶片重最高，2008 年以生长 4 年的叶片重最高，分别为 15.20 和 20.66g/50 片（图 3-3b）。各月份间叶片重存在显著差异（$P<0.05$），且随着生长期的延长呈递增趋势。

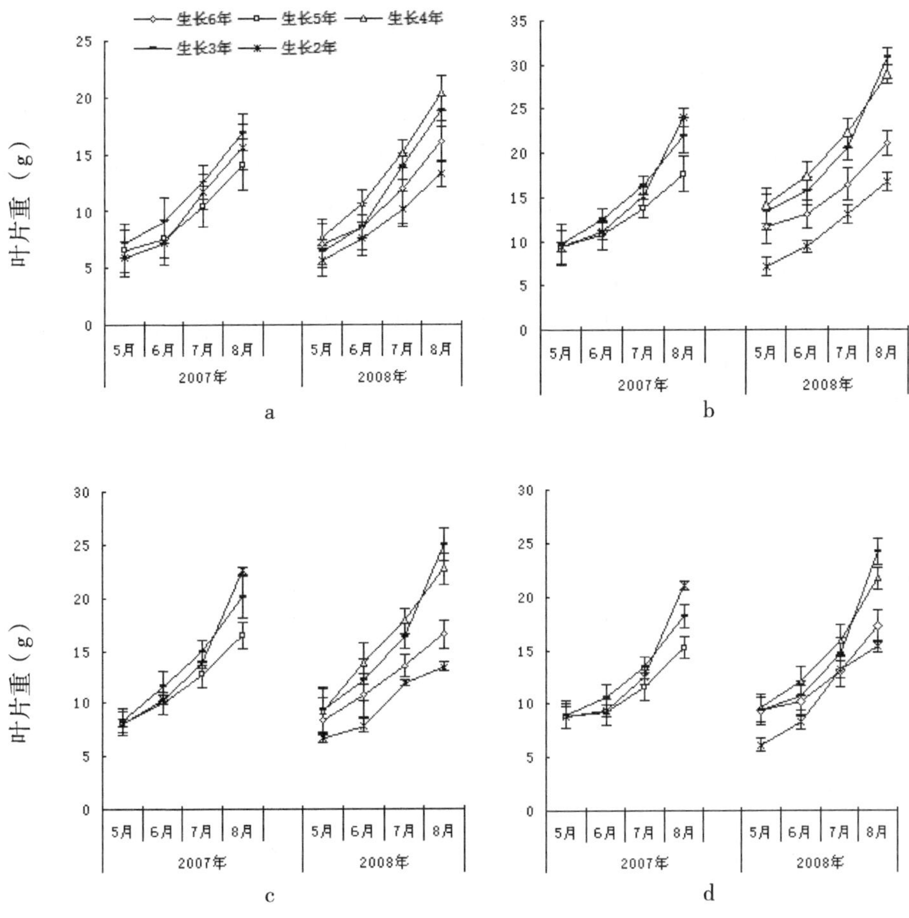

图 3-3　不同紫花苜蓿品种叶片重

a) 敖汉苜蓿 Aohan; b) Rangelander; c) 阿尔冈金 Algonquin; d) 金皇后 Golden queen

阿尔冈金与金皇后叶片重的变化规律基本相同，随着生长期的延长，叶片重呈升高趋势（图 3-3c、图 3-3d）。2007 年均以生长 2 年和生长 3 年的叶片重最大，阿尔冈金和金皇后的叶片重分别为 20.11g/50 片、22.54g/50 片和 18.21g/50 片、21.04g/50 片。2008 年以生长 3 年和生长 4 年的叶片重最大，阿尔冈金的叶片重分别为 14.80g/50 片和 14.70g/50 片，金皇后的叶片重分别是 13.80g/50 片和 13.84g/50 片。

综合比较 4 个紫花苜蓿品种叶片重：Rangelander> 阿尔冈金、金皇后 > 敖汉苜蓿。

（四）叶面积

叶面积是衡量叶片光合能力的指标，叶面积越大，越有利于拦截更多的阳光制造有机物。敖汉苜蓿叶面积不完全遵循生长年限越长叶面积越大的规律，而是生长到一定年限后出现降低的趋势，2007 — 2008 年测定的结果可以验证这一点，2007 年敖汉苜蓿生长第 2 年叶面积达到最大。2008 年生长第 3 年叶面积达到最大。在同一年份中，随着植株生长发育的进行，植株的叶面积呈递增趋势，8 月份叶面积最大（图 3-4a）。

2007 年不同生长年限的 Rangelander 叶面积均以生长 3 年为最大值（图 3-4b），2008 年叶面积以生长 4 年为最大。在同一年份中，随着植株生长发育的进行，植株的叶面积呈递增趋势，8 月份叶面积最大。

阿尔冈金与金皇后叶面积的变化规律基本相同（图 3-4c、图 3-4d），各月份间的叶面积随着生长期的延长呈增加趋势。2007 年以生长 2 年和生长 3 年的叶面积最大，阿尔冈金的分别为 0.67cm^2 和 0.54cm^2，金皇后的分别是 0.71cm^2 和 0.59cm^2。2008 年叶面积以生长 3 年和生长 4 年最大，阿尔冈金叶面积的分别为 0.79cm^2 和 0.74cm^2，金皇后的叶面积分别是 0.83cm^2 和 0.79cm^2。

综合比较 4 个紫花苜蓿品种叶面积：Rangelander> 阿尔冈金、金皇后 > 敖汉苜蓿。

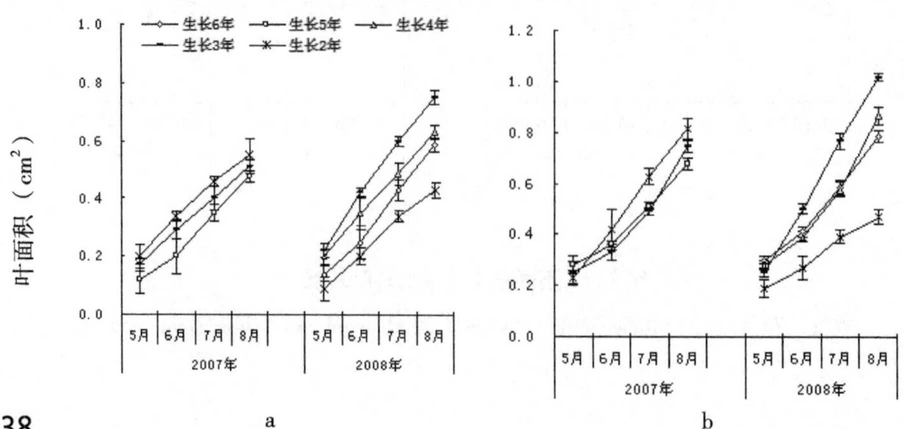

a　　b

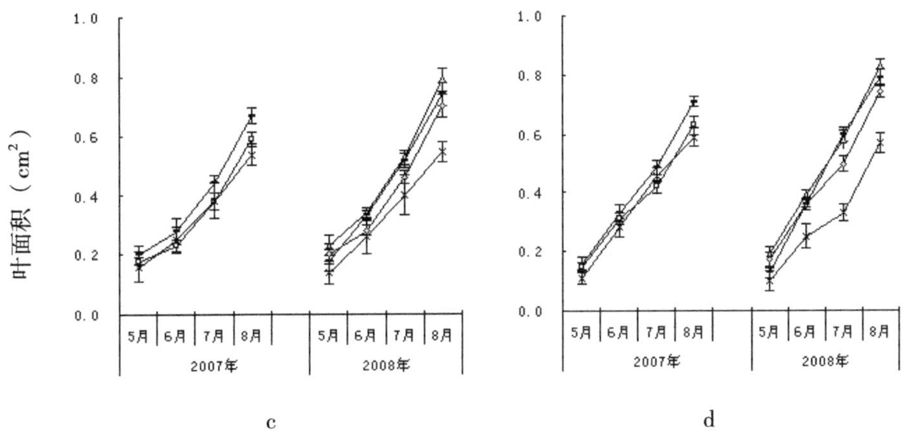

图 3-4 不同紫花苜蓿叶面积

a) 敖汉苜蓿 Aohan; b) Rangelander; c) 阿尔冈金 Algonquin; d) 金皇后 Golden queen

（五）冠幅

敖汉苜蓿冠幅不完全遵循生长年限越长冠幅越大的规律，而是生长到一定年限后会出现降低的趋势，从2007—2008年测定的结果可以验证这一点（图3-5a）。2007年敖汉苜蓿以生长第3年冠幅最大，2008年以生长4年的冠幅最大。但是在同一年份中，随着植株生长发育的进行，植株的冠幅呈递增趋势。2007年Rangelander的冠幅最低亦可达648.23cm^2，植株冠幅生长到第3年达到最大值。2008年冠幅最高的仅有535.50cm^2，以生长6年的冠幅为最大（图3-5b）。同一年份各月份间差异显著（P<0.05）。阿尔冈金冠幅月份间差异显著（P<0.05）。生长年限不同月份间变化规律也不完全一致。2007年生长3年和生长5年的冠幅随着生长时间的延长而增加，生长2年的是生长到7月，达到冠幅最大值，之后开始下降。2008年月份间的变化规律一致，呈逐渐递增趋势（图3-5c）。不同生长年限的金皇后冠幅值存在显著差异（P<0.05），从图3-5d看出，2007年以生长3年的冠幅为最大，2008年以生长4年的为最大，分别为421.73cm^{2}和446.88cm^2。各月份间的变化规律基本一致，即随着植株生长发育的进行，冠幅呈升高趋势。

综合比较4个紫花苜蓿品种冠幅：Rangelander>敖汉苜蓿>阿尔冈金>金皇后。

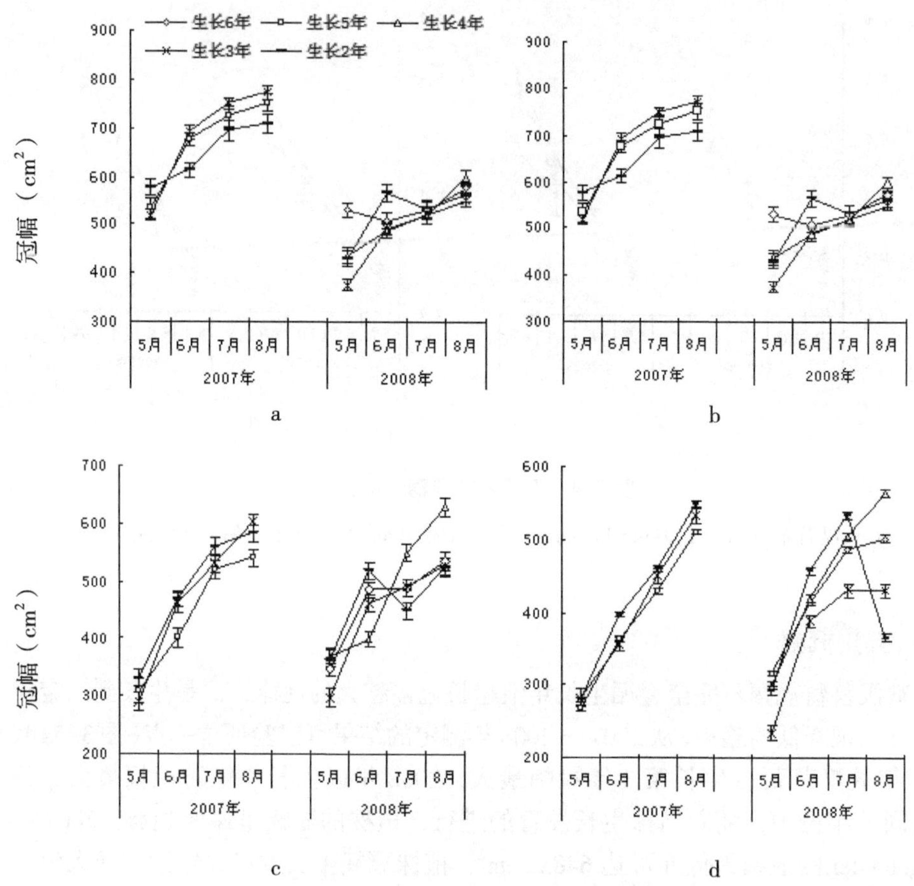

图 3-5　不同紫花苜蓿品种冠幅

a) 敖汉苜蓿 Aohan; b) Rangelander; c) 阿尔冈金 Algonquin; d) 金皇后 Golden queen

（六）冠层

不同的群落结构对作物的生长发育影响不同。作物产量主要取决于作物群体的受光能力和群体内部光分布特征，而叶片作为作物进行光合作用的器官，其形状、大小和数量直接关系到群体中光环境的优劣和光能利用率的高低。叶子是主要同化器官，叶片的多少，叶面积的大小都与植物同化能力的高低、光合产物的多少有着极为密切的关系。

1. 叶面积指数

叶面积指数是遥感长期监测中最常用的描述作物长势的综合参数。叶面积指数是植物在单位地面上的叶面积，它反映出群落在一定时空条件下光合作用的状况。它对群落的地上生物量有着明显的影响。4 种紫花苜蓿植株灌丛的叶面积指数、叶倾角和散射光穿透系数结果见图 3-6。

2007 年敖汉苜蓿以生长 2 年的叶面积指数最大，可达 2.33，生长 3 年和生长 5 年叶面积指数相近。同一年份随着生长发育的进行，叶面积指数呈递增趋势，且差异显著（$P<0.05$）。2008 年整个生长季敖汉苜蓿叶面积指数差异显著（$P<0.05$），8 月份叶面积指数均达最大值，最高可达 3.98，且以生长 3 年的叶面积指数为最高（图 4-6a）。

Ranglander 2007 年叶面积指数以生长 5 年的最高（4.60），生长 2 年的次之（2.88），生长 3 年的最低（2.21）。2008 年不同生长年限叶面积指数的变化规律与 2007 年的变化规律不一致（图 3-6b），叶面积指数总体变化规律是生长 2 年 > 生长 3 年、生长 4 年 > 生长 6 年，最大值只达 3.67。

阿尔冈金各生长季叶面积指数的变化规律不完全一致（图 3-6c），2007 年各生长年限叶面积指数随着生长期的延长呈逐渐递增的趋势，而 2008 年呈先升高后下降的趋势。2007 年以生长 2 年的最高，生长 5 年的最低。2008 年以生长 2 年和生长 3 年的最高，生长 6 年的最低。

金皇后各生长年限叶面积指数的变化规律基本一致（图 3-6d），叶面积指数随着月份的增加而增加，且月份间差异显著（$P<0.05$）。2007 年以生长 2 年的最高，2008 年以生长 2 年和生长 3 年的最高。

综合比较 4 个紫花苜蓿品种叶面积指数：Rangelander> 金皇后、阿尔冈金 > 敖汉苜蓿。

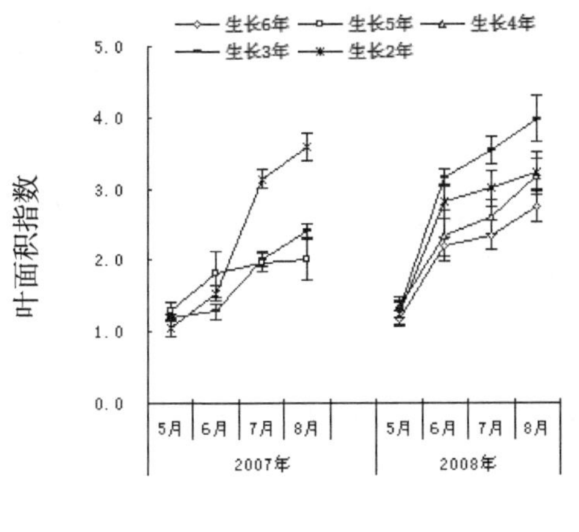

a

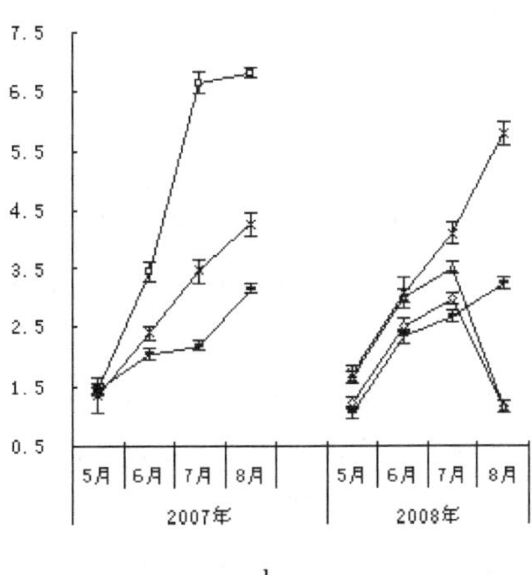

b

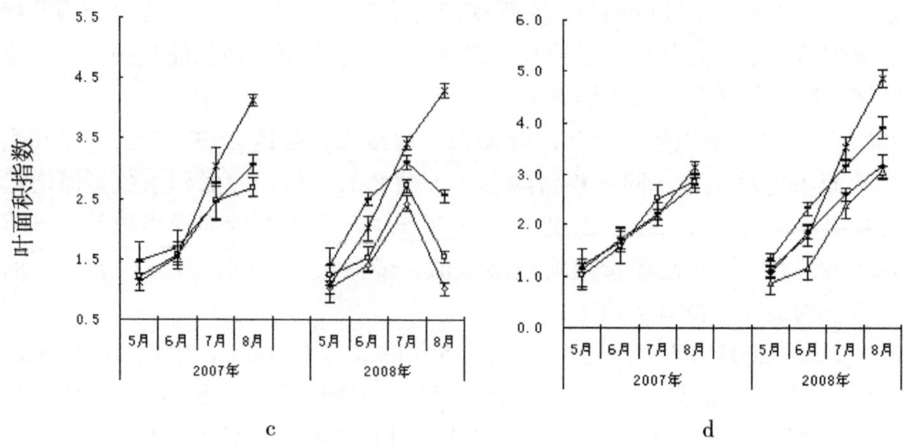

图 3-6 不同紫花苜蓿品种叶面积指数

a) 敖汉苜蓿 Aohan; b) Rangelander; c) 阿尔冈金 Algonquin; d) 金皇后 Golden queen

2. 叶倾角

平均叶簇倾角是指法线方向与子轴方向的夹角，即叶面与水平面的夹角。其大小与株型是否合理密切相关。各生长年限的敖汉苜蓿叶倾角随着生长发育的进行，叶倾角逐渐增大（图 3-7a），不同生长年限的叶倾角存在显著差异（$P<0.05$）。2007 年敖汉苜蓿叶倾角变化规律为生长 2 年 > 生长 3 年 > 生长 5 年。2008 年敖汉苜蓿生长 2 年 > 生长 6 年 > 生长 4 年 > 生长 3 年。

Rangelander 叶倾角的变化规律与敖汉苜蓿一致（图 3-7b）。月份间差异极显著（$P<0.01$），且均以 8 月份最高。2007 年叶倾角以生长 2 年的最高，为 29.26°，2008 年叶倾角以生长 2 年和生长 6 年的最高，分别达 24.58° 和 23.28°。

阿尔冈金从图 3-7c 看出，2007 年叶倾角以生长 3 年和生长 5 年的最高，生长 2 年的相对较低。2008 年叶倾角以生长 4 年和生长 6 年的为高，生长 2 年和生长 3 年为低。月份间叶倾角变化幅度较大，差异显著（$P<0.05$），5 月份最低，8 月份最大。

金皇后 2007 年以生长 3 年的叶倾角最大（图 3-7d），但只有 29.11°，而 2008 年生长 2 年的叶倾角最低，可达 36.68°，生长 6 年可获得最高值 49.94°。月份间叶倾角存在显著差异（$P<0.05$）。

综合比较 4 个紫花苜蓿品种叶倾角：金皇后 > 阿尔冈金 > 敖汉苜蓿、Rangelander。

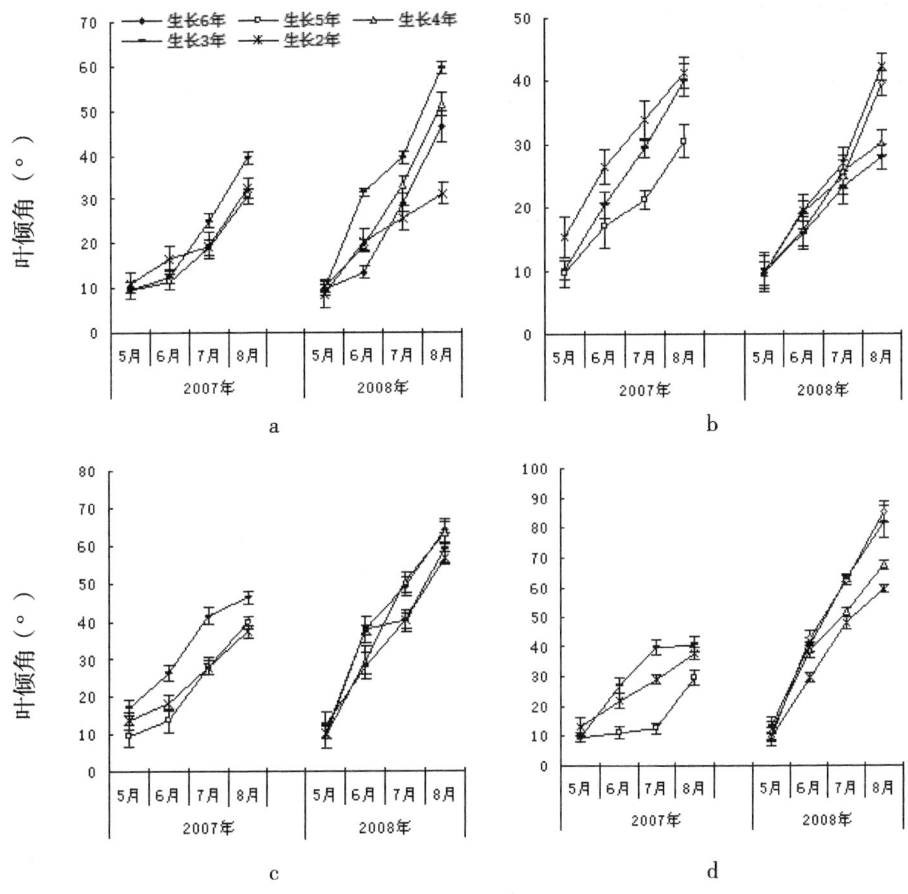

图 3-7 不同紫花苜蓿品种叶倾角

a) 敖汉苜蓿 Aohan; b) Rangelander; c) 阿尔冈金 Algonquin; d) 金皇后 Golden queen

3. 散射光穿透系数

散射光穿透系数是描述作物群体中叶面积遮荫程度或者消弱辐射光程度的参数，它是反映冠层的一个重要综合参数，其大小反映光照度在垂直方向的衰减情况。散射光穿透系数越低说明植株生长越旺盛，且具有较高的郁闭度。从图 4-8a 可看出，敖汉苜蓿散射光穿透系数在各月份间差异不显著（*P*>0.05），且随着生长的进行，散射光穿透系数逐渐降低，年际间的波动不大。不同生长年限的敖汉苜蓿散射光穿透系数差异不显著（*P*>0.05）。

不同生长年限的 Rangelander 散射光穿透系数月份间波动幅度不一致，2007 年和 2008 年分别以生长 2 年和生长 3 年的波动幅度最大，其余生长年限的散射光穿透系数波动较为均匀（图 3-8b）。不同生长年限的 Rangelander 散射光穿透系数无显著差异（$P>0.05$）。

阿尔冈金与金皇后散射光穿透系数的变化规律基本一致（图 3-8c、图 3-8d），不论是生长年限，还是不同月份，散射光穿透系数均无显著差异（$P>0.05$）。

综合比较 4 个紫花苜蓿品种散射光穿透系数：金皇后 > 阿尔冈金 > 敖汉苜蓿 >Rangelander。

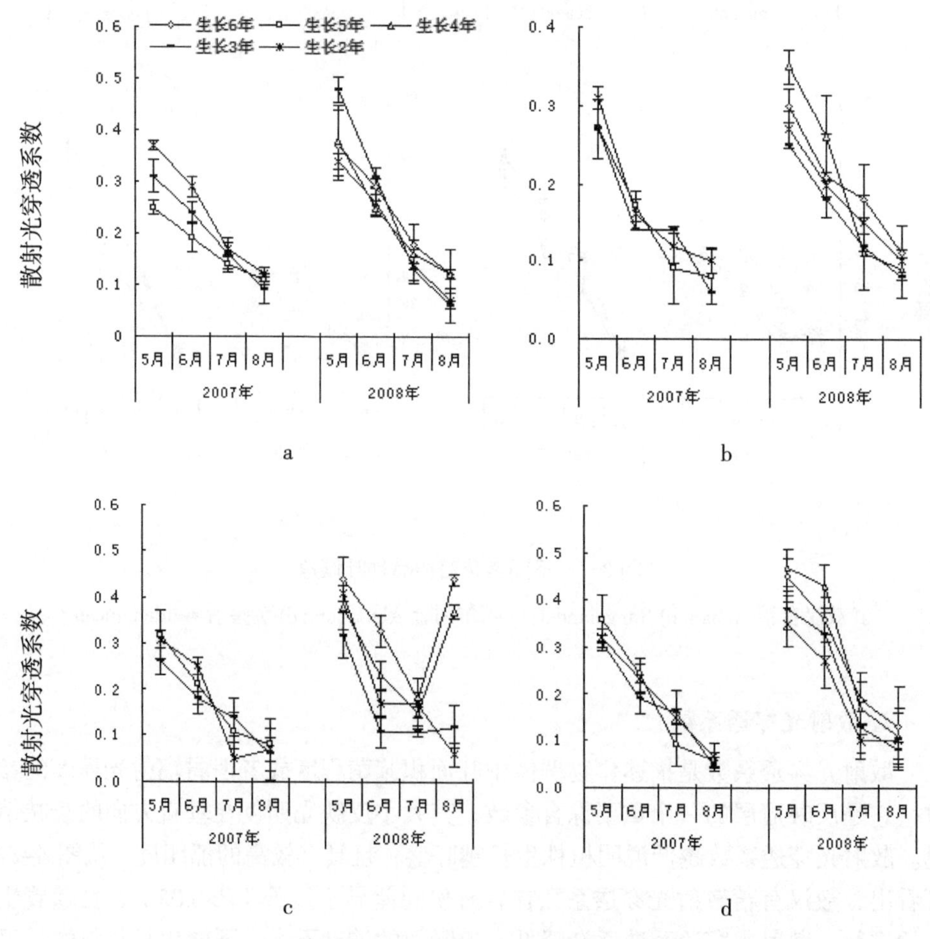

图 3-8 不同紫花苜蓿品种散射光穿透系数

a) 敖汉苜蓿 Aohan; b) Rangelander; c) 阿尔冈金 Algonquin; d) 金皇后 Golden queen

冠层影像见图 3-9。

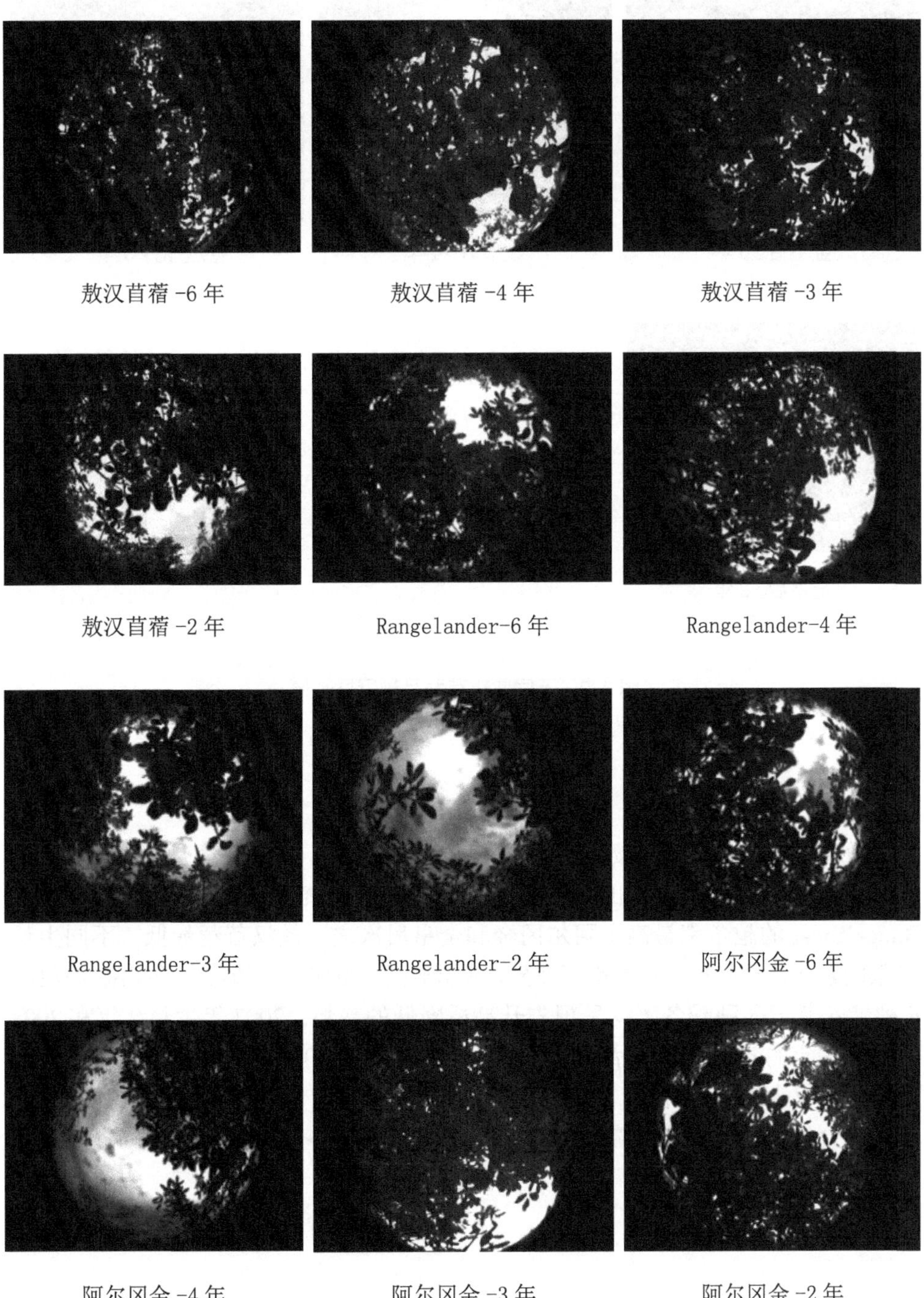

敖汉苜蓿 -6 年　敖汉苜蓿 -4 年　敖汉苜蓿 -3 年

敖汉苜蓿 -2 年　Rangelander-6 年　Rangelander-4 年

Rangelander-3 年　Rangelander-2 年　阿尔冈金 -6 年

阿尔冈金 -4 年　阿尔冈金 -3 年　阿尔冈金 -2 年

金皇后 -6 年　　金皇后 -4 年　　金皇后 -3 年

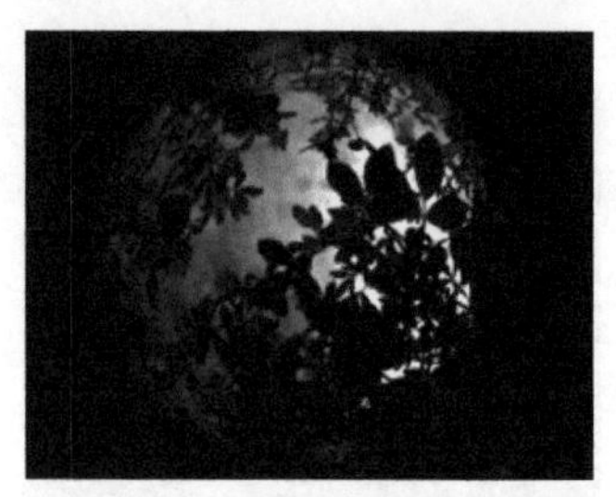

金皇后 -2 年

图 3-9　不同紫花苜蓿品种冠层影像

（七）越冬率

苜蓿越冬率的高低直接影响着下一年苜蓿的产量，高越冬率是苜蓿获得高产的重要保证。从表 3-1 看出，不同紫花苜蓿品种间越冬率差异显著（$P<0.05$）。Rangelander 的越冬率最高，阿尔冈金和金皇后次之，敖汉苜蓿最低。不同生长年限的紫花苜蓿品种，越冬率存在显著差异性（$P<0.05$），随着生长年限的延长，4 种紫花苜蓿品种越冬率均呈现先升高后降低的趋势，2007 年生长 2 年和 2008 年生长 3 年的各紫花苜蓿品种越冬率均可达 100%。2008 年生长 6 年的敖汉苜蓿的越冬率仅为 25%。

综合比较 4 个紫花苜蓿品种越冬率：Rangelander> 金皇后 > 阿尔冈金 > 敖汉苜蓿。

表 3-1 紫花苜蓿品种越冬率 %

测定年份	品 种	生长年限				
		6a	5a	4a	3a	2a
2007	敖汉苜蓿		75 ± 1.59bB		60 ± 2.10cC	100 ± 1.79aA
	Rangelander		87 ± 2.55bA		90 ± 1.59bA	100 ± 2.13aA
	阿尔冈金		68 ± 1.06cB		80 ± 2.31bB	100 ± 3.15aA
	金皇后		74 ± 3.24cC		82 ± 1.83bB	100 ± 2.67aA
2008	敖汉苜蓿	25 ± 3.62dC		60 ± 2.11cC	100 ± 1.88aA	70 ± 2.09bB
	Rangelander	45 ± 3.10dA		80 ± 2.17cA	100 ± 0.48aA	90 ± 1.03bA
	阿尔冈金	30 ± 0.85dB		65 ± 0.67cBC	100 ± 3.01aA	75 ± 1.25bB
	金皇后	30 ± 0.98dB		75 ± 1.32cAB	100 ± 1.78aA	85 ± 1.15bA

字母不同表示存在差异性（$P<0.05$），大写字母代表品种间比较，小写字母代表同一品种不同生长年限间比较

（八）生长速度

生长速度在一定程度上反映牧草生长能力的强弱，决定着某一草种的生物产量和利用方式。从图 3-10 看出，由于每个月的水热条件不同，苜蓿的生长速度存在差异性（$P<0.05$），2007 年生长速度峰值出现在 6 月，而 2008 年生长速度峰值在 7 月。而且品种间生长速度有差异。

敖汉苜蓿 2007 — 2008 年生长速度总体差异不大（$P>0.05$），2007 年生长 5 年的生长速度最高，且以 6 月生长速度最快，可达 2.01cm/d（图 3-10a）。2008 年生长 6 年的生长速度最高，以 7 月生长速度最大，为 1.72cm/d。

Rangelander 生长速度各月份间存在差异性（图 3-10b），但差异不显著（$P>0.05$）。不同生长年限间苜蓿生长速度差异不显著（$P>0.05$）。2007 年以生长 3 年和生长 5 年的为高，分别为 1.03 和 1.00cm/d，生长 2 年的最低。2008 年生长速度以生长 4 年和生长 6 年的最高，生长 3 年的次之，生长 2 年的最低。

阿尔冈金生长速度不论是生长年限不同还是月份间差异均不显著（$P>0.05$），其中 2007 年以生长 3 年的生长速度最高，2008 年生长速度以生长 4 年的最高，生长 2 年的最低（图 3-10c）。

金皇后生长年限不同，生长速度也存在一定的差异性（图 3-10d）。2007 年生长 2 年和生长 5 年的生长速度最高，生长 3 年的最低。2008 年生长速度以生长 3 年和生长 6 年的最高，生长 4 年的最低。

综合比较 4 个紫花苜蓿品种生长速度：Rangelander> 阿尔冈金 > 敖汉苜蓿、金皇后。

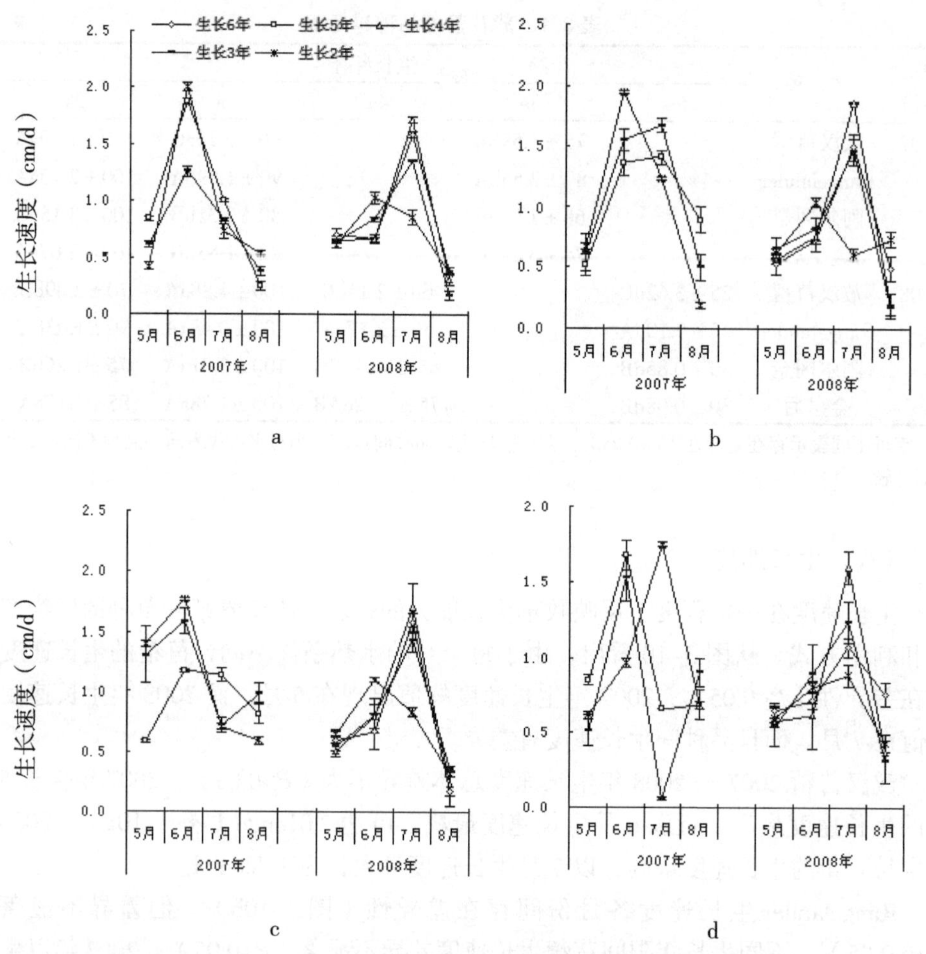

图 3-10　不同紫花苜蓿品种生长速度

a) 敖汉苜蓿 Aohan; b)Rangelander; c) 阿尔冈金 Algonquin; d) 金皇后 Goldenqueen

（九）茎叶比

由表 3-2 可以看出，不同紫花苜蓿品种茎叶比差异不显著（P>0.05），生长年限不同，茎叶比也不同，2007 年 4 个紫花苜蓿品种均以生长 3 年的茎叶比最高，分别为 0.71，0.74，0.82 和 0.77。2008 年敖汉苜蓿以生长 4 年的茎叶比最高，而其他 3 个品种茎叶比仍是以生长 3 年的最高。

综合比较 4 个紫花苜蓿品种茎叶比：阿尔冈金 >Rangelander> 敖汉苜蓿 > 金皇后。

表 3-2 不同紫花苜蓿品种茎叶比

测定年份	品 种	生长年限				
		6a	5a	4a	3a	2a
2007	敖汉苜蓿		0.64 ± 0.013aA		0.71 ± 0.024aA	0.66 ± 0.051aA
	Rangelander		0.68 ± 0.012aA		0.74 ± 0.11aA	0.71 ± 0.23aA
	阿尔冈金		0.70 ± 0.015aA		0.82 ± 0.040aA	0.70 ± 0.185aA
	金皇后		0.58 ± 0.011aA		0.77 ± 0.015aA	0.64 ± 0.034aA
2008	敖汉苜蓿	0.61 ± 0.007aA		0.66 ± 0.033aA	0.54 ± 0.091aA	0.61 ± 0.046aA
	Rangelander	0.51 ± 0.001aA		0.66 ± 0.005aA	0.74 ± 0.017aA	0.68 ± 0.020aA
	阿尔冈金	0.43 ± 0.034aA		0.62 ± 0.104aA	0.77 ± 0.065aA	0.71 ± 0.025aA
	金皇后	0.39 ± 0.018aA		0.57 ± 0.092aA	0.73 ± 0.064aA	0.69 ± 0.037aA

字母不同表示存在差异性（P<0.05），大写字母代表品种间比较，小写字母代表同一品种不同生长年限间比较

（十）鲜干比

鲜干比指牧草鲜重与干重的比例，它反映牧草的干物质积累程度，直接影响干草产量及质量，同时也是评价苜蓿适口性的重要指标。通常鲜干比越高，适口性越好。如表 3-3 所示，不同紫花苜蓿品种鲜干比差异不显著（P>0.05），2007 年生长 3 年的敖汉苜蓿和金皇后最大鲜干比均为 2.44，Rangelander 是以生长 5 年获得最大鲜干比（1.47），阿尔冈金生长 2 年最大鲜干比 1.79。2008 年四种苜蓿品种获得最大鲜干比的分别为：生长 6 年的敖汉苜蓿、生长 6 年的 Rangelander、生长 6 年的阿尔冈金和生长 2 年的金皇后（表 3-3 至表 3-5）。

综合比较 4 个紫花苜蓿品种鲜干比：敖汉苜蓿 > 金皇后 > 阿尔冈金 >Rangelander。

表 3-3 不同四种紫花苜蓿品种鲜干比

测定年份	品 种	生长年限				
		6a	5a	4a	3a	2a
2007	敖汉苜蓿		2.22 ± 0.12aA		2.44 ± 0.05aA	1.32 ± 0.07aA
	Rangelander		1.47 ± 0.18bA		1.11 ± 0.08bA	1.12 ± 0.05aA
	阿尔冈金		1.69 ± 0.09abA		1.56 ± 0.11bA	1.79 ± 0.11aA
	金皇后		1.59 ± 0.10bA		2.08 ± 0.06abA	1.56 ± 0.13aA

（续表）

测定年份	品　种	生长年限				
		6a	5a	4a	3a	2a
2008	敖汉苜蓿	2.44 ± 0.17aA		1.85 ± 0.04aA	1.23 ± 0.21aA	1.67 ± 0.37abA
	Rangelander	1.54 ± 0.06bA		1.08 ± 0.10aA	1.06 ± 0.11aA	1.35 ± 0.18bA
	阿尔冈金	1.79 ± 0.24abA		1.37 ± 0.07aA	1.25 ± 0.08aA	1.47 ± 0.09bA
	金皇后	1.85 ± 0.12aA		1.47 ± 0.08aA	1.49 ± 0.03aA	2.27 ± 0.10aA

字母不同表示存在差异性（$P<0.05$），大写字母代表品种间比较，小写字母代表同一品种不同生长年限间比较

表 3-4　主成分的特征值及贡献率

主成分	特征值	贡献率（%）	累计贡献率（%）
1	7.840	0.603	0.603
2	3.327	0.256	0.859
3	1.832	0.141	1.000

表 3-5　产量构成要素主成分方程

主成分	方　程
1	$Prin1=0.329x_1-0.216x_2+0.298x_3+0.312x_4+0.244x_5+0.310x_6-0.221x_7-0.333x_8+0.252x_9+0.251x_{10}+0.265x_{11}-0.335x_{12}+0.184x_{13}$
2	$Prin2=-0.130x_1+0.431x_2+0.265x_3+0.094x_4-0.395x_5-0.115x_6+0.429x_7+0.167x_8+0.206x_9+0.378x_{10}+0.193x_{11}-0.182x_{12}+0.384x_{13}$
3	$Prin3=-0.230x_1+0.088x_2+0.193x_3+0.337x_4-0.080x_5+0.334x_6+0.009x_7+0.140x_8+0.443x_9-0.132x_{10}-0.422x_{11}-0.067x_{12}-0.284x_{13}$

x_1：株高；x_2：分枝数；x_3：叶片重量；x_4：叶面积；x_5：冠幅；x_6：叶面积指数；x_7：叶倾角；x_8：散射光穿透系数；x_9：越冬率；x_{10}：生长速度；x_{11}：茎叶比；x_{12}：鲜干比；x_{13}：产草量

（十一）根颈收缩

苜蓿根颈是产生分枝的重要部位。不同紫花苜蓿品种根颈收缩不存在显著差异性（$P>0.05$），其中敖汉苜蓿收缩最大（表 3-6）。不同生长年限的紫花苜蓿品种，根颈收缩亦不存在显著差异（$P>0.05$）。从测定结果看，2007 年，均以生长 5 年根颈收缩最大，其中敖汉苜蓿收缩最大为 0.62cm，其次是 Rangelander 0.59cm，阿尔冈金最低 0.32cm。2008 年均以生长 6 年的根颈收缩最大，其中 Rangelander 根颈收缩最大为 0.61cm，阿尔冈金最低为 0.44cm，其余品种根颈收缩值为 0.45~0.53cm。

综合比较4个紫花苜蓿品种根颈收缩大小：敖汉苜蓿>Rangelander>金皇后>阿尔冈金。

表 3-6 不同紫花苜蓿品种根颈收缩 cm

测定年份	品 种	生长年限				
		6a	5a	4a	3a	2a
2007	敖汉苜蓿		0.62 ± 0.015aA		0.22 ± 0.010aA	0.12 ± 0.010aA
	Rangelander		0.59 ± 0.041aA		0.16 ± 0.019aA	0.08 ± 0.011aA
	阿尔冈金		0.32 ± 0.025aA		0.15 ± 0.034aA	0.11 ± 0.030aA
	金皇后		0.41 ± 0.033aA		0.19 ± 0.026aA	0.09 ± 0.016aA
2008	敖汉苜蓿	0.57 ± 0.017aA		0.34 ± 0.041aA	0.15 ± 0.022aA	0.04 ± 0.004aA
	Rangelander	0.61 ± 0.068aA		0.28 ± 0.037aA	0.08 ± 0.031aA	0.01 ± 0.002aA
	阿尔冈金	0.44 ± 0.054aA		0.31 ± 0.051aA	0.10 ± 0.007aA	0.01 ± 0.001aA
	金皇后	0.53 ± 0.023aA		0.40 ± 0.028aA	0.12 ± 0.005aA	0.05 ± 0.008aA

字母不同表示存在差异性（$P<0.05$），大写字母代表品种间比较，小写字母代表同一品种不同生长年限间比较

（十二）根颈直径

从表 3-7 看出 4 种紫花苜蓿根颈直径，2007 年各品种间存在一定差异，但差异不显著（$P>0.05$），以生长 5 年的根颈直径最粗。2008 年各紫花苜蓿品种根颈直径间无显著差异，以生长 6 年的根颈直径最粗。

综合比较 4 个紫花苜蓿品种根颈直径：Rangelander> 阿尔冈金、金皇后 > 敖汉苜蓿。

（十三）根颈芽

根颈芽数直接影响着苜蓿的分枝数，根颈芽越多苜蓿的分枝数越多。由表 3-8 看出，2007 年各紫花苜蓿品种根颈芽数存在差异性，以生长 3 年的根颈芽数量最高，其中 Rangelander 根颈芽数最高可达 13.44 个 / 株。2008 年以生长 4 年的根颈芽数最高，其中阿尔冈金和金皇后最高，分别为 11.57 和 11.45 个 / 株。相同生长年限的各紫花苜蓿品种，苜蓿根颈芽数量间差异显著（$P<0.05$）。

综合比较 4 个紫花苜蓿品种根颈芽：Rangelander> 阿尔冈金 > 敖汉苜蓿、金皇后。

表 3-7　不同紫花苜蓿品种根颈直径　cm

测定年份	品　种	生长年限				
		6a	5a	4a	3a	2a
2007	敖汉苜蓿		0.45 ± 0.005bB		0.41 ± 0.085aA	0.76 ± 0.016aA
	Rangelander		1.18 ± 0.011aA		0.86 ± 0.062aA	0.69 ± 0.023aA
	阿尔冈金		1.06 ± 0.012aA		0.83 ± 0.024aA	0.54 ± 0.008aA
	金皇后		1.12 ± 0.008aA		0.97 ± 0.079aA	0.61 ± 0.010aA
2008	敖汉苜蓿	1.03 ± 0.014aA		0.85 ± 0.014aA	0.63 ± 0.010aA	0.56 ± 0.008aA
	Rangelander	1.17 ± 0.023aA		0.90 ± 0.038aA	0.64 ± 0.026aA	0.44 ± 0.004aA
	阿尔冈金	1.14 ± 0.056aA		0.79 ± 0.059aA	0.61 ± 0.034aA	0.49 ± 0.005aA
	金皇后	1.09 ± 0.017aA		1.01 ± 0.047aA	0.56 ± 0.019aA	0.37 ± 0.014aA

字母不同表示存在差异性（$P<0.05$），大写字母代表品种间比较，小写字母代表同一品种不同生长年限间比较

表 3-8　不同紫花苜蓿品种根颈芽　个 / 株

测定年份	品　种	生长年限				
		6a	5a	4a	3a	2a
2007	敖汉苜蓿		5.89 ± 0.59cB		10.77 ± 1.11cB	8.94 ± 0.62cB
	Rangelander		7.21 ± 0.29bAB		13.44 ± 0.68aA	11.62 ± 0.94aA
	阿尔冈金		6.00 ± 0.38cB		10.75 ± 1.20cB	9.62 ± 0.38bB
	金皇后		8.53 ± 0.44aA		12.48 ± 0.97bA	9.55 ± 1.00bB
2008	敖汉苜蓿	6.02 ± 0.51bB		9.86 ± 0.65bB	7.43 ± 0.43cB	4.16 ± 0.25bB
	Rangelander	6.88 ± 1.01bB		11.45 ± 0.77aA	9.77 ± 0.85aA	4.28 ± 0.33bB
	阿尔冈金	5.61 ± 0.73cB		8.79 ± 0.59cB	8.23 ± 0.96bAB	4.57 ± 0.52bB
	金皇后	9.41 ± 0.64aA		11.57 ± 1.06aA	8.28 ± 0.78bAB	6.34 ± 0.73aA

字母不同表示存在差异性（$P<0.05$），大写字母代表品种间比较，小写字母代表同一品种不同生长年限间比较

（十四）根系总长度

根系长度是反映根系的生长状况的重要指标之一。由表 3–9 看出，4 种紫花苜蓿单位根系总长度变化规律一致，即随着生长年限的延长，单位根系总长度呈增加趋势，2007 年均以生长 5 年的单位根系总长度最长，且品种间差异极显著（$P<0.01$），品种间单位根系总长度由大到小顺序为阿尔冈金 >Rangelander> 金皇后 > 敖汉苜蓿。2008 年单位根系总长度均以生长 6 年的最大，品种间单位根系总长度由大到小顺序为阿尔冈金 >Rangelander> 金皇后 > 敖汉苜蓿。

综合比较4个紫花苜蓿品种单位根系总长度比较结果是：阿尔冈金 > 金皇后 >Rangelander> 敖汉苜蓿。

表 3-9 不同紫花苜蓿品种单位根系总根长 cm/m^3

测定年份	品 种	生长年限				
		6a	5a	4a	3a	2a
2007	敖汉苜蓿		389.75 ± 21.34aC		256.32 ± 10.59bC	180.45 ± 10.03cD
	Rangelander		605.62 ± 17.68aB		512.28 ± 10.05bB	352.16 ± 10.00cC
	阿尔冈金		708.89 ± 22.16aA		632.19 ± 8.76bA	581.38 ± 5.59cA
	金皇后		596.97 ± 10.68aB		521.22 ± 4.59bB	462.72 ± 6.48cB
2008	敖汉苜蓿	413.98 ± 11.46aC		341.72 ± 10.27bC	204.25 ± 10.13cD	177.6 ± 11.33dBC
	Rangelander	633.57 ± 15.29aB		542.66 ± 12.13bB	371.36 ± 9.25cC	210.02 ± 8.26dB
	阿尔冈金	712.7 ± 14.05aA		655.18 ± 15.04bA	602.04 ± 9.98cA	231.12 ± 10.01dB
	金皇后	618.59 ± 17.18aB		543.1 ± 9.37bB	489.24 ± 10.22cB	353.06 ± 7.34dA

字母不同表示存在差异性（P<0.05），大写字母代表品种间比较，小写字母代表同一品种不同生长年限间比较

（十五）根系总表面积

根系表面积的大小直接关系到根系从土壤中吸取养分的能力。表面积越大说明其根系吸收养分的能力越强。由表 3-10 可知，2007 年单位根系总表面积均以生长 5 年的最大，其中阿尔冈金的单位根系表面积最大，为 521.19cm^2/m^3，Rangelander 次之 508.33cm^2/m^3，敖汉苜蓿和金皇后的单位根系总表面积介于 367.67~426.80cm^2/m^3。2008 年单位根系总表面积均以生长 5 年的最大，其中阿尔冈金根单位根系表面积最大，为 750.65cm^2/m^3，敖汉苜蓿最小为 550.24cm^2/m^3。

综合比较 4 个紫花苜蓿品种单位根系总表面积：阿尔冈金 >Rangelander> 金皇后 > 敖汉苜蓿。

（十六）根系总体积

根系体积越大，所接触的土壤面积越大，越有利于植物大范围吸收土壤水分、养分。根系体积在不同紫花苜蓿品种间差异显著（P<0.05）。2007 年和 2008 年单位根系总体积分别以生长 5 年和生长 6 年的最大（表 3-11），且均以阿尔冈金的单位根系总体积最大，分别为 57.72 和 70.46cm^3/m^3，敖汉苜蓿最低，分别为 28.31 和 35.64cm^3/m^3。

综合比较 4 个紫花苜蓿品种单位根系总体积：阿尔冈金 >Rangelander> 金皇后 > 敖汉苜蓿。

表 3-10 不同紫花苜蓿品种单位根系单位总表面积 cm²/m³

测定年份	品种	生长年限				
		6a	5a	4a	3a	2a
2007	敖汉苜蓿		517.16 ± 6.12aD		385.86 ± 7.48bB	200.00 ± 5.42C
	Rangelander		624.14 ± 5.38aB		549.27 ± 4.51bA	351.59 ± 6.88cA
	阿尔冈金		717.06 ± 4.78aA		563.24 ± 7.69bA	283.27 ± 10.08cB
	金皇后		568.37 ± 6.59aC		381.69 ± 3.24bB	330.34 ± 7.24cA
2008	敖汉苜蓿	550.24 ± 7.09aC		413.65 ± 10.15bC	309.78 ± 6.78cC	115.14 ± 4.03dC
	Rangelander	635.24 ± 8.60aB		561.03 ± 9.02bB	379.94 ± 5.49cAB	151.37 ± 6.51dB
	阿尔冈金	750.65 ± 5.43aA		613.48 ± 4.78bA	345.82 ± 8.16cBC	197.51 ± 4.98dA
	金皇后	623.66 ± 9.12aB		423.00 ± 6.59bC	391.53 ± 5.55cA	201.44 ± 6.73dA

字母不同表示存在差异性（$P<0.05$），大写字母代表品种间比较，小写字母代表同一品种不同生长年限间比较

表 3-11 不同紫花苜蓿品种单位根系单位总体积 cm³/m³

测定年份	品种	生长年限				
		6a	5a	4a	3a	2a
2007	敖汉苜蓿		28.31 ± 3.15aD		25.67 ± 1.23bC	17.83 ± 2.49cA
	Rangelander		40.61 ± 3.45aB		28.72 ± 2.08bB	14.31 ± 2.64cB
	阿尔冈金		57.72 ± 2.59aA		33.16 ± 2.62bA	11.28 ± 3.45cC
	金皇后		31.02 ± 1.98aC		24.79 ± 2.45bC	14.56 ± 2.28cB
2008	敖汉苜蓿	35.64 ± 2.54aC		28.17 ± 3.04bD	20.6 ± 3.45cD	11.34 ± 1.98dC
	Rangelander	55.19 ± 3.46aB		40.28 ± 1.98bB	31.73 ± 4.11cB	16.94 ± 2.06dA
	阿尔冈金	70.46 ± 5.45aA		59.35 ± 1.59bA	36.54 ± 4.09cA	14.17 ± 2.45dB
	金皇后	51.23 ± 4.19aB		32.45 ± 0.98bC	27.56 ± 3.54cC	14.38 ± 3.01dB

字母不同表示存在差异性（$P<0.05$），大写字母代表品种间比较，小写字母代表同一品种不同生长年限间比较

（十七）根系直径

品种不同，在土壤中根系直径的变化也有所不同。随着生长年限的延长，各紫花苜蓿根系直径逐渐变粗（表 3-12）。2007 年以生长 5 年的根系直径最粗，其中 4 个品种中根系直径最粗的是敖汉苜蓿，达到 2.35cm，Rangelander 最

细 1.14cm。2008 年以生长 6 年的根系直径最粗，其中是敖汉苜蓿根系直径最粗 2.47cm，Rangelander 和金皇后最细分别为 1.39cm 和 1.62cm。

综合比较 4 个紫花苜蓿品种根系直径：敖汉苜蓿 > 阿尔冈金 >Rangelander> 金皇后。

表 3-12 紫花苜蓿根系直径 cm

测定年份	品 种	生长年限				
		6a	5a	4a	3a	2a
2007	敖汉苜蓿		2.35 ± 0.18aA		1.64 ± 0.11aA	0.88 ± 0.06bA
	Rangelander		1.14 ± 0.19aA		1.33 ± 0.08aA	1.27 ± 0.10aA
	阿尔冈金		1.82 ± 0.24aA		0.98 ± 0.26aA	0.54 ± 0.04bA
	金皇后		1.25 ± 0.31aA		1.01 ± 0.23aA	0.75 ± 0.21aA
2008	敖汉苜蓿	2.47 ± 0.10aA		2.11 ± 0.41aA	0.94 ± 0.10bA	0.52 ± 0.05bA
	Rangelander	1.39 ± 0.21aA		1.64 ± 0.25aA	1.18 ± 0.22aA	1.11 ± 0.07aA
	阿尔冈金	2.16 ± 0.35aA		2.40 ± 0.17aA	1.09 ± 0.43bA	0.98 ± 0.10bA
	金皇后	1.62 ± 0.29aA		1.84 ± 0.36aA	0.99 ± 0.18bA	1.05 ± 0.09abA

字母不同表示存在差异性（$P<0.05$），大写字母代表品种间比较，小写字母代表同一品种不同生长年限间比较

（十八）根瘤

豆科作物自身具有固氮功能，通过固氮补充植物自身生长所需的氮。由表 3-13 看出，4 种紫花苜蓿从根瘤数量上看，相同生长年限的 Rangelander 根瘤数明显高于其他 3 个品种，其他 3 个品种间根瘤数差异不显著（$P>0.05$）。2007 年均以生长 3 年根瘤数最多，2008 年以生长 4 年的根瘤数最多。但这些根瘤中，大多数属于无效根瘤，还不能完全满足植株对氮素的需求。

综合比较 4 个紫花苜蓿品种根瘤数：Rangelander> 阿尔冈金、敖汉苜蓿 > 金皇后。

（十九）根系生物量

紫花苜蓿根系由主根和侧根组成，其生长与多种因素有关。根系生物量是多种因素共同作用的结果，是植物地下部分生产能力的综合表现。同时，根系是实现改良土壤、保持水土、涵养水源等生态功能的物质基础。

4 个紫花苜蓿品种的地下生物量差异很大（图 3-11）。根系生物量在品种间的差异，说明了不同品种保持水土、改良土壤的生态功能是不同的，根系生物量

越多，一定程度上说明根系越发达，越有利于发挥其各种生态功能。4 种紫花苜蓿根系的变化规律不完全相同，2007 年敖汉苜蓿生长 5 年的根系生物量最高，2008 年根系生物量以生长 2 年和生长 6 年的为高。Rangelander 和金皇后根系生物量是随着生长年限的延长呈增加趋势。阿尔冈金 2007 年根系生物量随着生长年限的增加而增加，2008 年根系生物量以生长 3 年和生长 6 年的为高。4 个紫花苜蓿品种根系生物量主要集中在土壤表层 0~20cm 范围内（表 3-13）。

综合比较 4 个紫花苜蓿品种根系生物量：金皇后 >Rangelander> 阿尔冈金 > 敖汉苜蓿。

表 3-13　不同紫花苜蓿品种根瘤数　个 / 株

测定年份	品　种	生长年限				
		6a	5a	4a	3a	2a
2007	敖汉苜蓿		5 ± 0.12aA		8 ± 0.23bcBC	4 ± 0.15aA
	Rangelander		6 ± 0.09aA		11 ± 0.24aA	5 ± 0.23aA
	阿尔冈金		5 ± 0.04aA		7 ± 0.09bcC	5 ± 0.30aA
	金皇后		5 ± 0.08aA		9 ± 0.17abB	4 ± 0.08aA
2008	敖汉苜蓿	6 ± 0.12aB		7 ± 0.24cC	5 ± 0.16aA	1 ± 0.24aA
	Rangelander	8 ± 0.10aA		10 ± 0.35aA	6 ± 0.20aA	2 ± 0.31aA
	阿尔冈金	5 ± 0.25aB		8 ± 0.11abcBC	5 ± 0.31aA	1 ± 0.22aA
	金皇后	6 ± 0.08aB		9 ± 0.22abAB	5 ± 0.18aA	1 ± 0.24aA

字母不同表示存在差异性（$P<0.05$），大写字母代表品种间比较，小写字母代表同一品种不同生长年限间比较

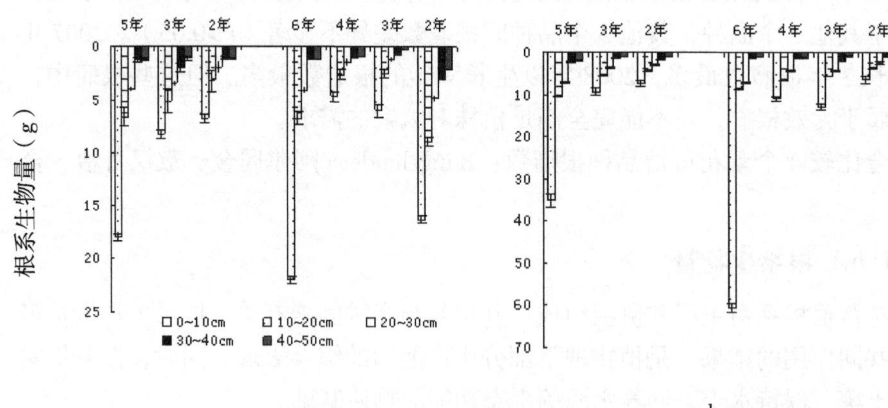

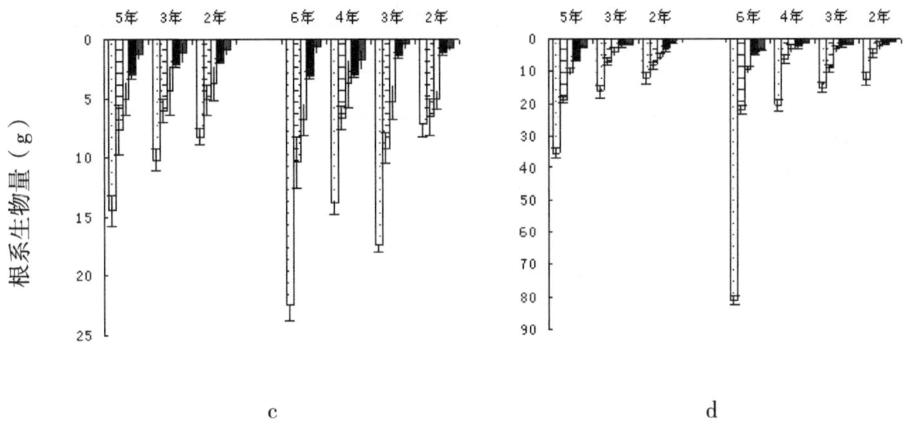

图 3-11 不同紫花苜蓿品种根系生物量分布

a) 敖汉苜蓿 Aohan; b) Rangelander; c) 阿尔冈金 Algonquin; d) 金皇后 Golden queen

（二十）主根腐烂面积百分比

苜蓿根腐病是影响苜蓿产量最主要的病害。根腐病病原菌可通过土壤和流水作近距离传播。它们通过病原菌堵塞导管、产生毒素等多种形式危害植株。在苜蓿返青前期根腐病严重的可造成死苗，导致产量严重下降。苜蓿产量与苜蓿的发病程度密切相关，苜蓿发病级别越高，产量损失也越大。经鉴定，侵染林西县草原站试验地苜蓿的病原菌为燕麦镰刀菌（*Fusarium avenaceum*（Fr.）Sace.）和尖孢镰刀菌（*Fusarium oxysporum* Schlecht.）。本研究根据 Ovliva（1994），并结合本试验研究情况，制定出苜蓿根系腐烂分级标准（图 3-12），对试验区苜蓿根系腐烂面积进行了相应计算，得出以下结论：2007—2008 年测定，随着生长年限的延长，紫花苜蓿植株染病的几率增大，且差异极显著（$P<0.01$）。2007 年 4 种紫花苜蓿品种生长到第 5 年，染病面积百分比均达到最大，最低的也达到 12.68%，根系处于中度伤害以上。2008 年生长到第 6 年，染病面积百分比最低的也达到 13.54%（表 3-14）。

综合比较 4 个紫花苜蓿品种根系腐烂面积百分比：敖汉苜蓿 > 金皇后 > 阿尔冈金 >Rangelander。

表 3-14　四种紫花苜蓿根系腐烂百分比　%

测定年份	品　种	生长年限				
		6a	5a	4a	3a	2a
2007	敖汉苜蓿		34.56 ± 1.28aA		16.77 ± 2.02aB	3.23 ± 0.56aC
	Rangelander		15.97 ± 1.31bA		8.43 ± 2.14bB	2.17 ± 0.43aC
	阿尔冈金		12.68 ± 2.03bA		9.24 ± 0.79bB	3.38 ± 0.77aC
	金皇后		18.03 ± 1.56bA		9.80 ± 0.82bB	2.56 ± 1.05aC
2008	敖汉苜蓿	36.43 ± 2.49aA		14.26 ± 2.16aB	2.49 ± 0.68aC	0.17 ± 0.09aC
	Rangelander	14.74 ± 1.67bA		9.53 ± 3.01bB	1.86 ± 0.45aC	0.02 ± 0.01aC
	阿尔冈金	13.54 ± 2.14bA		10.12 ± 2.59bB	2.04 ± 0.52aC	0.04 ± 0.01aC
	金皇后	17.99 ± 1.49bA		10.36 ± 1.67bB	2.11 ± 0.27aC	0.05 ± 0.01aC

字母不同表示存在差异性（$P<0.05$），大写字母代表品种间比较，小写字母代表同一品种不同生长年限间比较

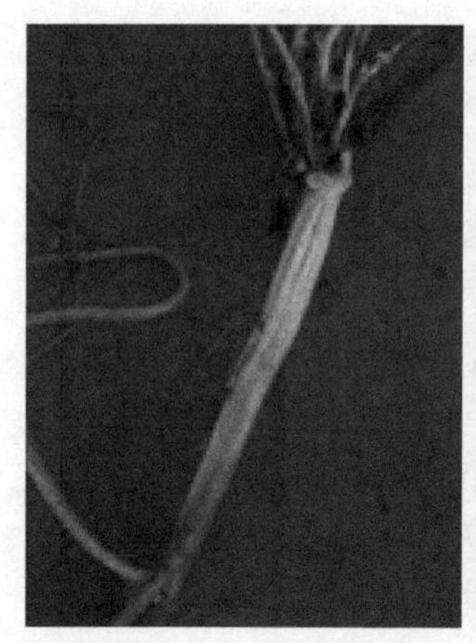

（1）根系没有病斑，根系为坚硬纯白色。

（2）轻度伤害。根系坚硬白色，但有小面积棕色病斑，病斑有1~2cm长，病斑面积占总根系面积的10%以下。随着生长发育，适当的推迟刈割可确定植株的存活。

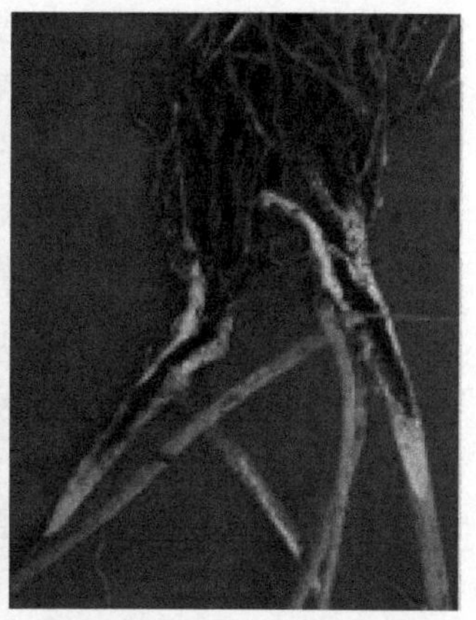

（3）中度伤害。根系坚硬白色，有 <5cm 的病斑，病斑面积占总根系面积的10%~20%，生长条件适宜，适时推迟刈割，可保证植株的正常生长。

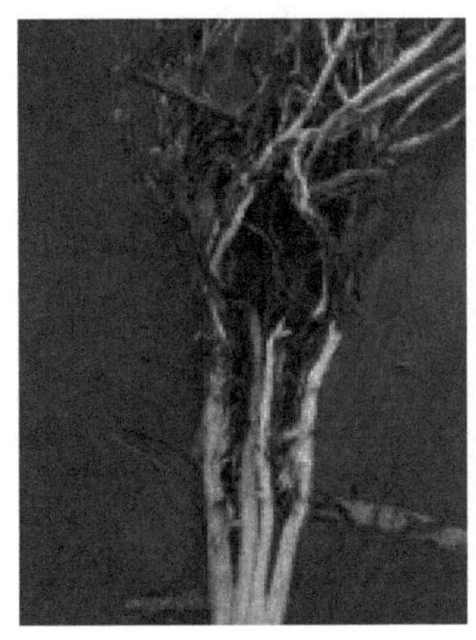

（4）重度危害。根系坚硬白色，病斑出现在老根上，10~20cm，病斑面积占总根系面积的40%~60%，生长条件适宜，适时推迟刈割，可保证植株的正常生长。

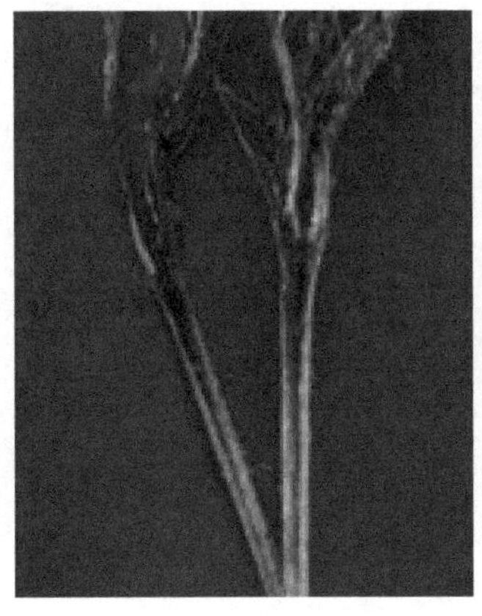

（5）严重危害。根系外表面发白，但内部已经变色至棕色。根系中央出现大面积腐烂，已达总根系面积的60%~80%，这类植株存活的几率较低。

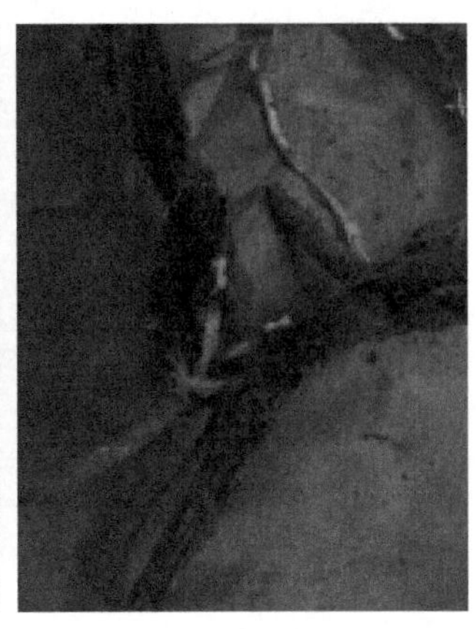

（6）死株。根系腐烂断根，腐烂面积占总根系面积的>80%以上，很容易从地上拔起。

图 3-12 根系腐烂分级标准

（二十一）苜蓿病虫害调查

1. 病害调查

通过野外观测，危害林西县紫花苜蓿人工草地的病害主要有苜蓿壳多孢叶斑病、苜蓿匍柄霉叶斑病和根腐病。4 种紫花苜蓿发病的时间一般在 6 月下旬至 8 月上旬，植株叶片发病症状如图 3-13 所示。4 种紫花苜蓿植株叶部感病的几率与根腐病发病几率的变化规律基本一致，即种植年限越长，植株感病的几率就越大。到目前为止，还没有较好的方法可以有效地抑制植株感病的机会。由于本研究的试验区 4 种人工草地均属于水浇地，所以植株感病的几率相差不多，表 3-15 表明，敖汉苜蓿得病的几率略低于其他 3 个品种。

2. 苜蓿虫害调查

危害林西县紫花苜蓿人工草地的虫害主要是草地螟和四斑苜蓿盲蝽（图 3-14c 和 3-14d）。4 种紫花苜蓿发病的时间一般在 6 月下旬至 7 月中旬，植株被咬食过的症状如图 3-14a 和 3-14b 所示。图 3-14a 显示的是害虫将卵产在叶片内，孵化过程中在叶内产生的虫道，3-14b 所示被成虫啃食后的症状。研究区紫花苜蓿主要偏向于集约化生产，当虫害发生时通过喷洒农药进行灭虫，所以 4 种紫花苜蓿在抗虫能力方面尚看不出差异性。

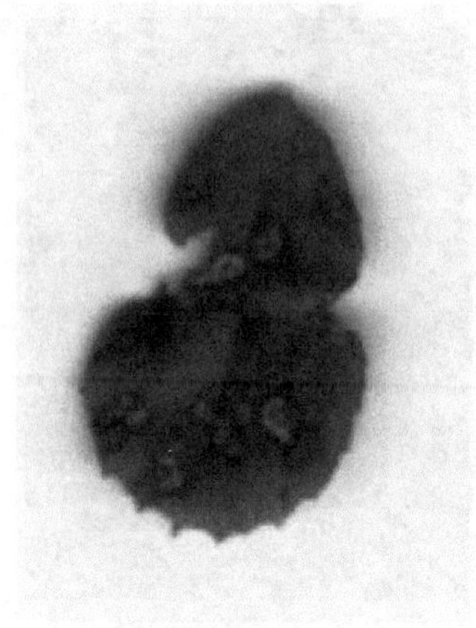

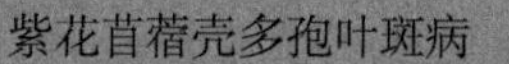

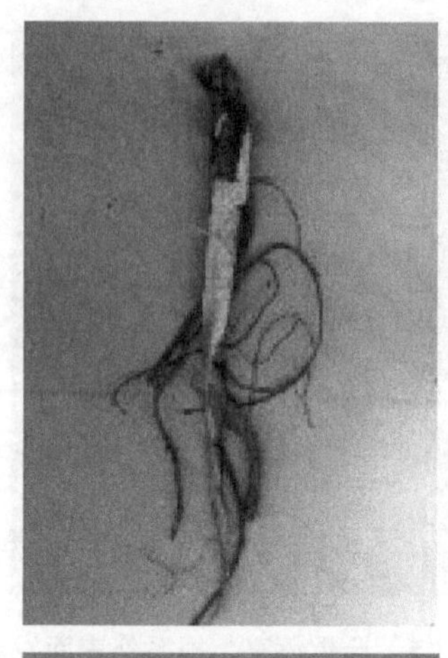

紫花苜蓿根腐病

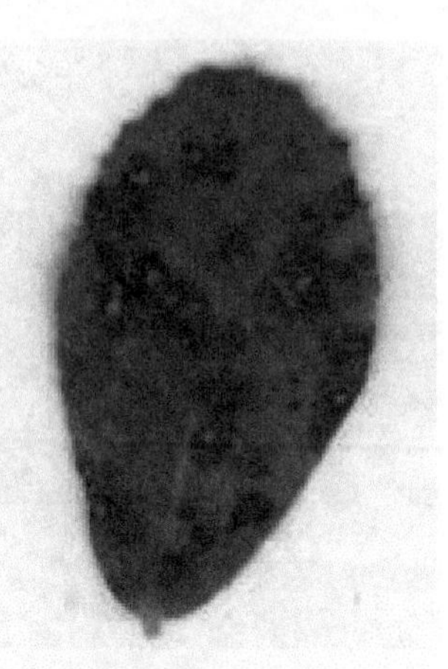

紫花苜蓿匍柄霉叶斑病

图 3-13　紫花苜蓿叶片感病症状

表 3-15　4 种紫花苜蓿病害调查

%

测定年份	品　种	生长年限				
		6a	5a	4a	3a	2a
2007	敖汉苜蓿		60		55	20
	Rangelander		85		65	20
	阿尔冈金		81		60	15
	金皇后		76		58	10
2008	敖汉苜蓿	85		70	55	16
	Rangelander	95		80	60	23
	阿尔冈金	90		93	55	19
	金皇后	85		85	51	20

字母不同表示存在差异性（$P<0.05$），大写字母代表品种间比较，小写字母代表同一品种不同生长年限间比较

图 3-14 紫花苜蓿虫害症状

二、呼伦贝尔草原区

（一）株高

连续 3 年苜蓿刈割前株高如表 3-16 所示。2013 年为种植第一年，仅刈割一次，株高全年平均值为 54.43cm，2013 年维多利亚最低（41.82cm），阿迪娜最高（63.70cm）。

2014年第一茬株高的平均值为82.96cm，最低的品种是WL440HQ（70.65cm），第二茬的平均株高是61.50cm，最低的品种是陇中苜蓿为（44.53cm），两茬最高值均为55V12（分别为95.4cm和77.33cm）。两茬平均值新疆大叶最低（61.78cm），最高为55V12（86.37cm）。只有WL440HQ第一茬株低于第二茬，但是两者差异不大，其余所有品种均为第一茬高于第二茬。

2015年第二茬WL712由于植株太少没有测定株高。2015年第一茬挑战者株高最低值为（33.5cm），第二茬陇中苜蓿最低为（35.02cm）；2015年每茬的最高值均为55V12（分别为71.96cm和93.93cm）。两茬平均值最高也为55V12（82.95cm），最低为WL712（17.26cm）。2015年大部分品种第一茬低于第二茬，WL712、WL656HQ、骑士-2、巨能6、驯鹿、陇中苜蓿、甘农6号、甘农3号、新疆大叶、皇冠和维多利亚的第一茬均高于第二茬。

2013年平均株高低于2014年每茬平均值，高于2015年第一茬，低于2015年第二茬株高。2014年株高总高度高于2015年。各品种2014年第一茬均高于2015年第一茬株高，WL903、康赛、阿迪娜、55V48、59N59、55V12、巨能551、敖汉苜蓿、甘农3号、皇冠2014年第二茬低于2015年第二茬，其余品种均高于2015年第二茬。WL343HQ、WL363HQ、WL440HQ、甘农6号和巨能6的两茬平均株高与2015年的相差不大。

（二）越冬率

同年各品种第一次刈割后再生速率均存在显著差异（表3-17）。2014年和2015年再生速率最快的均是55V12（分别为2.04cm/d和2.47cm/d），最慢的是陇中苜蓿（分别是1.17cm/d和0.92cm/d）；2014年平均值高于2015年。WL903、康赛、阿迪娜、55V48、55V12、巨能551、敖汉苜蓿、甘农3号、皇冠和SK3010在2014年的再生速率低于2015年，其余品种皆为2014年高于2015年。

2014年越冬率最高的品种是骑士-2（75.00%），越冬率最低的是WL656HQ（19.00%）；2015年越冬率最高的是标靶（97.78%），最低的是WL656HQ（19.05%）；2014年平均值高于2015年平均值。WL656HQ、康赛、55V12和SR4030两年的越冬率很相近；WL440HQ、WL712、WL319HQ、挑战者、阿迪娜、标靶、56S82、54V09、巨能6、驯鹿、甘农6号、润布勒型、BR4010和MF4020在2014年越冬率低于2015年，其余各品种均为2014年高于2015年。

表 3-16 不同苜蓿品种株高

苜蓿品种	2013 年	2014 年			2015 年		
		第一茬	第二茬	平均高度	第一茬	第二茬	平均高度
WL525HQ	55.55 ± 2.26cdefgh	71.25 ± 8.49ij	61.7 ± 3.44defghijkl	66.48	37.23 ± 14.08lm	39.26 ± 4.78jk	38.25
WL168HQ	46.04 ± 5.71jk	81.22 ± 9.38cdefghij	58.7 ± 3.6ghijklm	69.96	45.23 ± 18.73ghijklm	48.74 ± 6.32ghijk	46.98
WL363HQ	50.22 ± 4.59ghij	74.75 ± 4.43fghij	69.4 ± 0.52bcd	72.07	48.29 ± 12.48cdefghijklm	55.84 ± 10.44defgh	52.07
WL440HQ	57.06 ± 2.75bcdef	70.65 ± 0.23j	72.03 ± 3.44abc	71.34	46.21 ± 4.02fghijklm	66.71 ± 3.8cde	56.46
WL712	58.34 ± 3.66abcd	72.5 ± 0.22hij	58.8 ± 5.86ghijklm	65.65	34.52 ± 21.73m	—	17.26
WL656HQ	55.16 ± 1.96cdefgh	73.45 ± 11.57ghij	65.87 ± 4.56bcdefgh	69.66	47.95 ± 2.74cdefghijklm	41.18 ± 6.44ijk	44.57
WL343HQ	55.08 ± 1.29cdefgh	75.85 ± 1.94fghij	69.87 ± 3.43bcd	72.86	43.51 ± 4.24hijklm	47.79 ± 4.06ghijk	45.65
WL319HQ	55.9 ± 1.22cdefg	79.4 ± 10.14defghij	72.43 ± 3.35ab	75.92	41.24 ± 2.19ijklm	50.19 ± 6.54fghij	45.71
WL903	59.49 ± 4.59abc	87.28 ± 7.28abcde	59.23 ± 7.04fghijklm	73.26	52.25 ± 9.74bcdefghijkl	62.09 ± 3.34cdefg	57.17
骑士 -2	55.23 ± 3.2cdefgh	91.7 ± 6.42abc	65.37 ± 3.71bcdefghi	78.53	54.43 ± 5.38bcdefghijk	54.01 ± 2.82efghi	54.22
康赛	52.23 ± 1.02efghi	84.93 ± 1.86abcdef	63.5 ± 2.69defghijkl	74.22	48.42 ± 8.02cdefghijklm	67.54 ± 4.9cde	57.98
挑战者	55.91 ± 3.5cdefg	81.33 ± 1.29cdefghij	64.3 ± 5.48bcdefghijk	72.82	33.5 ± 7.61m	54.5 ± 4.86efghi	44
阿迪娜	63.7 ± 1.25a	93.73 ± 4.72ab	65.63 ± 1.88bcdefghi	79.68	63.09 ± 3.59abcde	81.62 ± 2.67ab	72.36
标靶	56.17 ± 0.78cdefg	92.97 ± 2.62ab	66.73 ± 2.64bcdefg	79.85	59.21 ± 0.65abcdefgh	64.11 ± 6.43cdef	61.66
56S82	53.33 ± 1.96defghi	83 ± 5.45bcdefgh	68.67 ± 2.8bcde	75.83	57.75 ± 4.65abcdefghi	61.35 ± 9.76cdefg	59.55
54V09	57.06 ± 2.85bcdef	91.97 ± 3.22abc	67.43 ± 0.96bcdef	79.7	52.14 ± 17.24bcdefghijkl	66.26 ± 1.42cde	59.2
55V48	59.88 ± 1.83abc	92.07 ± 1.97abc	67.4 ± 3.75bcdef	79.74	63.23 ± 4.01abcd	88.04 ± 10.65a	75.64
59N59	53.34 ± 3.71defghi	83.03 ± 3.09bcdefgh	64.47 ± 8.48bcdefghijk	73.75	61.23 ± 5.32abcdefg	69.27 ± 6.22bcd	65.25
55V12	53.03 ± 1.05defghi	95.4 ± 1.39a	77.33 ± 4.8a	86.37	71.96 ± 3.73a	93.93 ± 6.49a	82.95
巨能 551	57.59 ± 2.08bcde	90.5 ± 5.6abc	56.87 ± 4.37jklm	73.68	68.26 ± 2.25ab	75.07 ± 9.98bc	71.66
巨能 6	62.46 ± 3.19ab	95.17 ± 4.3a	64.73 ± 9.12bcdefghij	79.95	58.4 ± 7.57abcdefgh	56.74 ± 2.99defgh	57.57
驯鹿	54.19 ± 0.56cdefgh	90.5 ± 4.43abc	61.93 ± 1.95defghijkl	76.22	62.59 ± 5.6abcdef	41.02 ± 7.75ijk	51.81
敖汉苜蓿	42.9 ± 2.58k	79.07 ± 4.04defghij	47.37 ± −5.92no	63.22	57.07 ± 7abcdefghi	60.06 ± 3.92defgh	58.57
陇中苜蓿	54.26 ± 1.91cdefgh	90.1 ± 5.43abc	44.53 ± 3.56o	67.32	59.42 ± 3.16abcdefgh	35.03 ± 5.73k	47.22
甘农 6 号	59.06 ± 0.91abcd	91.33 ± 6.38abc	58.4 ± 2.15hijklm	74.87	55.57 ± 11.07bcdefghij	55.04 ± 5.19defghi	55.3
甘农 3 号	48.27 ± 3.28ij	88.37 ± 5.39abcd	48.17 ± 2.74no	68.27	54.32 ± 5.22bcdefghijk	50.97 ± 9.74fghij	52.64
新疆大叶	51.26 ± 3.44fghij	77.93 ± 2.7defghij	45.63 ± 5.98o	61.78	46.35 ± 6.41efghijklm	37.15 ± 13.79jk	41.75
皇冠	56.52 ± 4.33cdef	76.93 ± 3.44efghij	53.17 ± 1.27mn	65.05	64.43 ± 3.51abc	63.54 ± 10.84cdef	63.99
SR4030	53.23 ± 0.98defghi	83.8 ± 5.91bcdefg	64 ± 3.9cdefghijkl	73.9	38.47 ± 11.35klm	46.17 ± 5.97hijk	42.32
维多利亚	41.82 ± 6.06k	73.2 ± 5.72ghij	57.47 ± 2.37ijklm	65.33	41.65 ± 1.89ijklm	38.39 ± 5.69jk	40.02
巨能耐盐	49.71 ± 4.71hij	79.07 ± 5.43defghij	59.87 ± 1.85fghijklm	69.47	47.68 ± 2.07defghijklm	49.83 ± 7.43fghij	48.76
润布勒型	51.46 ± 3.66fghij	81.93 ± 9.26cdefghi	55.93 ± 0.85lm	68.93	41.47 ± 7.94ijklm	53.63 ± 6.61efghi	47.55
BR4010	55.19 ± 1.63cdefgh	73.13 ± 3.51ghiji	60.57 ± 0.58efghijklm	66.85	39.32 ± 3.17jklm	61.26 ± 9.18cdefg	50.29
SK3010	56.29 ± 2.8cdef	77.07 ± 4.17efghij	56.37 ± 3klm	66.72	46.73 ± 5.5defghijklm	66.01 ± 8.7cde	56.37
MF4020	58.09 ± 2.63abcde	78.87 ± 5.87defghij	58.73 ± 4.55ghijklm	68.8	47.44 ± 1.66defghijklm	55.16 ± 10.83defghi	51.3
平均值	54.43	82.96	61.5	72.23	51.2	57.57	53.54

同列数据不同小写字母表示差异显著（$P<0.05$），相同小写字母表示差异不显著（$P<0.05$）。同行数据不同大写字母表示差异显著（$P<0.05$），相同大写字母表示差异不显著下同（$P<0.05$）

表 3-17 不同苜蓿品再生速率及越冬率

苜蓿品种	再生速率（cm/d）		越冬率（%）	
	2014 年	2015 年	2013—2014 年	2014—2015 年
WL525HQ	1.62 ± 0.09defghijkl	1.03 ± 0.13jk	45.45	30.00
WL168HQ	1.54 ± 0.09ghijklm	1.28 ± 0.17ghijk	73.08	34.36
WL363HQ	1.83 ± 0.01bcd	1.47 ± 0.27defgh	58.70	42.86
WL440HQ	1.9 ± 0.09abc	1.76 ± 0.1cde	41.82	46.94
WL712	1.55 ± 0.15ghijklm	—	25.00	33.33
WL656HQ	1.73 ± 0.12bcdefgh	1.08 ± 0.17ijk	19.00	19.05
WL343HQ	1.84 ± 0.09bcd	1.26 ± 0.11ghijk	42.19	25.93
WL319HQ	1.91 ± 0.09ab	1.32 ± 0.17fghij	31.58	38.46
WL903	1.56 ± 0.19fghijklm	1.63 ± 0.09cdefg	38.10	30.77
骑士 -2	1.72 ± 0.1bcdefghi	1.42 ± 0.07efghi	75.00	70.27
康赛	1.67 ± 0.07defghijkl	1.78 ± 0.13cde	63.46	62.26
挑战者	1.69 ± 0.14bcdefghijk	1.43 ± 0.13efghi	36.36	48.28
阿迪娜	1.73 ± 0.05bcdefghi	2.15 ± 0.07ab	43.04	65.38
标靶	1.76 ± 0.07bcdefg	1.69 ± 0.17cdef	64.29	97.78
56S82	1.81 ± 0.07bcde	1.61 ± 0.26cdefg	46.77	90.63
54V09	1.77 ± 0.03bcdef	1.74 ± 0.04cde	69.57	86.58
55V48	1.77 ± 0.1bcdef	2.32 ± 0.28a	65.67	60.00
59N59	1.7 ± 0.22bcdefghijk	1.82 ± 0.16bcd	32.35	27.27
55V12	2.04 ± 0.13a	2.47 ± 0.17a	52.38	52.94
巨能 551	1.5 ± 0.11jklm	1.98 ± 0.26bc	68.57	55.81
巨能 6	1.7 ± 0.24bcdefghij	1.49 ± 0.08defgh	59.74	78.95
驯鹿	1.63 ± 0.05defghijkl	1.08 ± 0.2ijk	62.86	64.81
敖汉苜蓿	1.25 ± 0.16no	1.58 ± 0.1defgh	72.22	66.67
陇中苜蓿	1.17 ± 0.09o	0.92 ± 0.15k	60.00	45.76
甘农 6 号	1.54 ± 0.06hijklm	1.45 ± 0.14defghi	53.62	59.68
甘农 3 号	1.27 ± 0.07no	1.34 ± 0.26fghij	61.67	72.55
新疆大叶	1.2 ± 0.16o	0.98 ± 0.36jk	70.15	56.63
皇冠	1.4 ± 0.03mn	1.67 ± 0.29cdef	72.50	64.44
SR4030	1.68 ± 0.1cdefghijkl	1.21 ± 0.16hijk	57.58	56.52
维多利亚	1.51 ± 0.06ijklm	1.01 ± 0.15jk	56.52	51.85
巨能耐盐	1.58 ± 0.05fghijklm	1.31 ± 0.2fghij	58.00	40.91
润布勒型	1.47 ± 0.02lm	1.41 ± 0.17efghi	45.45	56.76
BR4010	1.59 ± 0.02efghijklm	1.61 ± 0.24cdefg	52.78	68.42
SK3010	1.48 ± 0.08klm	1.74 ± 0.23cde	55.84	41.35
MF4020	1.55 ± 0.12ghijklm	1.45 ± 0.28defghi	54.55	69.77
平均值	1.62	1.52	55.77	

（三）干鲜比

各品种连续 3 年的每茬干鲜比均存在显著差异（$P<0.01$）（表 3-18）。2013 年的年平均值与 2015 年第一茬年平均值相同，高与其余各茬年平均值。2013 年最高值为 MF4020（0.43），巨能耐盐、SK3010、WL168HQ 的值也高于 0.4，最低为 WL712（0.28）。2013 年 WL712 与 2014 年第一茬相同，低于 2014 年第二茬；甘农 6 号与 2014 年第一茬相同，高于 2014 年第二茬；挑战者与 2014 年第二茬相同，高于 2014 年第一茬；陇中苜蓿则低于 2014 年第一茬，高于 2014 年第二茬。其余品种均高于 2014 年每茬。WL712、WL656HQ、WL903 和 59N59 品种 2013 年低于 2015 年第一茬；WL525HQ 低于 2015 年每茬；WL168HQ、WL440HQ、WL343HQ、挑战者、陇中苜蓿、甘农 6 号、甘农 3 号、新疆大叶和 SK3010 均为 2013 年低于 2015 年第一茬，高于 2015 年第二茬；康赛和维多利亚则为 2013 年与 2015 年第一茬相同，高于 2015 年第二茬；其余品种皆为 2013 年高于 2015 年每茬。

2014 年第一茬年均值高于第二茬，但差距不大。2014 年年平均值第一茬低于 2015 年第一茬，但是第二茬高于 2015 年第二茬。第一茬最高值为标靶（0.32），最低为 WL343HQ（0.24）；第二茬最高值为 WL168HQ（0.32），最低为甘农 6 号（0.22）；两茬平均值最高为标靶（0.32），最低为 SK3010（0.25）；WL363HQ 和 SR4030 在 2014 年第一茬与第二茬相同，阿迪娜、标靶、54V09、55V48、55V12、巨能 551、巨能 6、驯鹿、和巨能耐盐 2014 年第一茬高于 2015 年第一茬；只有 WL525HQ 在 2014 年第二茬与 2015 年第二茬相同，其余品种均高于 2015 年。

由于 2015 年第二茬 WL712、WL656HQ、WL903 和 59N59 没有测产量，所以没有干鲜比。2015 年第一茬年平均值明显高于第二茬。第一茬 WL903（0.84），第二茬 WL525HQ（0.36），均显著高于同茬其他品种，两茬最低值均是巨能 551（分别 0.18、0.08）；WL903 两茬平均值最高（0.42），最低是巨能 551（0.13）。2015 年第二茬除了 WL525HQ 外，均显著低于同年第一茬和前两年份各茬。

表 3-18 不同苜蓿干鲜比 %

苜蓿品种	2013 年	2014 年			2015 年		
		第一茬	第二茬	两茬平均值	第一茬	第二茬	两茬平均值
WL525HQ	0.33cdefghi	0.27bcdef	0.28abcd	0.28abcdefgh	0.36b	0.36a	0.36ab
WL168HQ	0.4ab	0.28bcdef	0.32a	0.3ab	0.41b	0.12cdefgh	0.26bcd
WL363HQ	0.37abcde	0.26cdef	0.28abcd	0.27bcdefgh	0.26b	0.13cdefg	0.19cd
WL440HQ	0.31defghi	0.26def	0.29abc	0.27bcdefgh	0.38b	0.13cdefg	0.26bcd

（续表）

苜蓿品种	2013 年	2014 年			2015 年		
		第一茬	第二茬	两茬平均值	第一茬	第二茬	两茬平均值
WL712	0.28i	0.28bcde	0.3ab	0.29abcd	0.46b	—	0.23bcd
WL656HQ	0.29hi	0.26cdef	0.27bcde	0.26defgh	0.38b	—	0.19cd
WL343HQ	0.35bcdefghi	0.24f	0.29abc	0.27bcdefgh	0.39b	0.14cd	0.27bcd
WL319HQ	0.3fghi	0.25ef	0.27bcdef	0.26gh	0.28b	0.13cde	0.2bcd
WL903	0.31efghi	0.27bcdef	0.29abc	0.28abcdefg	0.84a	—	0.42a
骑士 -2	0.32cdefghi	0.29abcd	0.3ab	0.29abc	0.38b	0.12cdefgh	0.25bcd
康赛	0.36bcdefgh	0.28bcdef	0.29abc	0.28abcdefg	0.36b	0.11cdefghi	0.24bcd
挑战者	0.3fghi	0.28bcdef	0.3abc	0.29abcde	0.39b	0.11cdefghi	0.25bcd
阿迪娜	0.33cdefghi	0.28abcde	0.29abc	0.29abcdefg	0.27b	0.09ghi	0.18cd
标靶	0.34cdefghi	0.32a	0.29abc	0.3a	0.29b	0.1defghi	0.19cd
56S82	0.35bcdefghi	0.27bcdef	0.28abcd	0.28abcdefgh	0.31b	0.12cdefgh	0.21bcd
54V09	0.32cdefghi	0.28bcde	0.28abcd	0.28abcdefg	0.24b	0.1defghi	0.17cd
55V48	0.32cdefghi	0.27bcdef	0.29abc	0.28abcdefg	0.19b	0.09hi	0.14cd
59N59	0.32defghi	0.27bcdef	0.26bcdef	0.27bcdefgh	0.38b	—	0.19cd
55V12	0.38abcd	0.28bcdef	0.28abcd	0.28abcdefg	0.2b	0.09fghi	0.15cd
巨能 551	0.3ghi	0.28bcdef	0.26bcdefg	0.27bcdefgh	0.18b	0.08i	0.13d
巨能 6	0.32defghi	0.29abcd	0.27abcde	0.28abcdefg	0.23b	0.1defghi	0.17cd
驯鹿	0.31defghi	0.3ab	0.28abcd	0.29abc	0.24b	0.09hi	0.16cd
敖汉苜蓿	0.34cdefghi	0.29abcde	0.28abcd	0.28abcdefg	0.32b	0.13cdef	0.22bcd
陇中苜蓿	0.29hi	0.3abc	0.27abcde	0.28abcdefg	0.31b	0.13cde	0.22bcd
甘农 6 号	0.3ghi	0.3ab	0.22h	0.26efgh	0.37b	0.12cdefgh	0.25bcd
甘农 3 号	0.32cdefghi	0.3ab	0.23fgh	0.26defgh	0.36b	0.11cdefghi	0.24bcd
新疆大叶	0.32cdefghi	0.28abcde	0.23efgh	0.26fgh	0.37b	0.13cdef	0.25bcd
皇冠	0.36gbcdef	0.28bcdef	0.25cdefgh	0.27cdefgh	0.27b	0.1defghi	0.18cd
SR4030	0.37abcdef	0.27bcdef	0.27bcde	0.27bcdefgh	0.27b	0.11cdefghi	0.19cd
维多利亚	0.39abc	0.29abcd	0.29abc	0.29abcdef	0.39b	0.2b	0.29abc
巨能耐盐	0.41ab	0.28bcde	0.27bcde	0.28abcdefgh	0.24b	0.14c	0.19cd
润布勒型	0.37abcdef	0.27bcdef	0.24defgh	0.26fgh	0.33b	0.09fghi	0.21bcd
BR4010	0.38abc	0.27bcdef	0.25cdefgh	0.26efgh	0.37b	0.09fghi	0.23bcd
SK3010	0.41ab	0.28bcdef	0.22gh	0.25h	0.44b	0.09fghi	0.27bcd
MF4020	0.43a	0.27bcdef	0.27bcde	0.27bcdefgh	0.39b	0.09efghi	0.24bcd
平均值	0.34	0.28	0.27		0.34	0.12	

（四）茎叶比

不同年份不同苜蓿品种茎叶比及两年茎叶比平均值差异显著。2014 年平均茎叶比低于 2015 年。2014 年茎叶比最高的品种是 59N59、WL525HQ（分别是 1.27 和 1.21），最低的品种是 WL343HQ（0.54）；2015 年 55V12、55V48、驯鹿（分别为 1.25、1.25、1.21）均达到 1.2，高于其他品种，最低值为 WL525HQ（0.77）。两年均值最高的品种是 55V48（1.18），55V12 与其很相近（1.17），最低的品种是 WL343HQ（0.72），WL712 仅有 2015 年份数据。WL525HQ、骑士 -2、59N59、巨能 551、敖汉苜蓿、陇中苜蓿、新疆大叶、皇冠 2014 年高于 2015 年，其余品种皆为 2015 年高于 2014 年；WL903、骑士 -2、新疆大叶两年的茎叶比十分相近（表 3-19）。

表 3-19 不同苜蓿品种茎叶比

苜蓿品种	2014 年	2015 年	均 值
WL525HQ	1.21 ± 0.34ab	0.77 ± 0.03h	0.99 ± 0.31ab
WL168HQ	0.85 ± 0.21defghijkl	0.98 ± 0.06defg	0.92 ± 0.1ab
WL363HQ	0.8 ± 0.32fghijkl	1.02 ± 0.07cdefg	0.91 ± 0.16ab
WL440HQ	0.58 ± 0.11kl	0.92 ± 0efgh	0.75 ± 0.23abc
WL712	—	0.88 ± 0.01fgh	0.44 ± 0c
WL656HQ	0.72 ± 0.04hijkl	0.94 ± 0.09defgh	0.83 ± 0.16abc
WL343HQ	0.54 ± 0.12l	0.9 ± 0.03efgh	0.72 ± 0.25bc
WL319HQ	0.73 ± 0.23hijkl	0.95 ± 0.13defgh	0.84 ± 0.16abc
WL903	0.89 ± 0.19efghijkl	0.9 ± 0.09efgh	0.9 ± 0.01ab
骑士 -2	0.91 ± 0.1bcdefghij	0.9 ± 0.09efgh	0.91 ± 0.01ab
康赛	0.8 ± 0.07efghijkl	1.07 ± 0.01abcdefg	0.94 ± 0.19ab
挑战者	0.58 ± 0.01kl	1.04 ± 0.03cdefg	0.81 ± 0.33abc
阿迪娜	0.9 ± 0.19bcdefghijk	1.14 ± 0.01abcd	1.02 ± 0.17ab
标靶	0.96 ± 0.17abcdefgh	1.06 ± 0.04bcdefg	1.01 ± 0.07ab
56S82	0.89 ± 0.14cdefghijk	1 ± 0.19defg	0.94 ± 0.08ab
54V09	0.95 ± 0.06bcdefghij	1.04 ± 0.04cdefg	0.99 ± 0.07ab
55V48	1.12 ± 0.12abcde	1.25 ± 0.11ab	1.18 ± 0.09a
59N59	1.27 ± 0.32a	0.98 ± 0.15defg	1.13 ± 0.21ab
55V12	1.09 ± 0.13abcdef	1.25 ± 0.08a	1.17 ± 0.12 ab
巨能 551	1.15 ± 0.17 abcd	1.01 ± 0cdefg	1.08 ± 0.1 ab
巨能 6	0.98 ± 0.05 abcdefgh	1.04 ± 0.08cdefg	1.01 ± 0.04 ab
驯鹿	1.03 ± 0.09 abcdefgh	1.21 ± 0.07abc	1.12 ± 0.13 ab
敖汉苜蓿	1.17 ± 0.07 abc	1.08 ± 0.02abcdef	1.13 ± 0.06 ab
陇中苜蓿	1.12 ± 0.16 abcde	1.01 ± 0.11cdefg	1.06 ± 0.08 ab

（续表）

苜蓿品种	2014 年	2015 年	均 值
甘农 6 号	0.95 ± 0.15bcdefghi	1.11 ± 0.13abcde	1.03 ± 0.11ab
甘农 3 号	0.96 ± 0.07abcdefgh	1 ± 0.01defg	0.98 ± 0.03ab
新疆大叶	0.91 ± 0.35bcdefghij	0.89 ± 0.1fgh	0.9 ± 0.01ab
皇冠	1.06 ± 0.11abcdefg	0.96 ± 0.11defgh	1.01 ± 0.07ab
SR4030	0.77 ± 0.08fghijkl	0.96 ± 0.11defgh	0.86 ± 0.13abc
维多利亚	0.63 ± 0.04ijkl	0.91 ± 0.02efgh	0.77 ± 0.19abc
巨能耐盐	0.74 ± 0.09ghijkl	1.04 ± 0.09cdefg	0.89 ± 0.21ab
润布勒型	0.86 ± 0.05cdefghijkl	1.04 ± 0.14cdefg	0.95 ± 0.13ab
BR4010	0.63 ± 0.05jkl	0.89 ± 0.1fgh	0.76 ± 0.19abc
SK3010	0.74 ± 0.1ghijkl	0.96 ± 0.04defgh	0.85 ± 0.16abc
MF4020	0.76 ± 0.07ghijkl	0.87 ± 0.05gh	0.82 ± 0.08abc
平均值	0.8896	0.9995	

三、河套灌区

（一）越冬率

越冬存活率是评价植物抗寒性的常用指标。第二年返青后的越冬率调查结果见表 3-20。不同苜蓿品种的越冬率存在差异。多数苜蓿品种的越冬率介于 93.10%~96.90%，WL414HQ 和 59N59 的越冬率分别为 89.99% 和 85.81%，凉苜 1 号的越冬率低于 60%（55.48%）。

表 3-20 23 个苜蓿品种的越冬率

品种	越冬率（%）	品种	越冬率（%）
WL353LH	96.04ab	WH354HQ	96.13ab
Saskia	94.88ab	WL-SALT	96.59a
龙牧 806	96.46a	公农 1 号	96.9a
阿尔冈金	96.43a	草原 2 号	95.5ab
大富豪	96.8a	草原 3 号	96.08ab
WL414HQ	89.99c	中苜 1 号	96.19ab
金皇后	96.7a	鲁苜 1 号	94.51ab
WL232HQ	96.6a	中苜 2 号	93.1b
DLF-192	94.35ab	凉苜 1 号	55.48c
DLF-193	95.3ab	59N59	85.81d
苜蓿王	96.15ab	赛特	94.95ab
DLF-194	96.58ab		

（二）株高

苜蓿建植当年刈割两次，第一茬刈割时平均株高为 87.4cm，最高的苜蓿品种为大富豪（97.0cm），最低的品种为 Saskia（70.0cm）；第二茬刈割时平均株高为 92.6cm，最高的苜蓿品种为 59N59（112.0cm），最低的同样为草原 3 号（84.0cm）；年总株高最大的苜蓿品种为 59N59（204.0cm），这与秋季刈割株高最低的为草原 2 号（158.4cm）。建植当年的刈割高度总体上呈现第一茬 < 第二茬的变化规律，方差分析结果显示第一茬与第二茬的株高差异不显著（$P>0.05$）（表 3-21，表 3-22）。

表 3-21　2014 年 23 个苜蓿不同茬次的株高

品　种	第一茬株高（cm）	第二茬株高（cm）	总株高（cm）	平均株高（cm）
WL353LH	97.0	96.6	193.6	96.8
Saskia	70.0	90.5	160.5	80.3
龙牧 806	90.0	85.7	175.7	87.8
阿尔冈金	85.0	85.6	170.6	85.3
大富豪	97.0	90.5	187.5	93.8
WL414HQ	85.0	102.0	187.0	93.5
金皇后	92.0	89.4	181.4	90.7
WL232HQ	80.0	88.3	168.3	84.1
DLF-192	89.0	88.1	177.1	88.6
DLF-193	82.0	94.6	176.6	88.3
苜蓿王	90.0	90.7	180.7	90.4
DLF-194	81.0	85.8	166.8	83.4
WH354HQ	97.0	100.2	197.2	98.6
WL-SALT	91.0	95.8	186.8	93.4
公农 1 号	83.0	85.3	168.3	84.2
草原 2 号	72.0	86.4	158.4	79.2
草原 3 号	84.0	84.0	168.0	84.0
中苜 1 号	86.0	88.9	174.9	87.4
鲁苜 1 号	88.0	96.0	184.0	92.0
中苜 2 号		95.5		
凉苜 1 号	98.0	105.6	203.6	101.8
59N59	92.0	112.0	204.0	102.0
赛特	94.0			
均值	87.4	92.6	172.2	90.2

表 3-22　2015 年 23 个苜蓿品种不同茬次的株高

品　种	第一茬株高（cm）	第二茬株高（cm）	第三茬株高（cm）	总高度株高（cm）	株高均值（cm）
WL353LH	74.4ab	66.4ij	76.4cdef	217.cdefgh	72.4
Saskia	82.3a	76.5abcde	71.9cdefgh	230.6abcd	76.9
龙牧 806	77.1ab	72.5cdefghi	52.6k	202.6efgh	67.4
阿尔冈金	68.8ab	64.5hij	59.2ijk	192.5gh	64.2
大富豪	83.7a	73.0cdefgh	75.2cdefg	232.0abcd	77.3
WL414HQ	75.5ab	71.4defghi	81.9bc	228.7abcde	76.2
金皇后	77.6ab	65.2ghij	66.3fghij	209.1cdefgh	69.7
WL232HQ	73.0ab	67.1fghij	67.9fghi	208.0cdefg	69.3
DLF-192	63.6b	60.2j	61.7hijk	185.3h	61.8
DLF-193	79.6a	75.2bcdefgh	74.5cdefg	229.2abcd	76.4
苜蓿王	79.4a	73.1cdefgh	65.6ghij	218.1cdefg	72.7
DLF-194	72.8ab	70.7defghi	65.4ghij	208.9cdefgh	69.6
WH354HQ	79.6a	74.8bcdefg	80.3cde	234.7abc	78.2
WL-SALT	76.7ab	69.3efghi	80.8bcd	226.8abcd	75.6
公农 1 号	78.5ab	80.7abc	57.4jk	216.cdefg	72.2
草原 2 号	78.5ab	73.8bcdefg	52.9k	200.1fgh	66.7
草原 3 号	73.3ab	73.8bcdefg	52.9k	200.1fgh	66.7
中苜 1 号	78.9ab	84.5a	66.9fghij	230.3abcd	76.8
鲁苜 1 号	80.8a	80.2abc	65.9ghij	226.9abcde	75.6
中苜 2 号	78.2ab	77.9abcd	65.9ghij	222.0bcdef	74
凉苜 1 号	83.0a	71.2defghi	92.0a	246.2ab	82.1
59N59	78.5ab	81.6ab	89.9defgh	250.1a	83.4
赛特	76.2ab	71.3defghi	70.8defgh	218.3cdefg	72.8
均值	76.9	72.7	70.1	219.7	73.2
标准差	4.6	5.9	10.4	15.8	5.3

（三）分枝直径

由表 3-23 可以看出，苜蓿建植第二年分枝直径表现第一茬、第三茬 > 第二茬的变化规律。23 个苜蓿品种第一茬的分枝直径在 1.90~2.53mm 范围内变动，分枝直径最大的为凉苜 1 号（2.53mm），次之 Saskia（2.29mm）和 59N59（2.24mm），分枝直径最细的为草原 3 号（1.90mm）；第二茬的分枝直径在 1.75~2.32mm 范围内变动，分枝直径最粗的为 59N59（2.32mm），次之为草原 2 号（2.12mm），最细的为阿尔冈金（1.75mm）、中苜 1 号（1.75mm）和草原 3 号（1.75mm）。第三茬分枝直径的变动范围为 1.76~2.39mm，分枝直径最粗的为赛特（2.39mm），次之为凉苜 1 号（2.29mm），最细的草原 3 号（1.76mm）。不同茬次中草原 3 号的分枝直径均最小。

表 3-23 2015 年苜蓿不同茬次的分枝直径

品 种	第一茬分枝直径（mm）	第二茬分枝直径（mm）	第三茬分枝直径（mm）	均值（mm）
WL353LH	2.02bc	1.96ab	2.07bcd	2.02
Saskia	2.29ab	1.85ab	2.15abc	2.1
龙牧 806	2.18bc	2.00ab	2.03bcde	2.07
阿尔冈金	2.03bc	1.75b	1.93cde	1.91
大富豪	2.09bc	1.84b	2.10abcd	2.01
WL414HQ	2.07bc	2.01ab	2.06bcde	2.05
金皇后	2.04bc	1.83b	2.09abcd	1.998
WL232HQ	2.10bc	1.87ab	2.09abcd	2.02
DLF-192	2.19bc	2.08ab	2.13abc	2.13
DLF-193	2.13bc	1.81b	2.15abc	2.03
苜蓿王	2.07bc	2.05ab	2.05bcde	2.06
DLF-194	2.06bc	1.93ab	1.96cde	1.98
WH354HQ	2.03bc	1.95ab	2.20abc	2.06
WL-SALT	2.21abc	2.04ab	2.08bcd	2.11
公农 1 号	1.94bc	2.03ab	1.80de	1.92
草原 2 号	2.12bc	2.12ab	1.99bcde	2.07
草原 3 号	1.90c	1.75b	1.76e	1.81
中苜 1 号	2.00bc	1.75b	2.06bcde	1.94
鲁苜 1 号	2.02bc	1.96ab	2.04bcde	2.01
中苜 2 号	1.99bc	1.98ab	2.12abcd	2.03
凉苜 1 号	2.53a	2.07ab	2.29ab	2.30
59N59	2.24abc	2.32a	2.22abc	2.26
赛特	2.05bc	1.80ab	2.39a	2.08
均值	2.10	1.95	2.08	2.04

（四）23 个苜蓿品种生产性能的聚类分析

根据苜蓿建植第二年年干草产量、三茬株高和分枝直径，对 23 个苜蓿品种的生产性能综合评价，通过 Ward 方法，运用 SPSS22.0 数据分析软件进行聚类分析。由图 3-15 可以看出，可以分为 4 大类：第一类为生产性能一般的苜蓿品种，有 WL353LH、龙牧 806、阿尔冈金、金皇后、WL232HQ、DLF-194、公农 1 号和草原 3 号，年干草产量平均值为 10.34t/hm²，总分枝直径为 5.89mm, 总株高为 207cm；第二类为生产性能表现较好的，有 Saskia、大富豪、WL414HQ、DLF-193、苜蓿王、WL354HQ、WL-SALT、草原 2 号、中苜 1 号、鲁苜 1 号、中苜 2 号和赛特，年干草产量为 11.64t/hm²，总分枝直径为 6.13mm，总株高为 226cm；第三类为生产性能差的苜蓿品种，为 DLF-192，年干草产量 8.62t/hm²，总分枝直径 6.40mm，总株高 185.3cm；第四类为生产性能表现优秀的苜蓿品种，有凉苜 1 号和 59N59，年干草产量 12.70t/hm²，总分枝直径 6.84mm，总株高 248.15cm。

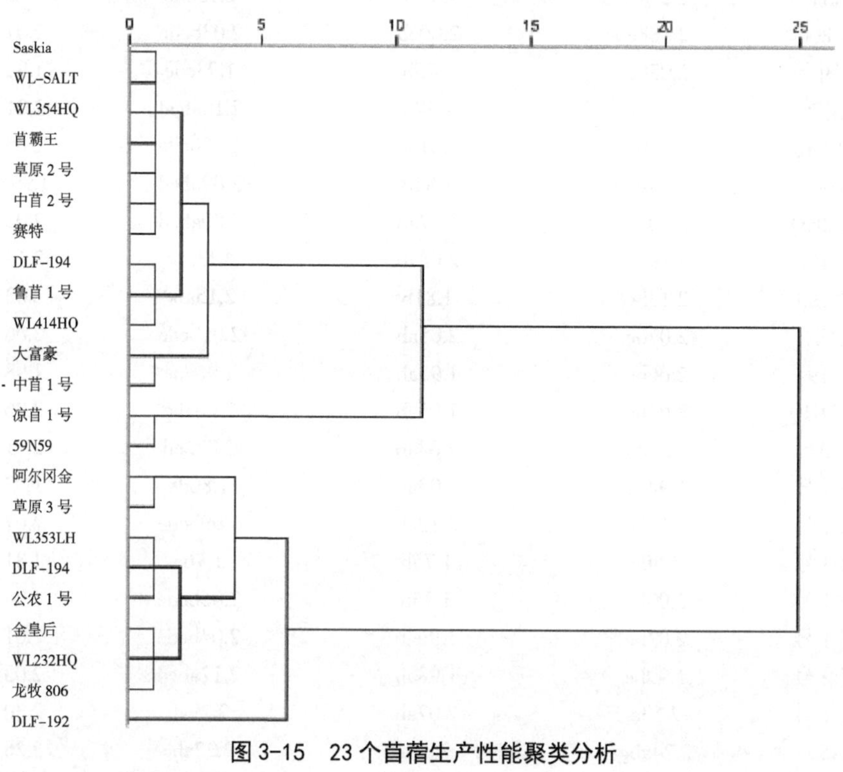

图 3-15　23 个苜蓿生产性能聚类分析

四、土默特平原

（一）越冬率

播种当年苜蓿越冬率统计结果表明，品种间越冬率差异显著（P<0.05）（表 3-24）。准格尔苜蓿越冬率 94.82%，品种 FGI6100、WL168HQ、FGI3121、

FGI3122、FGI5505 越冬率也达到 80% 以上，与地方品种准格尔苜蓿越冬率差异不显著（$P>0.05$），却显著高于其他品种，表现出强的抗寒性能（$P<0.05$）。越冬率低于 50% 的品种为 WL319HQ、FGI5322。此调查结果表明除 WL319HQ、FGI5322 品种外，其他参试的苜蓿品种均能在当地较好的越冬。

表 3-24 播种当年不同苜蓿品种越冬率

编号	苜蓿品种	越冬率	编号	苜蓿品种	越冬率
1	WL168HQ	90.76 ± 8.54ab	8	FGI6328	71.80 ± 6.14cd
2	WL354HQ	71.10 ± 4.39cd	9	FGI6100	98.37 ± 5.99a
3	WL319HQ	49.26 ± 0.54e	10	FGI6346	57.15 ± 1.50de
4	FGI3121	82.11 ± 2.86abc	11	FGI5322	49.48 ± 1.92e
5	FGI3122	93.68 ± 2.86a	12	FGI5505	90.66 ± 3.32ab
6	FGI8365	57.67 ± 3.26de	13	准格尔苜蓿	94.82 ± 13.88a
7	FGI6113	72.25 ± 2.81cd			

同列不同小写字母表示不同品种间差异显著（$P<0.05$）。下表同

（二）生长速度及再生特性

不同苜蓿品种第 1 茬的生长速度结果显示（表 3-25），播种当年各品种间的生长速度差异显著（$P<0.05$），FGI5322 生长速度最快，为 1.40cm/d，显著高于对照准格尔苜蓿（0.99cm/d）、FGI8365（1.07cm/d）和 FGI5505（1.10cm/d）这 3 个品种（$P<0.05$），表现出较好的生长潜力。第二年自返青至初花期所有的品种都表现出较高的生长速度，在 1.50cm/d 以上。生长 2 年的苜蓿生长速度高于播种当年苜蓿的生长速度，呈上升趋势，尤以准格尔苜蓿的增幅最大，达 0.72cm/d。

建植当年第 1 茬刈割后的再生速度为 1.36~1.70cm/d（表 3-25），其中 FGI6346 再生速度最快，为 1.70cm/d，FGI5505 的生长速度最低，为 1.36cm/d。

生长2年的苜蓿品种第1茬刈割后和第2茬刈割后再生速度均达到2.00cm/d以上，品种间差异不显著（$P>0.05$），第 1 茬刈割后品种 FGI6346 的生长速度较低，为 2.72cm/d，其余品种再生速度均高于 2.80cm/d，其中生长最快的为 WL168HQ，达 2.96cm/d。第 2 茬刈割后生长最快的为 FGI5505，较准格尔苜蓿的生长速度快 0.47cm/d。总体分析比较，不同品种的再生速度均高于生长速度，表现出较好的再生特性。

表 3-25 不同苜蓿品种不同生长年限的生长速度及再生性特性

苜蓿品种	2015 年		2016 年		
	苗期至第 1 茬生长速度（cm/d）	第 1 茬至第 2 茬再生速度（cm/d）	返青至第 1 茬生长速度（cm/d）	第 1 茬至第 2 茬再生速度（cm/d）	第 2 茬至第 3 茬再生速度（cm/d）
WL168HQ	1.21 ± 0.06abc	1.38 ± 0.06	1.59 ± 0.06	2.96 ± 0.09	2.57 ± 0.11
WL354HQ	1.21 ± 0.06abc	1.48 ± 0.12	1.56 ± 0.07	2.88 ± 0.10	2.49 ± 0.14
WL319HQ	1.20 ± 0.03abc	1.56 ± 0.07	1.56 ± 0.06	2.90 ± 0.13	2.60 ± 0.22
FGI3121	1.13 ± 0.04abc	1.49 ± 0.13	1.62 ± 0.06	2.94 ± 0.12	2.54 ± 0.18
FGI3122	1.33 ± 0.09ab	1.52 ± 0.08	1.61 ± 0.06	2.84 ± 0.12	2.52 ± 0.04
FGI8365	1.07 ± 0.08bc	1.49 ± 0.12	1.62 ± 0.06	2.81 ± 0.08	2.50 ± 0.07
FGI6113	1.29 ± 0.10ab	1.68 ± 0.13	1.55 ± 0.03	2.89 ± 0.07	2.55 ± 0.05
FGI6328	1.32 ± 0.11ab	1.60 ± 0.13	1.64 ± 0.05	2.85 ± 0.08	2.41 ± 0.07
FGI6100	1.36 ± 0.08ab	1.46 ± 0.10	1.66 ± 0.05	2.92 ± 0.11	2.59 ± 0.11
FGI6346	1.22 ± 0.09ab	1.70 ± 0.14	1.66 ± 0.04	2.72 ± 0.12	2.66 ± 0.22
FGI5322	1.40 ± 0.05a	1.65 ± 0.09	1.68 ± 0.05	2.91 ± 0.22	2.54 ± 0.13
FGI5505	1.10 ± 0.09bc	1.36 ± 0.14	1.70 ± 0.11	2.92 ± 0.16	2.79 ± 0.15
准格尔苜蓿	0.99 ± 0.02c	1.47 ± 0.31	1.71 ± 0.08	2.88 ± 0.05	2.32 ± 0.07

（三）株高

13个苜蓿品种的初花期株高显示（表3-26），品种间株高差异显著（$P<0.05$）。播种当年各品种苜蓿二茬的平均株高主要分布在49.68~64.90cm，以FGI5322的株高最高，达64.90cm，FGI5505和准格尔苜蓿最低，株高仅有54.53cm和49.68cm，显著低于FGI5322（$P<0.05$）。

生长2年的苜蓿株高高于播种当年，三茬平均株高为85.12~99.19cm，其中FGI6346株高最高，达99.19cm，显著高于品种FGI5505、FGI3121、WL319HQ、准格尔苜蓿（$P<0.05$）。FGI5505和准格尔苜蓿最低，株高分别为85.35cm和85.12cm。

生长3年的苜蓿株高结果显示（表3-26），各品种间株高差异显著（$P<0.05$）。最高的亦是FGI16346，为91.27cm。其余品种株高均低于85.00cm，其中准格尔苜蓿为76.43cm，显著低于其他品种（$P<0.05$）。13个苜蓿品种3年的株高显示，FGI6346每年株高都较高，生长最好，生长最快，准格尔苜蓿每年的株高都是最低的。保证较高的株高也是增加产量的前提之一。

表 3-26 不同苜蓿品种不同年份株高

编号	品种名称	株高（cm）			3 年平均株高（cm）
		2015 年	2016 年	2017 年	
1	WL168HQ	55.74 ± 2.36abc	90.57 ± 2.89bc	80.75 ± 0.97cde	75.69 ± 1.99bc
2	WL354HQ	58.75 ± 2.04abc	92.03 ± 2.25b	83.24 ± 0.77bc	78.01 ± 1.57bc
3	WL319HQ	58.21 ± 1.71abc	88.90 ± 2.47bc	81.07 ± 1.04cde	76.06 ± 1.24bc
4	FGI3121	57.10 ± 2.18abc	89.58 ± 3.19bc	79.97 ± 0.65de	75.55 ± 1.08bc
5	FGI3122	61.61 ± 3.40ab	91.43 ± 2.38bc	81.01 ± 0.52cde	78.02 ± 1.93bc
6	FGI8365	56.35 ± 3.44bc	93.21 ± 2.06ab	84.97 ± 2.90b	78.18 ± 2.13bc
7	FGI6113	62.16 ± 3.99ab	93.59 ± 1.74ab	81.63 ± 1.27cd	79.13 ± 2.08abc
8	FGI6328	63.24 ± 3.89ab	94.25 ± 1.67ab	82.62 ± 1.11bcd	80.04 ± 1.98ab
9	FGI6100	61.19 ± 2.71ab	90.96 ± 2.14bc	78.29 ± 1.06ef	76.82 ± 1.69bc
10	FGI6346	63.51 ± 4.39ab	99.19 ± 2.14a	91.27 ± 2.19a	84.66 ± 1.97a
11	FGI5322	64.90 ± 2.07a	93.02 ± 1.22ab	82.91 ± 0.47bcd	80.28 ± 1.24ab
12	FGI5505	54.53 ± 2.95bc	85.35 ± 2.21c	81.01 ± 0.73cde	73.00 ± 1.40c
13	准格尔苜蓿	49.68 ± 4.83c	85.12 ± 2.11c	76.43 ± 0.35f	75.59 ± 3.27bc

（四）茎粗和干鲜比

不同苜蓿品种播种当年和生长两年的茎粗各异（表 3–27）。播种当年引进的 12 个苜蓿品种间茎粗差异不显著（$P>0.05$），都显著高于对照准格尔苜蓿（$P<0.05$）。生长 2 年的茎粗高于播种当年，品种间除 FGI3122 茎粗显著高于 FGI6100 外（$P<0.05$），其余品种间均无显著差异（$P>0.05$）。所有品种第 1 年的茎粗均低于第 2 年。

不同年份的苜蓿干鲜比（表 3–27）表明，品种间的干鲜比差异不显著（$P>0.05$），随着生长年限的延长，苜蓿的干鲜比基本呈增长的趋势。意味着更多的干物质积累。

表 3-27 不同苜蓿品种不同年份茎粗和干鲜比

编号	品种名称	茎粗（mm）		干鲜比（%）		
		2015 年	2016 年	2015 年	2016 年	2017 年
1	WL168HQ	2.00 ± 0.34b	2.56 ± 0.04ab	21.41 ± 0.64	21.61 ± 0.52	27.50 ± 0.56
2	WL354HQ	2.01 ± 0.09b	2.52 ± 0.08ab	21.59 ± 0.82	22.05 ± 0.41	26.89 ± 0.94
3	WL319HQ	2.30 ± 0.42b	2.47 ± 0.06ab	21.97 ± 0.71	22.58 ± 0.46	26.29 ± 0.82
4	FGI3121	2.20 ± 0.14b	2.47 ± 0.14ab	21.65 ± 0.43	21.45 ± 0.36	26.35 ± 0.52
5	FGI3122	2.11 ± 0.12b	2.71 ± 0.17a	21.24 ± 0.30	20.95 ± 0.25	26.75 ± 0.73
6	FGI8365	2.07 ± 0.20b	2.51 ± 0.09ab	21.74 ± 0.40	22.14 ± 0.62	26.49 ± 0.52
7	FGI6113	2.25 ± 0.07b	2.66 ± 0.06ab	21.63 ± 0.43	22.11 ± 0.66	27.24 ± 0.69
8	FGI6328	2.18 ± 0.05b	2.64 ± 0.04ab	21.93 ± 0.17	22.28 ± 0.42	26.80 ± 0.99
9	FGI6100	2.09 ± 0.14b	2.37 ± 0.08b	21.31 ± 0.61	21.38 ± 0.24	26.10 ± 0.28
10	FGI6346	2.22 ± 0.13b	2.54 ± 0.11ab	21.92 ± 0.36	22.22 ± 0.66	27.60 ± 1.59
11	FGI5322	2.32 ± 0.21b	2.63 ± 0.06ab	22.60 ± 0.69	21.73 ± 0.44	26.76 ± 0.27
12	FGI5505	2.16 ± 0.12b	2.55 ± 0.07ab	22.45 ± 0.93	21.32 ± 0.46	26.19 ± 0.81
13	准格尔苜蓿	1.68 ± 0.04b	2.49 ± 0.10ab	22.06 ± 0.63	21.79 ± 0.39	26.25 ± 0.59

第四章 苜蓿生产性能与营养品质

苜蓿产量的高低反映植物群落的光合产物积累的大小，是生产力的量度，体现群落的功能和健康状况。矿质营养是植物生长发育的主要环境因素，与光、热、水、气等其他环境因素以及植物的遗传和生理生化特性等生物学因子的综合作用造就了各种自然环境中的植物种群，也决定了不同生态条件下的植物生产。矿质养分特别是P和N为植物生态系统功能的发挥提供了重要的物质流，矿质养分不仅决定着光合产物的质和量，而且也控制着植被过程的循环和演替。因此有必要对植物的营养状况进行研究，并纳入草地健康评价指标的选择序列。同时，植物的生理生化特性，是表征植物健康的内在指标，也是了解和研究植物的更深层次的方法和手段。因此，这也必将是我们了解草地，研究草地健康的必选指标之一。

第一节 生产性能分析

一、科尔沁沙地

（一）产草量

苜蓿产量的高低反映植物群落的光合产物积累的大小，是生产力的量度，体现群落的功能和健康状况。由表4–1可以看出，不同品种间产草总产量差异性显著（$P<0.05$），2007年Rangelander总产草量最高，敖汉苜蓿的最低。2008年阿尔冈金总产草量最高，金皇后的最低。

敖汉苜蓿2007年以生长3年的产草量最高，可达6461.13kg/hm^2，生长5年的最低，为5018.64kg/hm^2。2008年以生长4年的产草量最高，为6110.78kg/hm^2，生长2年的最低，仅为3294.70kg/hm^2。

Rangelander 2007年以生长3年的产草量最高，可达8296.01kg/hm^2，生长5年的最低，为5576.87kg/hm^2。2008年以生长4年的产草量最高，为6199.48kg/hm^2，生长6年的最低，仅为3654.42kg/hm^2。

阿尔冈金2007年以生长3年的产草量最高，高达8100.50kg/hm^2，生长5年的最低，为4797.64kg/hm^2。2008年以生长4年的产草量最高，为8229.02kg/hm^2，生长6年的最低，仅为3229.48kg/hm^2。

金皇后2007年以生长3年的产草量最高，高达6479.56kg/hm^2，生长5年的最低，为5317.19kg/hm^2。2008年以生长4年的产草量最高，为6317.02kg/hm^2，生长2年的最低，仅为3426.74kg/hm^2。

综合比较4个紫花苜蓿品种的干草产量: Rangelander>阿尔冈金>金皇后>敖汉苜蓿。

表 4-1 不同紫花苜蓿品种干草产量 kg/hm^2

测定年份	品 种	总产量	生长年限				
			6a	5a	4a	3a	2a
2007	敖汉苜蓿	16755.01D		5018.64 ± 22.59cC		6461.13 ± 21.46dB	5275.24 ± 15.56dC
	Rangelander	20331.21A		5576.87 ± 31.46aA		8296.01 ± 54.32aA	6458.33 ± 21.87aA
	阿尔冈金	19256.47B		4797.64 ± 17.98dD		8100.50 ± 55.45bA	6358.33 ± 32.45bA
	金皇后	17734.94C		5317.19 ± 43.07bB		6479.56 ± 21.35cB	5938.19 ± 19.08cB
2008	敖汉苜蓿	19122.73B	5570.93 ± 21.64aA		6110.78 ± 12.74cC	4146.32 ± 14.62bC	3294.70 ± 24.45dD
	Rangelander	18951.19C	3654.42 ± 12.57dB		6199.48 ± 21.54aC	4740.55 ± 55.48bB	4356.74 ± 12.87cB
	阿尔冈金	22225.40A	3229.48 ± 23.08dC		8229.02 ± 12.65aA	5666.67 ± 41.07bA	5100.23 ± 12.54cA
	金皇后	17818.11D	3672.24 ± 33.45cB		6317.02 ± 35.45aB	4582.11 ± 22.56bB	3426.74 ± 45.54dC

字母不同表示存在差异性（$P<0.05$），大写字母代表品种间比较，小写字母代表同一品种不同生长年限间比较

（二）紫花苜蓿产量构成要素相关分析

采用 SAS8.0 统计分析结果表明（表 4-2），在反映 4 种紫花苜蓿产量构成要素的 13 个指标中，各因子间的相关性不尽相同，指标间呈正相关的有：株高分别与冠幅、叶面积、叶倾角、茎叶比；分枝数分别与叶面积、散射光穿透系数；叶片重量分别与叶面积、叶面积指数、越冬率、生长速度；叶面积除了分别与上述指标正相关外，还与叶面积指数、越冬率正相关；叶面积指数还与越冬率；叶倾角与散射光穿透系数；散射光穿透系数与鲜干比；生长速度与茎叶比、产草量；茎叶比与产草量呈正相关。指标间呈负相关的有：株高分别与分枝数、散射光穿透系数、鲜干比；分枝数与冠幅；叶片重量、叶面积、越冬率、生长速度、茎叶比均与鲜干比呈负相关；叶面积指数还与散射光穿透系数、鲜干比呈负相关。

表 4-2 产量构成要素因子间相关分析

	X_1	X_2	X_3	X_4	X_5	X_6	X_7	X_8	X_9	X_{10}	X_{11}	X_{12}
X_2	−0.781											
X_3	0.572	−0.094										
X_4	0.620	−0.339	0.931									
X_5	0.835	−0.995	0.195	0.424								
X_6	0.707	−0.636	0.741	0.928	0.695							
X_7	0.762	0.994	−0.138	−0.404	−0.991**	−0.697						
X_8	−0.990	0.827	−0.583	−0.676	−0.879	−0.787	0.821					

（续表）

	X_1	X_2	X_3	X_4	X_5	X_6	X_7	X_8	X_9	X_{10}	X_{11}	X_{12}
X_9	0.374	−0.061	0.928	0.955*	0.147	0.805	−0.139	−0.432				
X_{10}	0.538	0.096	0.873	0.649	0.003	0.383	0.101	−0.480	0.647			
X_{11}	0.777	−0.240	0.640	0.445	0.316	−0.311	−0.192	−0.693	0.312	0.865		
X_{12}	−0.757	0.297	−0.969*	−0.918	−0.394	−0.786	0.323	0.759	−0.842	−0.871	−0.761	
X_{13}	0.564	0.015	0.504	0.228	0.053	0.031	0.077	−0.453	0.150	0.842	0.955*	−0.595

* 代表显著差异 $P<0.05$，** 代表极显著差异 $P<0.01$。

X_1：株高；X_2：分枝数；X_3：叶片重量；X_4：叶面积；X_5：冠幅；X_6：叶面积指数；X_7：叶倾角；X_8：散射光穿透系数；X_9：越冬率；X_{10}：生长速度；X_{11}：茎叶比；X_{12}：鲜干比；X_{13}：产草量

（三）光合特性

光合作用是指绿色植物吸收阳光的能量，同化二氧化碳和水，制造有机物质并释放氧的过程，是形成植物生产力的根本来源，它贯穿于植物整个生命过程中。研究不同苜蓿品种的光合特性，进一步分析它们之间光合能力的差异，对紫花苜蓿的评价具有极为重要的意义。

1. 光合速率（Pn）

由图 4-1 可以看出，敖汉苜蓿的 Pn 值日变化呈“单峰”形曲线。2007 年生长 2 年和生长 3 年的 Pn 最大值出现在 9:00，生长 5 年的 Pn 最大值出现在 15:00。2008 年生长 2 年的 Pn 最大值出现在 11:00，其余生长年限的 Pn 最大值均出现在 15:00（图 4-1a）。

Rangelander Pn 的日变化如图 4-1b 所示，2007 年生长 3 年和生长 5 年 Pn 日变化曲线均为“双峰”曲线，出现峰值的时间均为 9:00 和 15:00。生长 2 年的 Pn 日变化曲线为单峰曲线，峰值均出现在 11:00。2008 年生长 6 年的 Pn 日变化为“单峰”形，峰值出现时间为 11:00，其余生长年限 Pn 日变化均为双峰型，各生长年限的 Rangelander Pn 日变化曲线均为“双峰”形，13:00 出现“午休”现象，其余生长年限的 Pn 日变化呈“双峰”形曲线，生长 3 年和生长 4 年的 Pn 峰值出现时间基本一致，分别在 11:00 和 15:00，13:00 出现“午休”现象。

2007年不同生长年限阿尔冈金Pn日平均曲线均表现为“单峰”曲线（图6-1c），生长 2 年和生长 3 年的峰值均出现在 13:00，生长 5 年的峰值出现在 9:00。2008 年各生长年限的 Pn 日变化曲线部分呈“双峰”形，部分呈“单峰”形。生长 2 年的峰值出现在 9:00 和 13:00，生长 3 年的峰值出现在 11:00 和 15:00，生长 4 年和 6 年的 Pn 日变化曲线均呈“单峰”形，峰值均出现在 15:00。

如图 4-1d 所示，金皇后 Pn 日变化曲线表现出不同的规律性。2007 年生长 2 年的 Pn 日变化曲线波动较平缓，生长 3 年和 5 年的 Pn 日变化曲线均呈“双峰”形，生长 3 年的 Pn 峰值出现在 9:00 和 15:00，出现“午休”现象，生长 5 年 Pn 的峰值出现在 11:00 和 15:00。2008 年，生长 2 年的金皇后 Pn 日变化曲线呈“单峰”形，峰值出现在 11:00，其余生长年限均呈“双峰”形，峰值出现的时间分别在 11:00 和 15:00，13:00 左右出现“午休”现象。

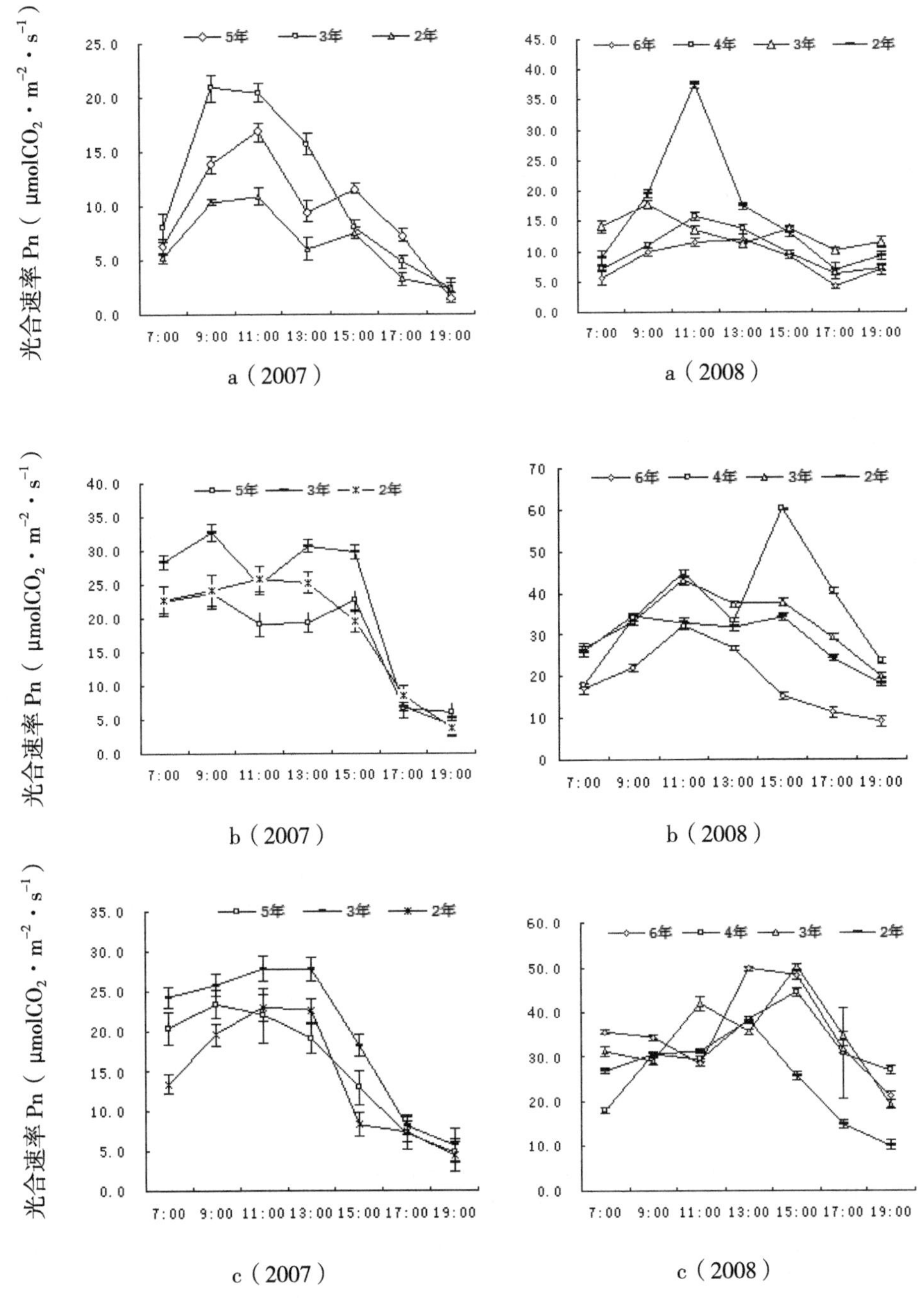

a（2007）

a（2008）

b（2007）

b（2008）

c（2007）

c（2008）

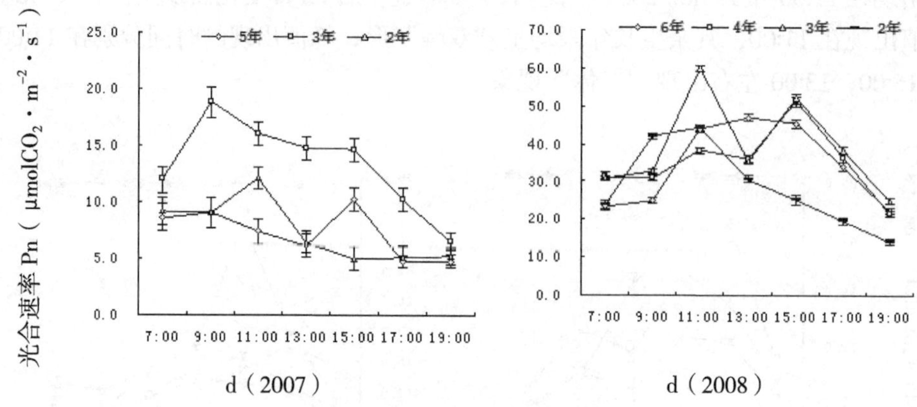

图 4-1 不同紫花苜蓿光合速率

a) 敖汉苜蓿 Aohan; b) Rangelander; c) 阿尔冈金 Algonquin; d) 金皇后 Golden queen

2. 蒸腾速率（Tr）

蒸腾作用的强弱是表明植物水分代谢的一个重要生理指标。大多数植物光合速率高，蒸腾速率也较高。由图 4-2a 可以看出，2007 年不同生长年限敖汉苜蓿的 Tr 日变化曲线均呈“单峰”形，且全天变化幅度均较小。2008 年生长 2 年的敖汉苜蓿的 Tr 日变化曲线呈“单峰”形，峰值出现在 11:00，其余生长年限的 Tr 日变化曲线均呈“双峰”形，各生长年限 Tr 峰值出现的时间不完全一致，生长 3 年、生长 4 年和生长 6 年第一峰值出现时间分别 9:00、11:00 和 15:00，第二峰值出现的时间均在 19:00。

Rangelander Tr 日变化曲线如图 4-2b 所示，2007 年不同生长年限的 Tr 日变化曲线均表现为“双峰”形，各生长年限出现峰值的时间基本一致，分别在 9:00 和 15:00。2008 年生长 6 年的 Tr 日变化曲线表现为“双峰”形，出现峰值的时间分别为 7:00 和 13:00。其余生长年的 Tr 日变化曲线均呈“单峰”形，峰值出现的时间介于 9:00—11:00。

阿尔冈金 Tr 日变化曲线如图 4-2c 所示，2007 年不同生长年限的 Tr 变化幅度不大。2008 年生长 3 年和生长 4 年的 Tr 日变化曲线均呈“单峰”形，峰值均出现在 9:00，生长 2 年和生长 6 年的 Tr 日变化曲线均呈“双峰”形曲线，峰值出现的时间均在 9:00 和 13:00。

由图 4-2d 可看出，2007 年金皇后 Tr 日变化幅度不明显，生长 2 年和生长 3 年的 Tr 日变化曲线呈“单峰”形，生长 5 年的 Tr 日变化曲线呈“双峰”形。2008 年生长 6 年的 Tr 日变化曲线呈“双峰”形，峰值出现时间分别为 7:00 和 11:00。其余生长年限 Tr 日变化曲线均呈“单峰”形，峰值出现时间在 9:00—11:00。

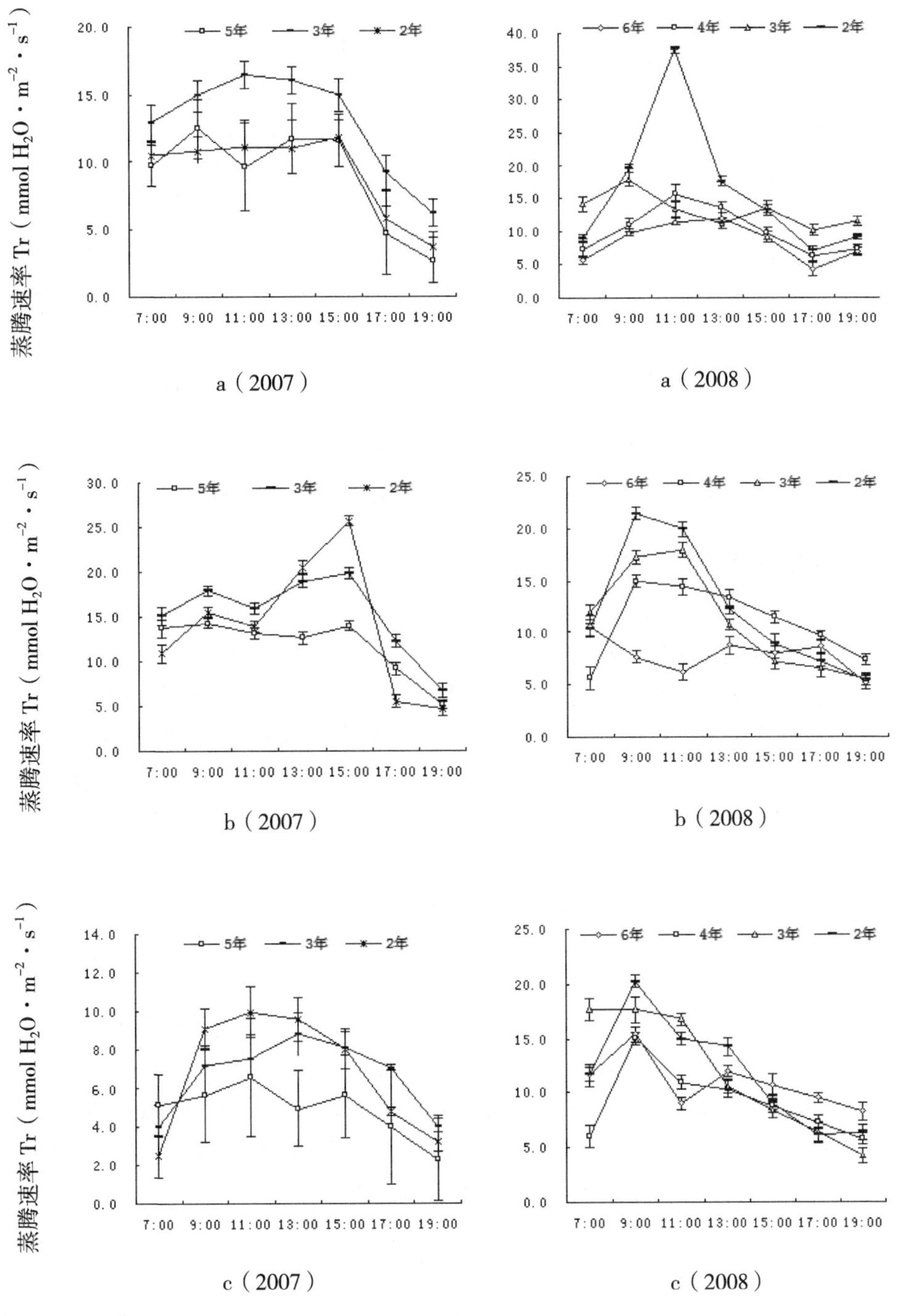
蒸腾速率 Tr（mmol H_2O · m^{-2} · s^{-1}）
5年
3年
2年
6年
4年
7:00
9:00
11:00
13:00
15:00
17:00
19:00
a（2007）
a（2008）
b（2007）
b（2008）
c（2007）
c（2008）

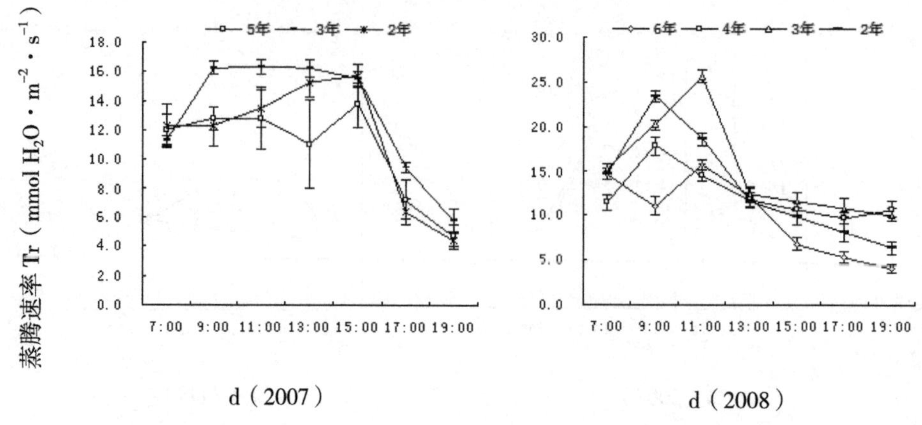

图 4-2　不同紫花苜蓿品种蒸腾速率

a) 敖汉苜蓿 Aohan; b) Rangelander; c) 阿尔冈金 Algonquin; d) 金皇后 Golden queen

3. **水分利用率**（WUE）

不同紫花苜蓿品种的 WUE 日进程变化规律不同，同一品种不同生长年限植株对水分的利用效率也不同。由图 4-3a 可看出，2007 年生长 3 年和生长 5 年的敖汉苜蓿 WUE 呈现“双峰”形，生长 2 年的呈“单峰”形。生长 2 年和 3 年的 WUE 在 9:00 左右达到全天的最高值，分别为 3.65 $\mu molCO_2mmol^{-1}$ 和 3.02 $\mu molCO_2mmol^{-1}$。最低值均出现在 17:00，分别为 1.18 $\mu molCO_2mmol^{-1}$ 和 0.56 $\mu molCO_2mmol^{-1}$。生长 5 年的 WUE 全天最高值出现在 17:00 左右，为 4.29 $\mu molCO_2mmol^{-1}$，全天最低的 WUE 值出现在 7:00 左右，仅为 0.06 $\mu molCO_2mmol^{-1}$。2008 年生长 2 年、生长 3 年、生长 4 年和生长 6 年的敖汉苜蓿的 WUE 峰值均出现在 17:00，相应的峰值分别为 2.85 $\mu molCO_2mmol^{-1}$、4.21 $\mu molCO_2mmol^{-1}$、6.57 $\mu molCO_2mmol^{-1}$ 和 9.34 $\mu molCO_2mmol^{-1}$。

2007 年 Rangelander 生长 3 年和生长 5 年的 WUE 全天变化走向基本相同，呈“双峰”形（图 4-3b），全天最高值出现在 15:00 左右，分别为 2.71 $\mu molCO_2mmol^{-1}$ 和 2.13 $\mu molCO_2mmol^{-1}$；WUE 第 2 峰值均出现在 9:00 左右，为 0.88 $\mu molCO_2mmol^{-1}$ 和 1.91 $\mu molCO_2mmol^{-1}$。生长 2 年的 WUE 变化趋势较复杂，7:00、11:00 和 17:00 分别出现峰值，分别为 4.82 $\mu molCO_2mmol^{-1}$、2.71 $\mu molCO_2mmol^{-1}$ 和 3.40 $\mu molCO_2mmol^{-1}$。2008 年生长 2 年、生长 3 年和生长 4 年的 Rangelanderer 其 WUE 全天变化走向基本相同，呈“单峰”形，全天最高值出现在 15:00 左右，峰值分别为 5.25 $\mu molCO_2mmol^{-1}$、5.24 $\mu molCO_2mmol^{-1}$ 和 3.84 $\mu molCO_2mmol^{-1}$，生长 6 年峰值均出现在 11:00，峰值为 5.12 $\mu molCO_2mmol^{-1}$。

2007 年不同生长年限的阿尔冈金 WUE 日变化趋势基本相同，且全天均没有大幅度的变化，均为“双峰”形，但峰值间差异不大（图 4-3c）。WUE 在 9:00 左右出现全天的最高值，分别为 1.33 μmolCO_2mmol^{-1}、3.57 μmolCO_2mmol^{-1} 和 2.38 μmolCO_2mmol^{-1}。2008 年不同生长年限的阿尔冈金 WUE 日变化趋势基本相同，均呈“单峰”曲线，峰值差异不大，生长 2 年的峰值出现在 7:00，其余年限峰值均出现在 15:00，相应峰值分别为 2.81 μmolCO_2mmol^{-1}、5.93 μmolCO_2mmol^{-1}、5.06 μmolCO_2mmol^{-1}、4.49 μmolCO_2mmol^{-1}。

2007 年不同生长年限的金皇后 WUE 日变化趋势基本相同，且全天均没有大幅度的变化，均为“双峰”形，但峰值间差异不大（图 4-3d）。生长 2 年、生长 3 年和生长 5 年金皇后 WUE 全天最大值分别出现在 11:00，7:00 和 7:00，分别为 2.22 μmolCO_2mmol^{-1}、3.64 μmolCO_2mmol^{-1} 和 2.13 μmolCO_2mmol^{-1}。2008 年，金皇后 WUE 日变化趋势基本相同，均呈“单峰”曲线，峰值出现在 15:00，分别为 2.63 μmolCO_2mmol^{-1}、4.49 μmolCO_2mmol^{-1}、4.78 μmolCO_2mmol^{-1}、6.69 μmolCO_2mmol^{-1}。

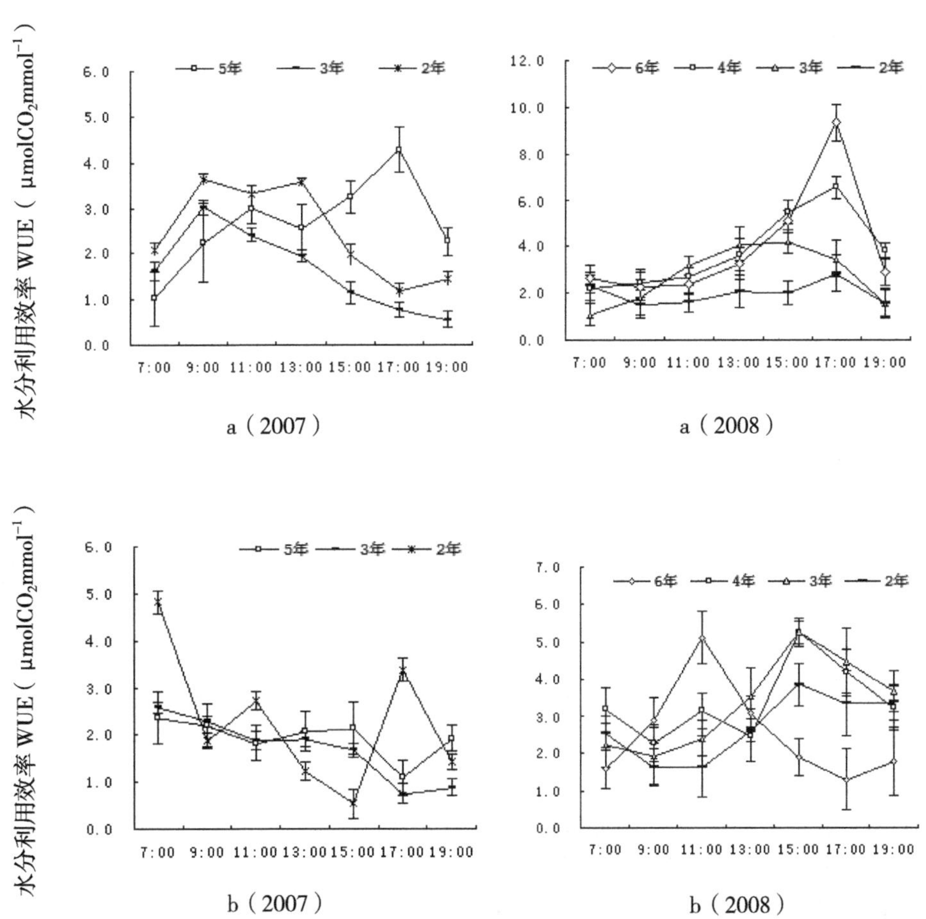

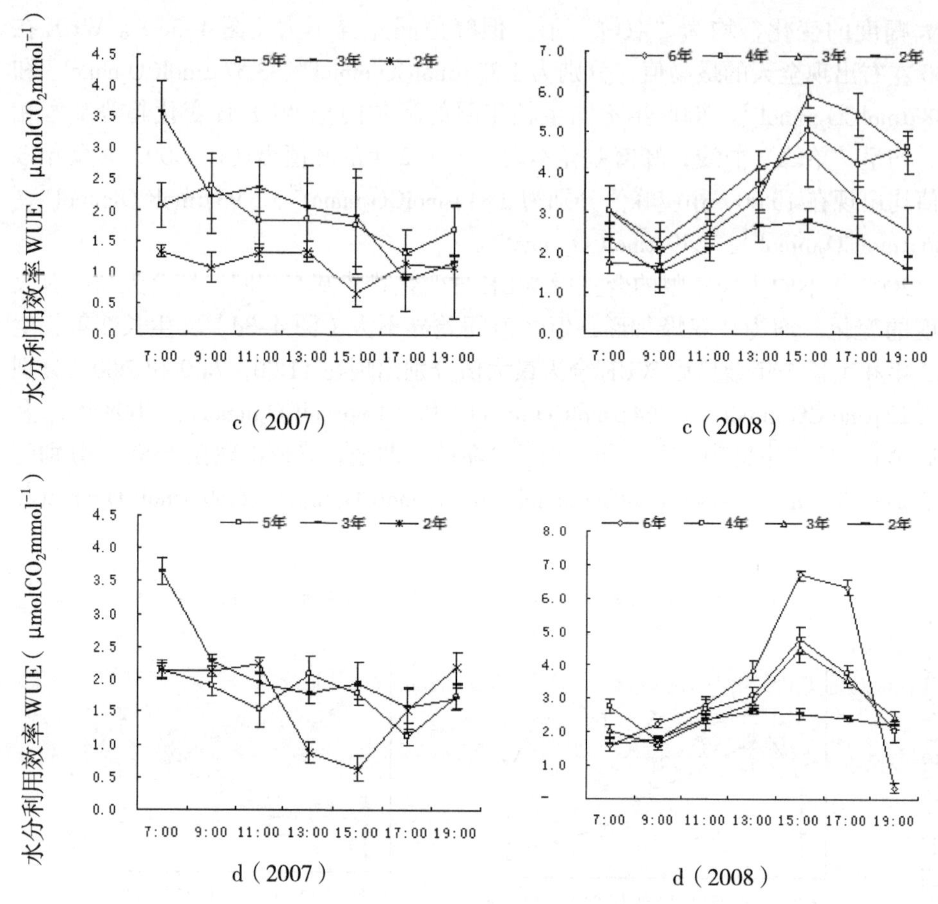

图 4-3 不同品种紫花苜蓿品种水分利用效率日变化

a) 敖汉苜蓿 Aohan; b) Rangelander; c) 阿尔冈金 Algonquin; d) 金皇后 Golden queen

（四）叶绿素

从图 4-4a 可以看出，敖汉苜蓿叶片叶绿素含量在不同生长年限间差异显著（$P<0.05$），叶绿素含量总体变化规律表现为生长 3 年 > 生长 2 年 > 生长 4 年 > 生长 6 年，相应的叶绿素含量分别为 9.64mg·g^{-1}FW、9.23mg·g^{-1}FW、8.74mg·g^{-1}FW 和 8.56mg·g^{-1}FW。月份间叶绿素含量变化，7 月分别与 5 月、6 月存在显著差异（$P<0.05$），其余月份间无显著差异（$P>0.05$），最高含量为 9.84mg·g^{-1}FW，最低为 8.33mg·g^{-1}FW。

不同生长年限的 Rangelander 叶绿素含量存在差异（图 6-4b），叶绿素含量在不同生长年限间变化规律为生长 3 年 > 生长 2 年 > 生长 6 年 > 生长 4 年，相应含量分别为 10.69mg·g^{-1}FW、9.84mg·g^{-1}FW、9.16mg·g^{-1}FW 和 8.63mg·g^{-1} FW。月份间叶绿素含量无显著差异（$P>0.05$），从叶绿素含量平均值的大小看 7 月 >8 月 >5 月 >6 月，相应含量平均值为 10.46mg · g^{-1}FW、9.70mg · g^{-1}FW、9.12mg · g^{-1}FW 和 9.04mg · g^{-1}FW。

不同生长年限阿尔冈金苜蓿叶片叶绿素含量存在差异性（图 6–4c），其中生长 3 年分别与生长 2 年和生长 5 年存在显著差异（$P<0.05$），其余生长年限间差异不显著（$P>0.05$）。不同生长年限叶绿素总体变化规律为生长 3 年 > 生长 6 年 > 生长 4 年 > 生长 2 年，相应含量分别为 10.49mg · g^{-1}FW、9.94mg · g^{-1}FW、9.25mg · g^{-1}FW 和 8.88mg · g^{-1}FW。月份间叶绿素含量无显著差异（$P>0.05$），从叶绿素平均值大小看 7 月 >5 月 >6 月、8 月，相应含量平均值分别为 10.65mg · g^{-1}FW、9.43mg · g^{-1}FW、9.24mg · g^{-1}FW 和 9.24mg · g^{-1}FW。

由图 4–4d 可看出，不同生长年限的金皇后叶绿素含量差异不显著（$P>0.05$），叶绿素含量变化规律为生长 3 年 > 生长 6 年 > 生长 2 年 > 生长 4 年，相应含量分别为 10.59mg · g^{-1}FW、10.04mg · g^{-1}FW、9.92mg · g^{-1}FW 和 9.57mg · g^{-1}FW。月份间叶绿素含量存在显著差异（$P<0.05$），从叶绿素含量平均值大小看 7 月 >8 月 >6 月 >5 月，相应含量平均值分别为 11.24mg · g^{-1}FW、10.29mg · g^{-1}FW、9.82mg · g^{-1}FW 和 8.77mg · g^{-1}FW。

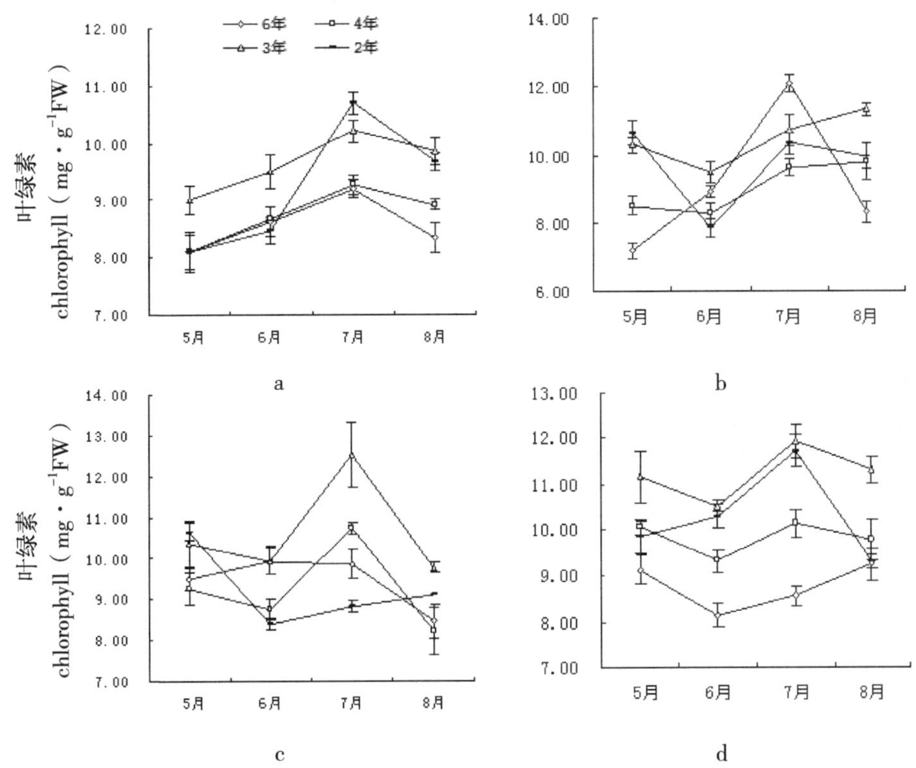

图 4–4　不同品种紫花苜蓿品种叶绿素测定

a) 敖汉苜蓿 Aohan; b) Rangelander; c) 阿尔冈金 Algonquin; d) 金皇后 Golden queen

根据叶绿素 a 和 b 在光合作用中的不同分工，叶绿素 a/b 的比值大，表明叶绿素 a 直接被光能激发的分子较多，直接参与光化学反应的分子较多，有利于光合效率的提高；该比值下降，表明叶绿素 b 在叶绿素中的比例增加，有利于吸收、利用光强较弱的光照。

从图 4–5a 可以看出，不同生长年限敖汉苜蓿叶绿素 a/b 比值间差异不显著（P>0.05）。随着生长年限的延长，比值呈增加趋势，比值介于 3.04~3.23。总体上，不同月份叶绿素 a/b 比值无显著差异（P>0.05），6 月叶绿素 a/b 比值分别与 7 月和 8 月的比值存在显著差异（P<0.05）。月份间叶绿素 a/b 变化规律为 6 月 >5 月 >8 月 >7 月，最高值为 3.41，最低值为 2.84。

不同生长年限的 Rangelander 苜蓿叶片叶绿素 a/b 比值间不存在显著差异性（P>0.05），生长年限间叶绿素 a/b 比值的变化规律表现为生长 4 年 > 生长 6 年 > 生长 3 年 >2 年，分别为 3.22、3.03、2.88 和 2.79。月份间比值也未表现出明显的规律性，大致规律为 8 月 >6 月 >5 月 >7 月，比值介于 2.79~3.15（图 4–5b）。

不同生长年限阿尔冈金叶绿素 a/b 比值存在差异（图 4–5c），其中生长 6 年与生长 3 年和生长 4 年存在显著差异性（P<0.05），比值的波动范围在 2.79~3.22 之间。阿尔冈金月份间叶绿素 a/b 比值无显著差异（P>0.05），其中 6 月比值最高，为 3.23，8 月最低，为 2.88。

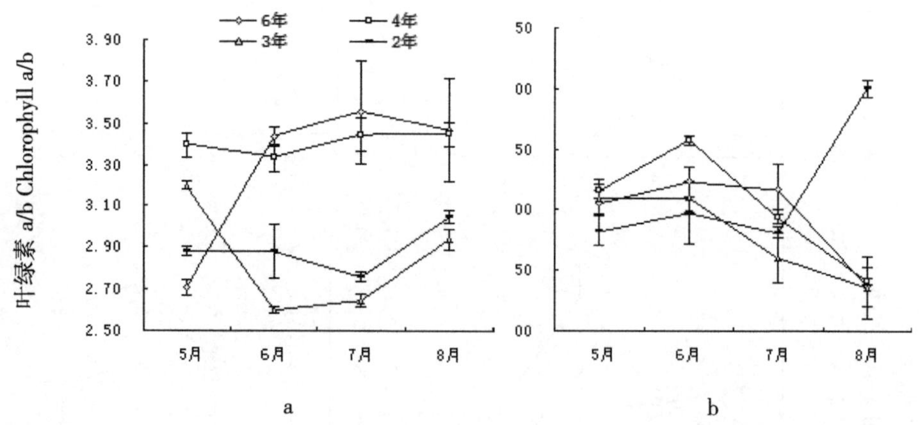

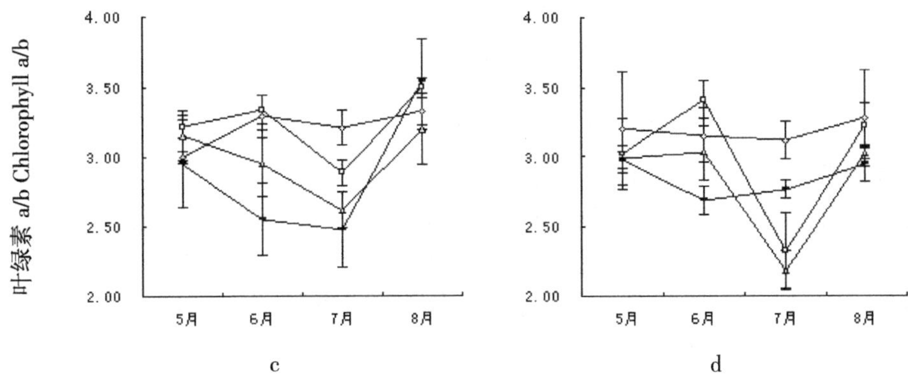

图 4-5 不同品种紫花苜蓿品种叶绿素 a/b

a) 敖汉苜蓿 Aohan; b) Rangelander; c) 阿尔冈金 Algonquin; d) 金皇后 Golden queen

从图 4-5d 可以看出，生长 3 年金皇后叶绿素 a/b 与其他各年限间差异显著（$P<0.05$），其他各年限间差异不显著（$P>0.05$），各生长年限间叶绿素 a/b 变化规律为生长 2 年 > 生长 4 年 > 生长 6 年 > 生长 3 年，最高值为 3.19，最低值为 2.60。金皇后苜叶绿素 a/b 在各月份间无显著差异（$P>0.05$），其中 5 月份达最大值 3.19，7 月份的最低，为 2.81。

（五）植物的光合、蒸腾特性与环境因子的关系

由表 4-3 可以看出，不同生长年限的 4 个苜蓿品种的净光合速率（Pn）和蒸腾速率（Tr）与气温（Ta）、相对湿度（RH）、水汽压（VPD）和有效光辐射（PAR）都呈显著显著相关，尤其是 Pn 和 Tr 与环境因子呈极显著关系。Pn 和 Tr 值与气孔导度（Gs）值相关性较小，生长 4 年的除外。

表 4-3 4 种紫花苜蓿净光合速率、蒸腾速率与环境因子间的相关分析 %

指标	生长年限（a）	PAR	Ta	RH	VPD	Gs
光合速率 Pn	2	0.930	0.783	0.834	0.903	0.373
	3	0.258	0.987	0.900	0.922	0.427
	4	0.779	0.985	0.912	0.939	0.943
	6	0.851	0.996	0.804	0.983	0.583
蒸腾速率 Tr	2	0.803	0.959	0.864	0.915	0.996
	3	0.501	0.966	0.791	0.684	0.368
	4	0.851	0.996	0.951	0.983	0.583
	6	0.453	0.882	0.684	0.837	0.971

（六）游离脯氨酸

不同生长年限苜蓿叶片的游离脯氨酸含量比较见图 4-3。从图 4-3a 可看出，不同生长年限苜蓿游离脯氨酸含量存在显著差异（$P<0.05$）。但含量的差异与生长年限的长短关系不是很紧密。敖汉苜蓿以生长 3 年的脯氨酸含量最高，生长 6 年的含量最低，分别为 56.46 $\mu g \cdot g^{-1}$ 和 24.06 $\mu g \cdot g^{-1}$。同时，通过对脯氨酸月动态的测定，综合比较得出 8 月份含量最低（26.23 $\mu g \cdot g^{-1}$），5 月最高（42.19 $\mu g \cdot g^{-1}$）。

Rangelander 生长年限不同脯氨酸含量存在显著差异（$P<0.05$）。生长 4 年的脯氨酸含量最高，生长 6 年的含量最低，分别为 47.53 $\mu g \cdot g^{-1}$ 和 24.51 $\mu g \cdot g^{-1}$。月份间比较结果 8 月 >5 月 >6 月 >7 月，且月份间差异显著（$P<0.05$）（图 4-6b）。

阿尔冈金生长年限不同，脯氨酸含量差异显著（$P<0.05$）（图 4-6c）。生长 6 年的脯氨酸含量最高（61.21 $\mu g \cdot g^{-1}$），生长 3 年的含量最低（21.16 $\mu g \cdot g^{-1}$）。同一年份，随着生长期的延长，脯氨酸含量呈逐渐增加的变化趋势。

金皇后脯氨酸含量的变化规律与阿尔冈金一致（图 4-6d）。5 月份脯氨酸含量最高可达 41.20 $\mu g \cdot g^{-1}$，8 月份最低，为 30.92 $\mu g \cdot g^{-1}$。生长年限间比较结果为生长 4 年 > 生长 6 年 > 生长 3 年 >2 年，生长 4 年金皇后叶片脯氨酸含量最高可达 61.95 $\mu g \cdot g^{-1}$。

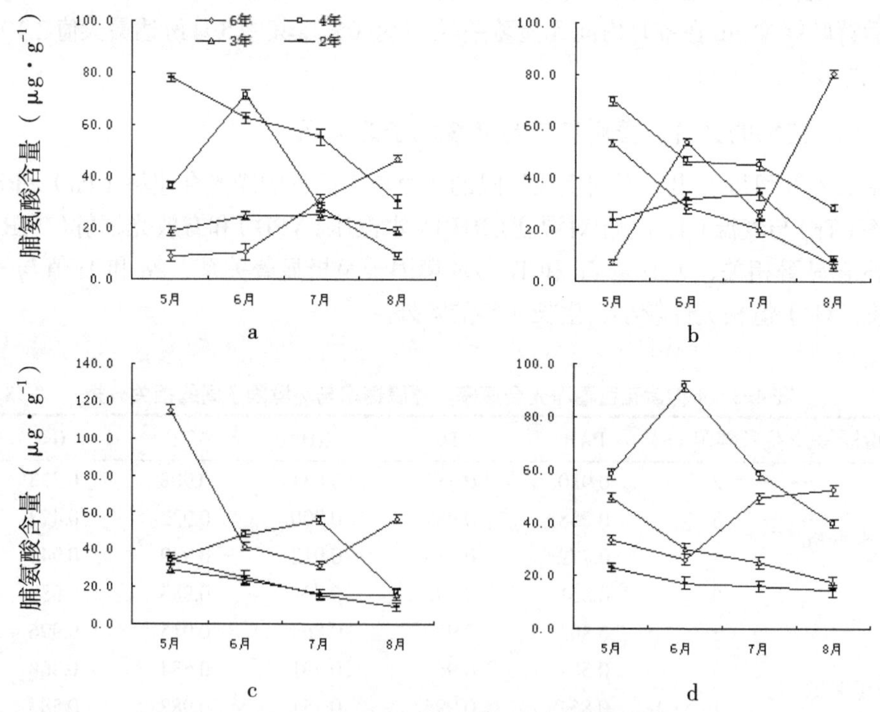

图 4-6　不同品种紫花苜蓿品种脯氨酸含量

a) 敖汉苜蓿 Aohan; b) Rangelander; c) 阿尔冈金 Algonquin; d) 金皇后 Golden queen

（七）丙二醛（MDA）

MDA 为膜脂过氧化产物，其含量高低反映了细胞膜脂过氧化水平。丙二醛含量越高，说明叶片受到伤害的程度越深。从图 4–7a 看出，不同生长年限的敖汉苜蓿叶片 MDA 含量存在一定的差异性，其中以生长 6 年的最高，为 29.72 μmol · g^{-1}，生长 2 年和生长 4 年的含量最低，分别为 24.30 和 24.50 μmol · g^{-1}。

不同生长年限的 Rangelander MDA 含量变化的总体趋势为 8 月 >5 月 >6 月 >7 月（图 4–7b）。生长年限不同，除生长 3 年和生长 4 年丙二醛含量无显著差异（P>0.05）外，其余年限间差异显著（P<0.05），其中以生长 6 年丙二醛含量最高，生长 2 年的最低。

不同生长年限的阿尔冈金 MDA 含量变化规律与 Rangelander 一致（图 4–7c）。月份间比较结果显示，除 6 月与 7 月间没有无显著差异（P>0.05）外，其余月份间差异显著（P<0.05），其中 5 月份最高，为 34.27 μmol · g^{-1}，7 月份最低为 15.64 μmol · g^{-1}。

不同生长年限的金皇后丙二醛含量间存在显著差异性（P<0.05）（图 4–7d），生长 2 年与生长 4 年除外。生长 6 年的 MDA 含量最高，生长 3 年的最低，分别为 30.33 μmol · g^{-1} 和 23.09 μmol · g^{-1}。月份间比较，结果显示 6 月与 7 月丙二醛含量无差异外，其他月份间 MDA 含量差异显著（P<0.05），其中以 8 月含量最高（34.06 μmol · g^{-1}），7 月份最低（20.30 μmol · g^{-1}）。

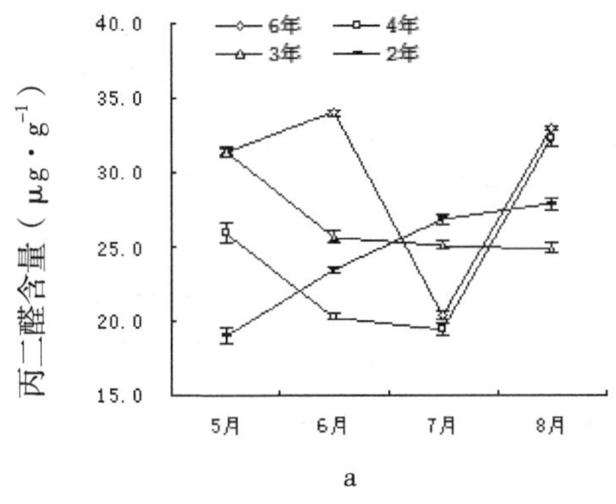

a

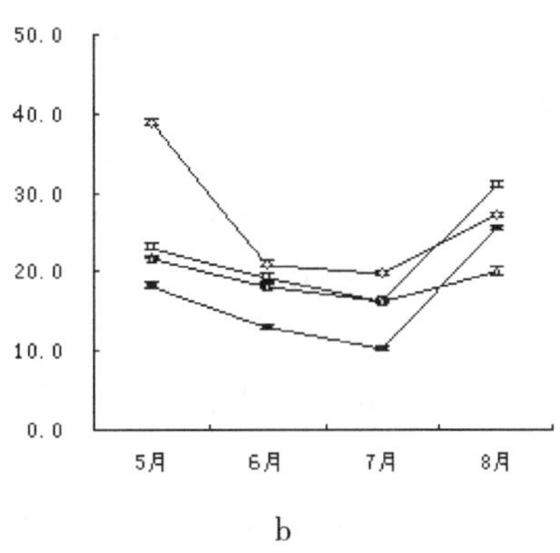

b

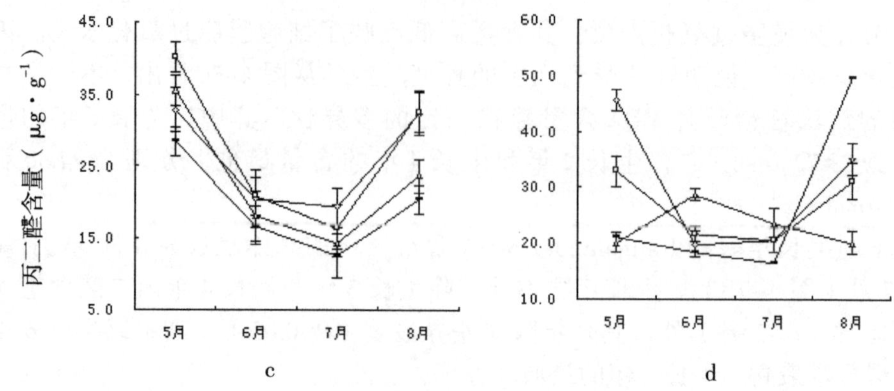

图 4-7　不同品种紫花苜蓿品种丙二醛含量

a) 敖汉苜蓿 Aohan; b) Rangelander; c) 阿尔冈金 Algonquin; d) 金皇后 Golden queen

（八）过氧化氢酶（CAT）

CAT 是清除叶内氧自由基和过氧化物的主要保护酶。CAT 活性高说明可以及时清除叶内氧自由基的积累，使叶片免受伤害。CAT 活性低，说明叶片易衰老死亡。由图 4–8a 可看出，生长 3 年的敖汉苜蓿叶片内 CAT 活性较高，生长 6 年的敖汉苜蓿叶片 CAT 活性最低（12.67mg · g^{-1} · min^{-1}），生长 4 年和生长 6 年的敖汉苜蓿叶片 CAT 活性以 8 月份活性最高，分别为 15.30mg · g^{-1} · min^{-1} 和 15.87mg · g^{-1} · min^{-1}，生长 2 年和生长 3 年敖汉苜蓿叶片 CAT 活性均以 5 月份最高，分别为 15.30mg · g^{-1} · min^{-1} 和 18.70mg · g^{-1} · min^{-1}。

从图 4–8b 可看出，Rangelander 苜蓿叶片内 CAT 活性影响显著（$P<0.05$），比较 CAT 活性得出：生长 3 年 > 生长 2 年 > 生长 4 年 > 生长 6 年，CAT 活性最高达 1.27mg · g^{-1} · min^{-1}，最低为 0.81mg · g^{-1} · min^{-1}。同一年份不同月份间 CAT 活性差异亦不显著（$P>0.05$），CAT 活性由高到低的顺序为 8 月 >5 月 >7 月 >6 月。

如图 4–8c 所示，阿尔冈金生长年限不同，叶片 CAT 活性亦不同，存在显著差异性（$P<0.05$），其中阿尔冈金叶片 CAT 活性以生长 6 年的活性最高，可达 1.52mg · g^{-1} · min^{-1}，生长 4 年的最低为 0.85mg · g^{-1} · min^{-1}。不同月份间 CAT 活性无显著差异（$P>0.05$），其中以 7 月活性最高，5 月活性最低。

不同生长年限的金皇后叶片 CAT 活性存在显著差异（$P<0.05$）（图 4–8d）。CAT 活性总体变化规律是生长 2 年 > 生长 4 年 > 生长 3 年 > 生长 6 年。从 CAT 活性大小看 5 月（1.50mg · g^{-1} · min^{-1}）>7 月（1.42mg · g^{-1} · min^{-1}）>8 月（1.27mg · g^{-1} · min^{-1}）>6 月（0.96mg · g^{-1} · min^{-1}）。

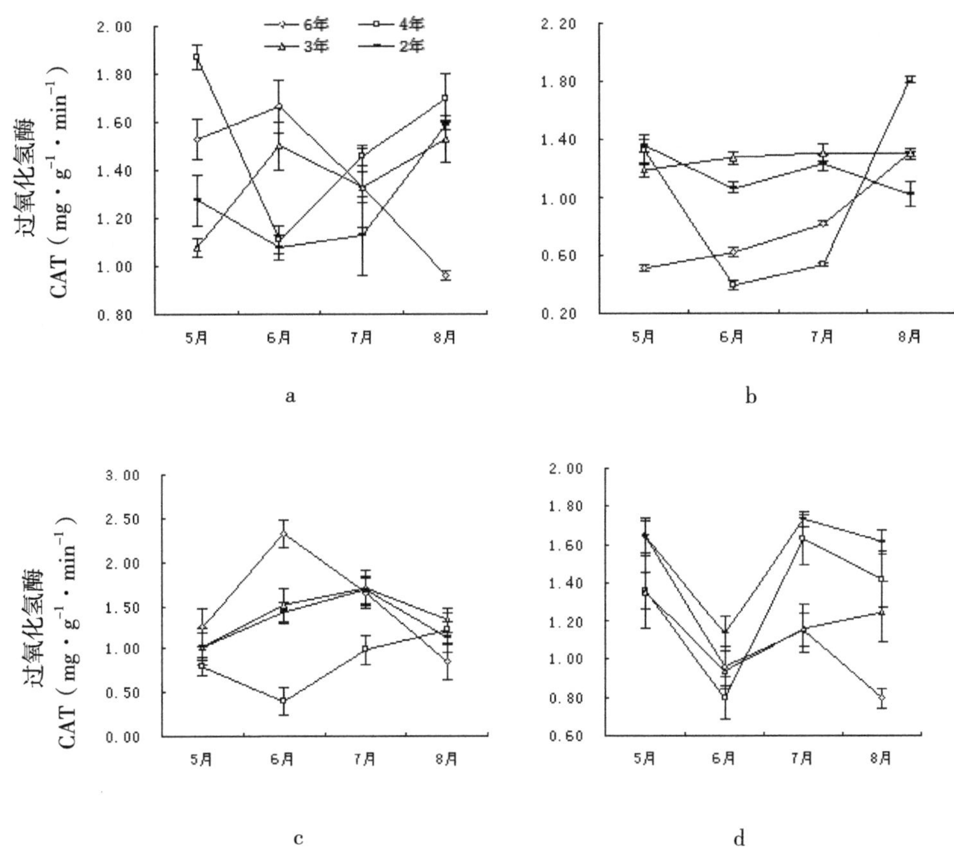

图 4-8 不同品种紫花苜蓿品种过氧化氢酶活性

a) 敖汉苜蓿 Aohan; b) Rangelander; c) 阿尔冈金 Algonquin; d) 金皇后 Golden queen

（九）电导率

电导率的数值反映细胞破裂速度的快慢，电导率越大，说明叶片细胞破裂速度越快。从图 4–9a 可看出，2008 年敖汉苜蓿生长 4 年的电导率最大，为 0.755，生长 2 年和生长 6 年的居中，分别为 0.741 和 0.747，生长 3 年的最小，为 0.694。分析不同月份敖汉苜蓿叶片电导率的变化规律，其变化规律均是 7 月 >6 月 >5 月 >8 月。

不同生长年限 Rangelander 电导率无显著差异（$P>0.05$）（图 4–9b），不同生长年限 Rangelander 电导率总体变化规律是：生长 6 年 > 生长 3 年 >2 年 > 生长 4 年，电导率最大值为 0.734，最小值可达 0.702。同样 Rangelander 在同一年份不同月份间电导率上波动幅度不大，6 月 >8 月 >5 月 >7 月，分别为 0.773、0.706、0.698、0.696。

不同生长年限的阿尔冈金苜蓿叶片电导率变化规律与 Rangelander 正好相反（图 4–9c），即生长 4 年 > 生长 2 年 > 生长 3 年 > 生长 6 年，苜蓿叶片电导率分别为 0.734、0.722、0.715 和 0.660。各月份间阿尔冈金叶片电导率的总体变化规律为 6 月（0.750）>7 月（0.702）>5 月（0.699）>8 月（0.680）。

金皇后首蓿叶片电导率变化规律率与 Rangelander 相同，不同生长年限间电导率变化趋势为生长 6 年 > 生长 3 年 >2 年 > 生长 4 年（图 4–9d），最高值为 0.790，最小值为 0.717。分析不同月份金皇后叶片电导率的变化规律，其变化规律为 6 月 >5 月 >8 月 >7 月。

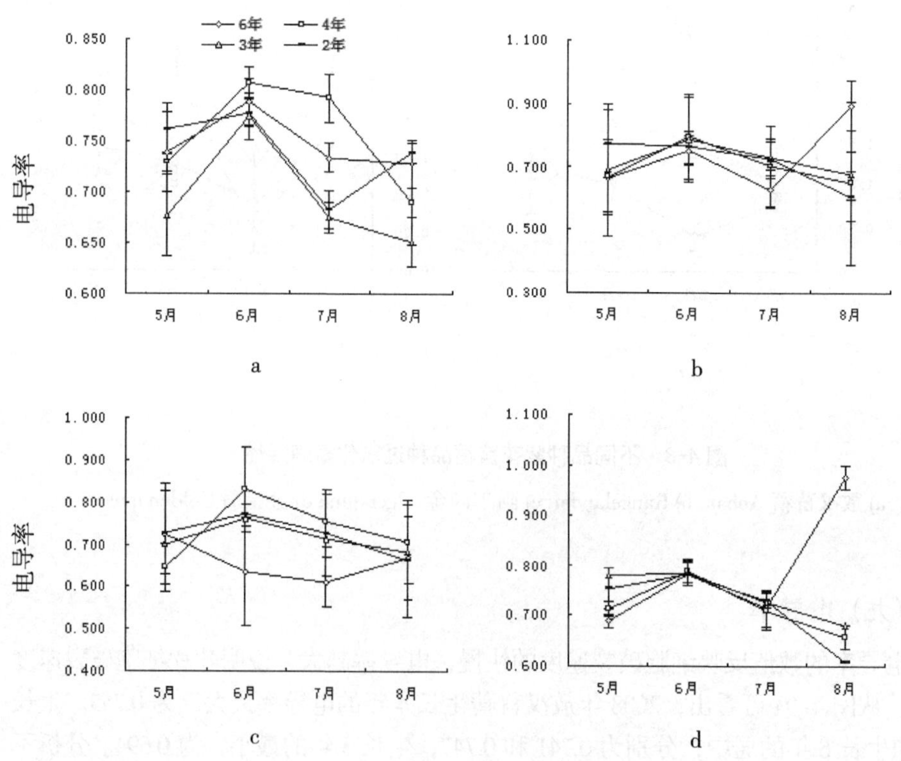

图 4–9　不同品种紫花苜蓿品种电导率

a) 敖汉苜蓿 Aohan; b) Rangelander; c) 阿尔冈金 Algonquin; d) 金皇后 Golden queen

二、呼伦贝尔草原区

（一）产草量

本实验中各品种干草产量表现较集中，35 个品种不同年份干草产量间存在差异（表 4–4）。2013 年 WL712 产量最低（2833.33kg/hm^2），巨能耐盐产量最高（4472.22kg/hm^2）；2014 年产量最低的也是 WL712（3822.22kg/hm^2），最高为标靶（6055.56kg/hm^2）；2015 年 WL656HQ 产量最低（588.89kg/hm^2），最高值为 55V12（6488.89kg/hm^2）。3 年总产量最高为 55V12（总值达 16 205.56kg/hm^2），最低为 WL712（总值为 7788.89kg/hm^2）。通过 3 年苜蓿产量跟踪发现，2014 年苜蓿平均总产量显著高于 2015 年，2013 年平均干草产量最低。55V12、MF4020、阿迪娜、标靶、皇冠等干草总产量较高；WL712、WL656HQ、WL319HQ、59N59、WL903、新疆大叶等总产量较低；WL525HQ、WL168HQ、WL363HQ、WL656HQ、WL343HQ、挑战者、56S82、59N59、驯鹿、陇中苜蓿、甘农 6 号年际波动较大，3 年干草产量差异显著；阿迪娜、55V48、55V12、皇冠、SK3010 的产量随年份呈递增趋势。

表 4–4　不同年份各苜蓿品种干草总产量　　kg/hm^2

苜蓿品种	2013 年	2014 年	2015 年	3 年平均值
WL525HQ	3366.67 ± 261.94Bhijklmno	5400.00 ± 202.76Adefghij	2433.33 ± 102.56Co	3733.33 ± 1516.94ab
WL168HQ	3527.78 ± 312.84Cfghijk	5922.22 ± 19.25Aab	4900.00 ± 133.33Bhijk	4783.33 ± 1201.48ab
WL363HQ	3750.00 ± 104.08Cdefgh	5400.00 ± 133.33Adefghij	4044.44 ± 150.31Bm	4398.15 ± 880.03ab
WL440HQ	3083.33 ± 250.00Blmnopq	5455.56 ± 269.43Acdefghij	3200.00 ± 176.38Bn	3912.96 ± 1337.2ab
WL712	2833.33 ± 266.67ABq	3822.22 ± 183.59Al	1133.33 ± 90.62Bpq	2596.30 ± 1360.03b
WL656HQ	2933.33 ± 158.99Bpq	5055.56 ± 171.05Aij	588.89 ± 83.89Cr	2859.26 ± 2234.25ab
WL343HQ	3500.00 ± 256.58Bghijkl	5366.67 ± 166.67Adefghij	2888.89 ± 183.59Cno	3918.52 ± 1290.82ab
WL319HQ	3016.67 ± 192.21Bnopq	5155.56 ± 316.81Ahij	3177.78 ± 433.76Bn	3783.33 ± 1191.11ab
WL903	3416.67 ± 305.51Ahijklmn	4233.33 ± 348.01Ak	722.22 ± 283.50Bqr	2790.74 ± 1837.34b
骑士 –2	3227.78 ± 293.60Bjklmnopq	5888.89 ± 164.43Aabc	5688.89 ± 566.99Acdef	4935.19 ± 1482.04ab
康赛	3583.33 ± 292.02Bfghij	5677.78 ± 138.78Aabcdef	5033.33 ± 405.52Aghij	4764.81 ± 1072.73ab
挑战者	3061.11 ± 117.06Cmnopq	5766.67 ± 120.19Aabcd	4322.22 ± 195.32Blm	4383.33 ± 1353.81ab
阿迪娜	3277.78 ± 367.17Cijklmnop	5711.11 ± 241.14Babcde	6322.22 ± 107.15Aab	5103.70 ± 1610.55ab
标靶	3372.22 ± 100.46Bhijklmno	6055.56 ± 221.94Aa	5577.78 ± 315.05Acdefg	5001.85 ± 1431.38ab
56S82	3500.00 ± 180.28Cghijkl	5522.22 ± 459.87Abcdefghi	4755.56 ± 342.11Bhijkl	4592.59 ± 1020.91ab
54V09	3216.67 ± 341.97Bjklmnopq	5666.67 ± 202.76Aabcdef	5666.67 ± 405.52Acdef	4850.00 ± 1414.51ab
55V48	3238.89 ± 133.68Bjklmnopq	5611.11 ± 258.92Aabcdefgh	6077.78 ± 467.06Aabc	4975.93 ± 1522.31ab
59N59	3111.11 ± 149.38Bklmnopq	5344.44 ± 291.23Adefghij	1500.00 ± 317.98Cp	3318.52 ± 1930.60ab
55V12	4105.56 ± 63.10Cabcd	5611.11 ± 126.20Babcdefgh	6488.89 ± 50.92Aa	5401.85 ± 1205.37a
巨能 551	2977.78 ± 85.53Bopq	5366.67 ± 366.67Adefghij	5200.00 ± 233.33Aefgh	4514.81 ± 1333.72ab
巨能 6	3188.89 ± 198.84Bjklmnopq	5644.44 ± 254.59Aabcdefg	5322.22 ± 401.85Adefgh	4718.52 ± 1334.46ab

（续表）

苜蓿品种	2013 年	2014 年	2015 年	3 年平均值
驯鹿	3133.33 ± 86.60Cklmnopq	5888.89 ± 150.31Aabc	5311.11 ± 328.86Bdefgh	4777.78 ± 1453.14ab
敖汉苜蓿	3450.00 ± 130.17Bhijklm	5644.44 ± 83.89Aabcdefg	4377.78 ± 389.21Bklm	4490.74 ± 1101.57ab
陇中苜蓿	2933.33 ± 115.47Cpq	5700.00 ± 115.47Aabcde	4388.89 ± 516.76Bklm	4340.74 ± 1383.96ab
甘农 6 号	2966.67 ± 164.15Copq	5177.78 ± 226.90Aghij	4500.00 ± 352.77Bjklm	4214.81 ± 1132.81ab
甘农 3 号	3916.67 ± 120.18Bcdef	5288.89 ± 200.92Aefghij	4955.56 ± 200.92Ahij	4720.37 ± 715.70ab
新疆大叶	3227.78 ± 58.53Bjklmnopq	5166.67 ± 384.42Ahij	2688.89 ± 183.59Bno	3694.44 ± 1303.14ab
皇冠	4311.11 ± 397.68Bab	5322.22 ± 267.36Adefghij	5744.44 ± 216.88Acde	5125.93 ± 736.55ab
SR4030	3683.33 ± 294.86Aefghi	5433.33 ± 200.00Acdefghij	4566.67 ± 251.66Aijklm	4561.11 ± 875.01ab
维多利亚	4216.67 ± 166.67Babc	5755.56 ± 76.98Aabcde	4355.56 ± 443.89Bklm	4775.93 ± 851.22ab
巨能耐盐	4472.22 ± 231.14Ba	5511.11 ± 277.56Abcdefghi	5000.00 ± 202.76Ahij	4994.44 ± 519.47ab
润布勒型	3694.44 ± 229.94Befghi	5155.56 ± 403.23Ahij	4755.56 ± 389.21Ahijkl	4535.19 ± 755.07ab
BR4010	3866.67 ± 235.11Bcdefg	5222.22 ± 164.43Afghij	5133.33 ± 185.59Afghi	4740.74 ± 758.27ab
SK3010	4072.22 ± 143.69Bbcde	5011.11 ± 126.20Aj	5822.22 ± 203.67Acdb	4968.52 ± 875.78ab
MF4020	4316.67 ± 16.67Bab	5444.44 ± 107.15Acdefghij	5311.11 ± 157.53ABdefgh	5024.07 ± 616.25ab
平均值	3472.86	5411.43	4341.59	

（二）品种聚类分析

一般来说，苜蓿的产量直接关系到对苜蓿品种的选择。在 35 个不同苜蓿品种的干草产量数据处理系统中，选择类平均法进行聚类，结果如图 4-10。从聚类结果可知类间平均距离为 5 时，35 个苜蓿品种按照干草产量可以分为 3 类：

第Ⅰ类：为产量较好的品种，包括驯鹿、维多利亚、WL168HQ、康赛、巨能 6、甘农 3 号、BR4010、54V09、阿迪娜、皇冠、55V48、SK3010、标靶、巨能耐盐、MF4020、骑士 -2、56S82、SR4030、巨能 551、润布勒型、敖汉苜蓿、WL363HQ、挑战者、陇中苜蓿、甘农 6 号和 55V12。

第Ⅱ类：为产量一般的品种，包括 WL656HQ、WL903 和 WL712。

第Ⅲ类：为产量低差的品种，包括 WL440HQ、WL343HQ、WL525HQ、新疆大叶、WL319HQ 和 59N59。

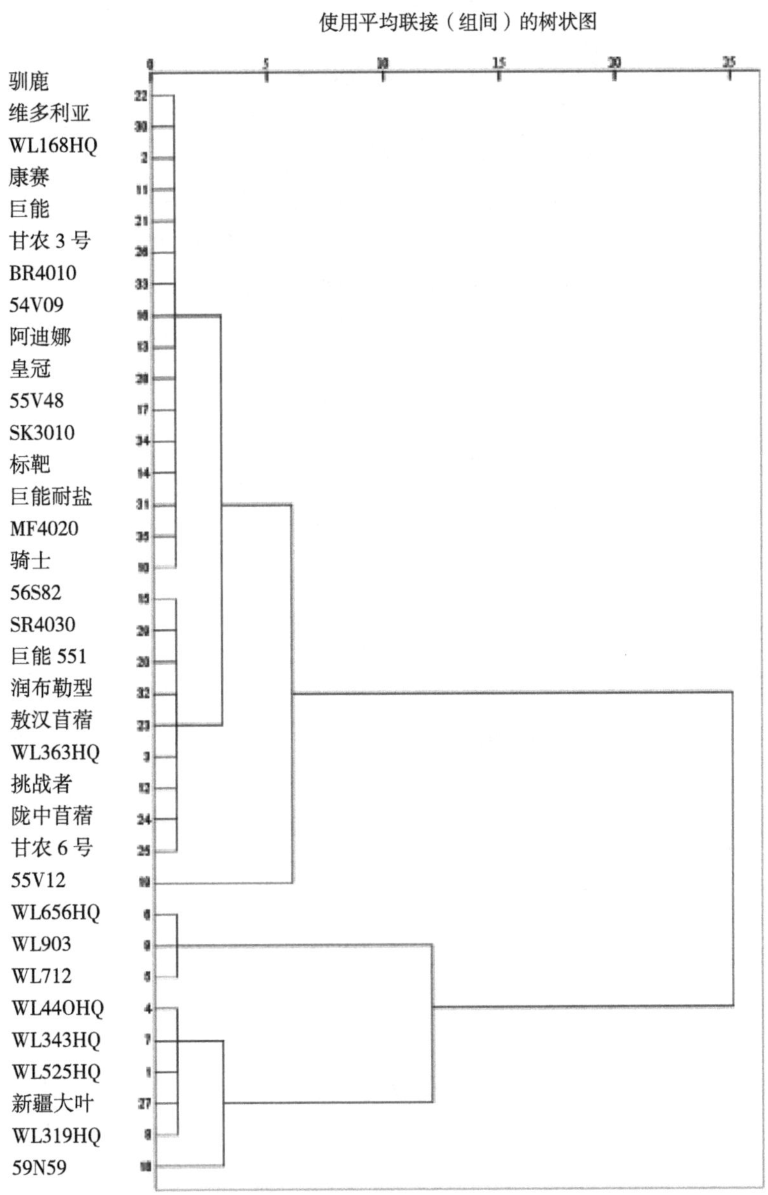

图 4-10 不同苜蓿品种干草产量聚类分析

（三）光合特性

不同苜蓿苜蓿品种的 Pn、Cond、Ci 存在显著差异（表 4–5），Tr 和 WUE 差异不显著（P<0.01）。Pn 最高的是皇冠和 55V12（分别为 31.23 μmol · m^{-2} · s^{-1}、31.02 μmol·m^{-2}·s^{-1})，显著高于其他品种，最低的是敖汉苜蓿(23.16 μmol·m^{-2}·s^{-1})。Cond 的最高值是标靶(0.35mol · m^{-2} · s^{-1})，最低值是甘农 3 号(0.17mol · m^{-2} · s^{-1});Ci 最高值是标靶（218.72 μmol · mol^{-1}），最低为皇冠（92.81 μmol · mol^{-1}）；Tr 最高值是品种 55V12(6.87mmol · m^{-2} · s^{-1})，最低是巨能 551(4.65mmol · m^{-2} · s^{-1});WUE 最高为 56S82（5.41mmol · mol^{-1}），最低为驯鹿（4.09mmol · mol^{-1}）。

表 4–5　11 种苜蓿 2017 年光合特性

苜蓿品种	Pn（μmol · m^{-2} · s^{-1}）	Cond（mol · m^{-2} · s^{-1}）	Ci（μmol · mol^{-1}）	Tr（mmol · m^{-2} · s^{-1}）	WUE（mmol · mol^{-1}）
骑士 –2	26.46ab	0.29abc	166.82a	6.16a	4.91a
康赛	27.06ab	0.25abc	154.21ab	6.21a	4.66a
标靶	25.67ab	0.35a	218.72ab	6.09a	4.3a
56S82	24.83b	0.19bc	138.48ab	4.67a	5.41a
55V12	31.02a	0.31ab	179.76ab	6.87a	4.6a
巨能 551	24.36b	0.19bc	139.31bc	4.65a	5.39a
驯鹿	23.98b	0.24abc	184.16bc	6.03a	4.09a
敖汉苜蓿	23.16b	0.21bc	180.47bcd	5.54a	4.29a
陇中苜蓿	23.19b	0.2bc	151.86bcd	5.19a	4.68a
甘农 3 号	26.88ab	0.17c	102.56cd	5.4a	5.08a
皇冠	31.23a	0.21bc	92.81d	6.11a	

1. 净光合速率与干草产量

由图 4–11 可知，2017 年干草产量最高的品种是 55V12（2711.11kg/hm^2），显著高于其他品种，陇中苜蓿与敖汉苜蓿产量最低（分别为 1422.22kg/hm^2 和 1444.44kg/hm^2），均明显低于其他品种。

2. 产量与光合特性参数的相关性

对所研究的 35 个苜蓿品种的产量和光合特性参数进行相关分析，其相关系数见表 4–6。相关分析的结果表明，HY 与 Pn、Cond、Ci、Tr 和 WUE 没有显著相关性；Tr 与 Pn 和 Cond 呈显著正相关；Ci 与 Cond 呈显著正相关，与 WUE 呈显著负相关。

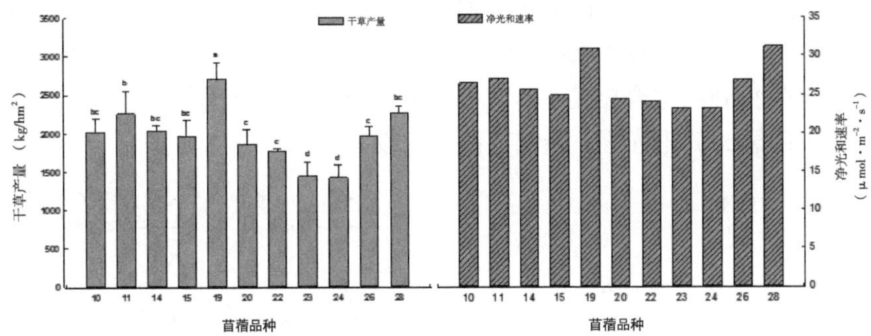

注：同一张图中不同字母表示不同苜蓿品种干草产量间的差异性（$P<0.05$）。下同

图 4-11　11 个苜蓿品种 2017 年干草产量与净光合速率

表 4-6　产量与光合特性的相关系数

	HY	Pn	Cond	Ci	Tr	WUE
HY	1					
Pn	0.224	1				
Cond	-0.524	0.294	1			
Ci	-0.571	-0.332	0.750**	1		
Tr	-0.169	0.642*	0.731*	0.352	1	
WUE	0.394	0.245	-0.58	-0.763**	-0.583	1

*，在 0.05 水平（双侧）上显著相关；**，在 0.01 水平（双侧）上显著相关

（四）土壤温度日动态变化

不同苜蓿品种栽培草地土壤温度日动态变化规律存在一定的差异性，即部分呈“双峰”形，部分呈“单峰”形（图 4-12）。肇东苜蓿草地土壤温度日动态规律较明显，呈明显的“双峰”形，高峰值分别出现在 8:00 和 14:00；黄花苜蓿、杂花苜蓿和龙牧 801 土温日动态变化均呈“单峰”形，最大值分别出现在 14:00、10:00 和 12:00。平均 4 种苜蓿栽培草地地温（0~5cm），4 种苜蓿栽培草地土温高低：肇东苜蓿 > 黄花苜蓿、龙牧 801、杂花苜蓿。

1. 苜蓿草地土壤原位呼吸变化

测定苜蓿草地土壤呼吸的日动态变化，结果表明不同苜蓿品种草地的土壤呼吸在12h内的波动幅度较大，基本呈“双峰”形，黄花苜蓿与龙牧801规律一致，土壤呼吸速率出现“多峰”形，最大值分别出现在6:00，10:00和16:00，其余两种均呈“双峰”形，杂花苜蓿和肇东苜蓿第一峰值分别出现在8:00和6:00，第二个峰值均出现在16:00。综合比较4种苜蓿栽培草地土壤呼吸速率数值的大小，结果显示：肇东苜蓿 > 黄花苜蓿、杂花苜蓿 > 龙牧801（图4–13）。

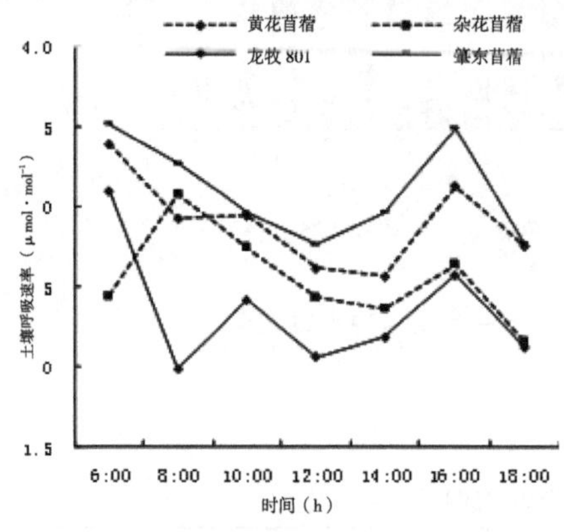

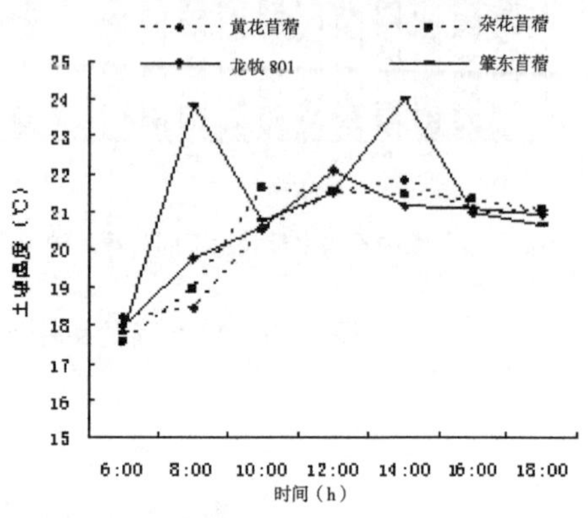

图4–12 不同苜蓿品种栽培草地土壤温度日动态变化

图4–13 不同苜蓿品种栽培草地土壤呼吸速率日动态变化

由表4–7可以看出，不同苜蓿品种，根系形态指标存在一定的差异性（$P<0.05$）。根颈直径方面，杂花苜蓿最大，达0.57cm，龙牧801最小，为0.43cm，各品种间根颈直径差异不显著（$P>0.05$）；根系长度方面，龙牧801最深，黄花苜蓿相对较浅，品种间存在差异性（$P<0.05$）；根系宽度方面，龙牧801根系宽度低于20cm，其余3个品种均在21cm以上，品种间存在显著差异（$P<0.05$）；4种苜蓿根系在土壤中集中分布部位为0~60cm。

表4–7 不同苜蓿品种根系形态特征

品 种	根颈直径（cm）	根系长度（cm）	根系宽度（cm）	根系集中部位（cm）
黄花苜蓿	0.44 ± 0.12a	66.7 ± 9.00c	27.8 ± 9.76a	0~40
杂花苜蓿	0.57 ± 0.25a	78.2 ± 1.52d	21.7 ± 2.91bc	0~60
龙牧801	0.43 ± 0.09a	81.9 ± 4.34a	18.0 ± 2.74c	0~55
肇东苜蓿	0.46 ± 0.05a	75.3 ± 7.34b	22.4 ± 7.27b	0~50

同列数据后不同字母表示差异显著（$P<0.05$），下表同

2. 土壤原位呼吸速率与根系形态指标间相关分析

苜蓿草地土壤呼吸速率与根系形态指标间存在显著线性正相关，其中土壤呼吸速率与苜蓿根系长度呈极显著正相关（r=0.944，$P<0.01$），与根颈直径（r=0.661，

P<0.05）和根系宽度（r=0.573，*P*<0.05）存在显著正相关关系，相关系数在 0.573 以上（图 4–14）。

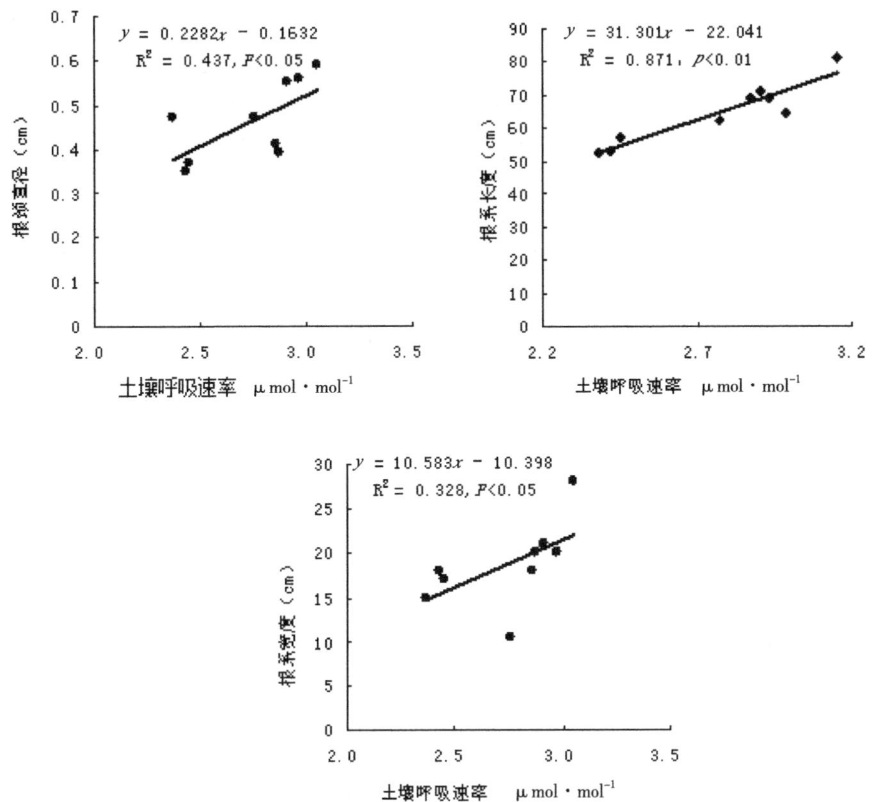

图 4–14 土壤呼吸速率与根系形态指标相关分析

三、河套灌区

由表 4–8 可知，苜蓿建植当年（2014）第一茬的干草产量最高的苜蓿品种为凉苜 1 号（6855kg/hm^2），最低的为 WL354HQ（4500kg/hm^2）；第二茬干草产量最高的为凉苜 1 号（6495kg/hm^2）最低的为 WL232HQ（3200kg/hm^2）。由表 4–9 可知，播种第二年（2015）23 个苜蓿品种的越冬率均高于 50%，可以测产。全年干草总产量最高的品种为凉苜 1 号，为 12 872.61kg/hm^2；年干草总产量最低的苜蓿品种为 DLF–192，为 8615.07kg/hm^2，年干草最高产量和最低产量相差 4257.54kg/hm^2；年干草产量最高的为凉苜 1 号（13 359kg/hm^2），最低的为 DLF–194。第一茬干草产量最高的苜蓿品种为大富豪（5624.61kg/hm^2），次之为凉苜 1 号（5216.15kg/hm^2），最低的苜蓿品种是 DLF-192（3276.23kg/hm^2），平均干草产量为 4529.81kg/hm^2；第二茬干草产量最高的苜蓿品种是鲁苜 1 号（4204.25kg/hm^2），最低的苜蓿品种依然是 DLF-192（2548.34kg/hm^2），平均干草产量为 3358.92kg/hm^2；第三茬干草产量最高的苜蓿品种为凉苜 1 号（4430.17kg/hm^2），最低的苜蓿品种为草原 3 号（2395.85kg/hm^2），平均干草产量为 3260.87kg/hm^2。同一苜蓿品种建植第二年的干草产量总体表现出第一茬 > 第二茬、第三茬的规律，第一茬干草产量占全年干草产量的 41%。

表 4-8　2014 年 23 个苜蓿品种不同茬次的干草产量

品种	第一茬干草产量（kg/hm^2）	第二茬干草产量（kg/hm^2）	年干草产量（kg/hm^2）
WL353LH	4711.86	5021.40	9733.26
Saskia	5639.38	5446.70	11086.07
龙牧 806	5043.19	4893.08	9936.27
阿尔冈金	5241.47	4001.54	9243.00
大富豪	6157.17	4551.03	10708.20
WL414HQ	5126.40	4132.76	9259.16
金皇后	5569.62	4396.39	9966.00
WL232HQ	5017.09	3604.06	8621.15
DLF-192	4556.73	4191.71	8748.44
DLF-193	4810.00	4936.58	9746.58
苜蓿王	4930.00	4064.41	8994.41
DLF-194	4623.48	3931.53	8555.01
WH354HQ	4500.27	4380.48	8880.75
WL-SALT	6074.29	4623.48	10697.77
公农 1 号	5511.52	4535.03	10046.55
草原 2 号	4721.85	4693.44	9415.29
草原 3 号	5289.23	5226.62	10515.85
中苜 1 号	4534.74	4569.44	9104.18
鲁苜 1 号	5453.22	4671.18	10124.4
中苜 2 号	—	4656.5	4656.5
凉苜 1 号	6861.54	6497.83	13359.37
59N59	5401.94	4242	9643.94
赛特	5229.25	—	5229.25

表 4-9 2015 年 23 个苜蓿品种不同茬次的干草产量

品种	第一茬干草产量（kg/hm²）	第二茬干草产量（kg/hm²）	第三茬干草产量（kg/hm²）	年干草产量（kg/hm²）
WL353LH	4443.05ab	2869.42cde	3566.02abcde	10878.49
Saskia	4981.85ab	3869.59abc	3215.69bcdef	12067.13
龙牧 806	4561.87ab	3440.97abcde	2435.99def	10438.83
阿尔冈金	4164.08ab	3132.25bcde	3189.47bcdef	10485.80
大富豪	5624.61a	3500.04abcde	3691.71abcd	12816.35
WL414HQ	3499.43b	3062.18cde	3524.33abcde	10085.94
金皇后	4049.17ab	2969.78cde	2682.56cdef	9701.52
WL232HQ	3742.83ab	2945.48cde	3035.92bcdef	9724.23
赛特	5120.79ab	3405.99abcde	3471.85abcde	11998.63
DLF-192	3276.23b	2548.34c	2790.50cdef	8615.07
DLF-193	4466.93ab	3097.37cde	3435.54abcdef	10999.84
苜蓿王	4625.18ab	3469.14abcde	3064.50bcdef	11158.82
DLF-194	4182.68ab	3428.40abcde	2938.92cdef	10550.00
WH354HQ	4977.55ab	3420.47bcde	3268.96f	11666.99
WL-SALT	4888.81ab	3155.75bcde	3863.83abc	11908.39
公农 1 号	4106.64ab	3839.88abc	2598.48cdef	10545.00
草原 2 号	4411.05ab	3541.20abcde	3506.14abcdef	11458.38
草原 3 号	4981.88ab	3017.07cde	2395.85ef	10394.81
中苜 1 号	4757.10ab	4126.58ab	3312.74abcdef	12196.42
鲁苜 1 号	4180.79ab	4204.25a	2968.62bcdef	11353.66
中苜 2 号	4849.98ab	3713.45abcd	3424.36abcdef	11987.80
凉苜 1 号	5216.15ab	3226.29abcde	4430.17a	12872.61
59N59	5076.91ab	3271.27abcde	4187.83ab	12536.01
均值	4529.81	3358.92	3260.87	11149.60
变异系数	12.70	12.07	15.76	9.76

四、土默特平原

产量是光合物质的积累量，对不同苜蓿品种不同年份、不同茬次产量特性的研究可以确定不同苜蓿品种的生产性能，在苜蓿的引种评价中具有重要的意义。播种当年为了保证苜蓿越冬只进行了 2 次刈割，2 茬的苜蓿产量以 FGI6328 最高，达 6703.10kg/hm²，准格尔苜蓿和 FGI5505 干草产量最低，分别为 4475.71kg/hm² 和 4777.18kg/hm²；干草产量达 6000kg/hm² 以上除 FGI6328，还有 FGI6113

（6162.93kg/hm^2）、FGI6100（6106.71kg/hm^2）、FGI8365（6102.04kg/hm^2）和 FGI3122（6058.89kg/hm^2）4 个品种。

生长 2 年的苜蓿产量较第一年的产量升高，所有供试品种的干草产量均在 12 000kg/hm^2 以上，其中以 FGI6328 和 FGI6100 最高，分别为 15 429.71kg/hm^2 和 15 461.48kg/hm^2，准格尔苜蓿最低，只有 12 339.48kg/hm^2，除 WL319HQ 和 FGI6113 产量为 13 958.10kg/hm^2 和 13 986.91kg/hm^2 外，其余品种的产量均在 14 000~15 000kg/hm^2。

生长 3 年的产量较生长 2 年的要高（表 4–10），干草产量在 16 000kg/hm^2 以上的有 10 个品种，WL168HQ 和 FGI6328 产量最高，分别达 16 946.35kg/hm^2 和 16 853.29kg/hm^2；其次为 WL354HQ（16 680.61kg/hm^2）、FGI5322（16 596.78kg/hm^2）、FGI6113（16 089.99kg/hm^2）和 FGI5502（16 064.76kg/hm^2）相对较低，低于 16 000kg/hm^2 的品种有：WL319HQ、FGI3122 和准格尔苜蓿，其中准格尔苜蓿只有 14 786.09kg/hm^2。

从 3 年总干草产量（表 4–10）看，准格尔苜蓿 3 年总干草产量为 31 601.28kg/hm^2，显著低于 FGI6100 和 FGI6328（P<0.05）；最高的是 FGI6328，为 38 986.10kg/hm^2，较对照准格尔苜蓿增产 23.37%，其次为 FGI6100 和 FGI8365，分别较对照品种增产 20.16% 和 17.13%。FGI5505 较对照准格尔苜蓿增幅最小，为 10.78%。

从苜蓿品种不同年份的干草产量（表 4–10）可知，参试品种不同年份干草产量间差异不显著（P>0.05），所有苜蓿品种的生长 3 年产量 > 生长 2 年产量 > 生长 1 年产量，表现出随着生长年份的增加而增加的趋势。这与苜蓿的生长发育规律即第 1 年产量较低，第 2 年明显增加，第 3、4 年达到高峰有关。

表 4–10　13 个苜蓿品种不同生长年限产草量的比较

编号	品种名称	2015 年干草产量（kg/hm^2）	2016 年干草产量（kg/hm^2）	2017 年干草产量（kg/hm^2）	总产量（kg/hm^2）	增产（%）
1	WL168HQ	5332.33	14 454.66	16 946.35	36 733.34ab	16.24
2	WL354HQ	5781.51	14 182.89	16 680.61	36 645.01ab	15.96
3	WL319HQ	5955.23	13 958.10	15 439.17	35 352.50ab	11.87
4	FGI3121	5735.06	14 395.76	15 990.18	36 121.00ab	14.30
5	FGI3122	6058.89	14 464.66	16 130.86	36 654.40ab	15.99
6	FGI8365	6102.04	14 635.24	16 279.43	37 016.70ab	17.14
7	FGI6113	6162.93	13 986.91	16 089.99	36 239.82ab	14.68
8	FGI6328	6703.10	15 429.71	16 853.29	38 986.10a	23.37
9	FGI6100	6106.71	15 461.48	16 404.62	37 972.81a	20.16

（续表）

编号	品种名称	2015 年干草产量（kg/hm²）	2016 年干草产量（kg/hm²）	2017 年干草产量（kg/hm²）	总产量（kg/hm²）	增产（%）
10	FGI6346	5202.67	14 040.93	16 369.18	35 612.77ab	12.69
11	FGI5322	5410.84	14 836.99	16 596.78	36 844.61ab	16.59
12	FGI5505	4777.18	14 167.41	16 064.76	35 009.35ab	10.78
13	准格尔苜蓿	4475.71	12 339.48	14 786.09	31 601.28b	–

第二节　植物营养成分

一、科尔沁沙地

（一）氮元素（N）

由表 4–11 可看出，4 种紫花苜蓿植株含氮量存在差异性，但差异不显著（P>0.05）。2007 年敖汉苜蓿以生长 2 年的含氮量最高，2008 年以生长 3 年的含氮量最高。Rangelander 2007 年以生长 2 年的含氮量最高，2008 年以生长 2 年和生长 3 年的含氮量最高。阿尔冈金和金皇后 2007 年均以生长 5 年的含氮量最高，2008 年分别以生长 6 年和生长 4 年的含氮量为高。

综合比较 4 个紫花苜蓿品种植株含氮量：Rangelander> 金皇后 > 阿尔冈金 > 敖汉苜蓿。

表 4–11　4 种紫花苜蓿 N 含量　　g/kg

测定年份	品　种	生长年限				
		6a	5a	4a	3a	2a
2007	敖汉苜蓿		5.24 ± 0.58bB		5.38 ± 0.30bA	7.24 ± 0.34aA
	Rangelander		6.38 ± 0.34aA		6.54 ± 0.42aA	7.49 ± 0.26aA
	阿尔冈金		7.19 ± 0.29aA		5.87 ± 0.61abA	6.22 ± 0.27bA
	金皇后		7.05 ± 0.60aA		5.43 ± 0.53abA	6.88 ± 0.09aA
2008	敖汉苜蓿	5.10 ± 0.37bB		5.22 ± 0.27bB	6.84 ± 0.21aA	6.62 ± 0.07bB
	Rangelander	6.53 ± 0.42aA		5.15 ± 0.35bA	7.62 ± 0.16aA	7.63 ± 0.13aAB
	阿尔冈金	7.07 ± 0.50aA		6.92 ± 0.10aA	5.72 ± 0.54bA	8.74 ± 0.09aA
	金皇后	6.81 ± 0.18aA		7.52 ± 0.22aA	6.61 ± 0.37aA	7.37 ± 0.15aAB

字母不同表示存在差异性（P<0.05），大写字母代表品种间比较，小写字母代表同一品种不同生长年限间比较

（二）磷元素（P）

由表 4–12 看出，4 种紫花苜蓿植株磷含量差异不显著（$P>0.05$）。敖汉苜蓿、Rangelander 和阿尔冈金 2007 年和 2008 年均分别以生长 5 年和生长 6 年的含磷量为最高。金皇后 2007 年以生长 2 年含磷量最高，2008 年以生长 2 年和生长 6 年的含磷量最高。各品种其余年限间磷含量无明显差异性（表 4–12）。

综合比较 4 个紫花苜蓿品种植株磷含量：Rangelander> 阿尔冈金 > 敖汉苜蓿 > 金皇后。

表 4–12　4 种紫花苜蓿 P 含量　mg/kg

测定年份	品　种	生长年限				
		6a	5a	4a	3a	2a
2007	敖汉苜蓿		0.40 ± 0.05aA		0.27 ± 0.01aA	0.29 ± 0.04aA
	Rangelander		0.35 ± 0.02aA		0.31 ± 0.04aA	0.36 ± 0.02aA
	阿尔冈金		0.49 ± 0.03aA		0.26 ± 0.05aA	0.22 ± 0.07aA
	金皇后		0.25 ± 0.01aA		0.29 ± 0.03aA	0.35 ± 0.06aA
2008	敖汉苜蓿	0.40 ± 0.01aA		0.27 ± 0.01aA	0.29 ± 0.02aA	0.28 ± 0.05aA
	Rangelander	0.46 ± 0.02aA		0.29 ± 0.02aA	0.31 ± 0.03aA	0.32 ± 0.03aA
	阿尔冈金	0.31 ± 0.03aA		0.35 ± 0.05aA	0.29 ± 0.02aA	0.35 ± 0.04aA
	金皇后	0.32 ± 0.04aA		0.29 ± 0.03aA	0.30 ± 0.04aA	0.33 ± 0.06aA

字母不同表示存在差异性（$P<0.05$），大写字母代表品种间比较，小写字母代表同一品种不同生长年限间比较

（三）钾元素（K）

不同紫花苜蓿品种钾含量不同（表 4–13）。2007 年，相同生长年限的 4 个紫花苜蓿品种，敖汉苜蓿和 Ranelander 钾含量明显高于阿尔冈金和金皇后。生长年限不同，植株体含钾量差异不显著（$P>0.05$），2007 年生长 5 年的敖汉苜蓿和金皇后钾含量最高，分别为 2.41 和 2.05g/kg，Rangelander 和阿尔冈金钾含量均以生长 2 年的最高，分别为 3.01 和 2.21g/kg。2008 年除敖汉苜蓿生长到第 6 年获得最高钾含量外，其余 3 品种均在生长第 2 年获得最高钾含量（表 4–13）。

综合比较 4 个紫花苜蓿品种植株含钾量：Rangelander> 敖汉苜蓿 > 阿尔冈金 > 金皇后。

表 4-13 不同紫花苜蓿品种 K 含量 g/kg

测定年份	品 种	生长年限				
		6a	5a	4a	3a	2a
2007	敖汉苜蓿		2.41 ± 0.05aA		1.74 ± 0.06aA	2.36 ± 0.21aA
	Rangelander		2.01 ± 0.12aA		1.98 ± 0.08aA	3.01 ± 0.18aA
	阿尔冈金		1.89 ± 0.09aA		1.67 ± 0.10aA	2.21 ± 0.16aA
	金皇后		2.05 ± 0.08aA		1.42 ± 0.13aA	1.73 ± 0.20bA
2008	敖汉苜蓿	2.38 ± 0.21aA		1.65 ± 0.07aA	2.15 ± 0.04aA	2.24 ± 0.16bB
	Rangelander	1.79 ± 0.07aA		1.7 ± 0.23aA	2.44 ± 0.09aA	4.20 ± 0.18aA
	阿尔冈金	1.64 ± 0.15aA		1.74 ± 0.15aA	1.83 ± 0.07aA	3.26 ± 0.21aA
	金皇后	2.01 ± 0.18aA		1.66 ± 0.09aA	2.44 ± 0.11aA	2.64 ± 0.10bAB

字母不同表示存在差异性（$P<0.05$），大写字母代表品种间比较，小写字母代表同一品种不同生长年限间比较

（四）钙元素（Ca）

由表 4-14 可看出，相同品种不同生长年限植株钙含量有差异性，但差异不显著（$P>0.05$）。相同生长年限不同紫花苜蓿品种钙含量无显著性差异（$P>0.05$）。2007 年生长 3 年和生长 5 年的 4 个紫花苜蓿品种的钙含量，均以敖汉苜蓿含量为最高，生长 2 年的以 Rangelander 和敖汉苜蓿的钙含量为高。2008 年生长 2 年、生长 4 年和生长 6 年的 4 个紫花苜蓿品种的钙含量均以敖汉苜蓿含量为最高，生长 3 年钙含量的以金皇后的为最高。

综合比较 4 个紫花苜蓿品种植株钙含量：敖汉苜蓿 >Rangelander> 金皇后 > 阿尔冈金。

表 4-14 不同紫花苜蓿品种 Ca 含量 mg/kg

测定年份	品 种	生长年限				
		6a	5a	4a	3a	2a
2007	敖汉苜蓿		2.84 ± 0.24aA		3.42 ± 0.15aA	2.85 ± 0.09aA
	Rangelander		2.66 ± 0.18aA		3.21 ± 0.20aA	2.92 ± 0.11aA
	阿尔冈金		2.75 ± 0.20aA		3.23 ± 0.19aA	2.56 ± 0.16aA
	金皇后		2.78 ± 0.13aA		3.19 ± 0.14aA	2.64 ± 0.08aA
2008	敖汉苜蓿	2.81 ± 0.15aA		3.10 ± 0.13aA	2.74 ± 0.06aA	2.78 ± 0.08aA
	Rangelander	2.58 ± 0.24aA		2.71 ± 0.15aA	2.80 ± 0.10aA	1.87 ± 0.14aA
	阿尔冈金	2.65 ± 0.11aA		2.72 ± 0.20aA	2.62 ± 0.09aA	2.26 ± 0.20aA
	金皇后	2.79 ± 0.30aA		2.67 ± 0.17aA	2.87 ± 0.14aA	2.59 ± 0.12aA

字母不同表示存在差异性（$P<0.05$），大写字母代表品种间比较，小写字母代表同一品种不同生长年限间比较

（五）镁元素（Mg）

由表 4–15 可看出，4 个紫花苜蓿品种镁含量存在一定的差异性，但差异不显著（*P*>0.05）。2007 年，除金皇后生长第 5 年获得最高含镁量外，其余 3 种均在生长 3 年时获得最高镁含量，其中以生长 3 年的阿尔冈金镁含量最高，为 0.34mg/kg。2008 年以生长 4 年镁含量最高，其中以阿尔冈金的镁含量为高，为 0.27mg/kg。

综合比较 4 个紫花苜蓿品种植株镁含量：Rangelander> 金皇后 > 阿尔冈金 > 敖汉苜蓿。

表 4-15　紫花苜蓿 Mg 含量　　mg/kg

测定年份	品　种	生长年限				
		6a	5a	4a	3a	2a
2007	敖汉苜蓿		0.15 ± 0.05aA		0.21 ± 0.04aA	0.10 ± 0.02aA
	Rangelander		0.19 ± 0.03aA		0.27 ± 0.01aA	0.12 ± 0.03aA
	阿尔冈金		0.21 ± 0.04aA		0.34 ± 0.02aA	0.09 ± 0.10aA
	金皇后		0.33 ± 0.02aA		0.24 ± 0.03aA	0.08 ± 0.05aA
2008	敖汉苜蓿	0.14 ± 0.04aA		0.18 ± 0.01aA	0.17 ± 0.05aA	0.14 ± 0.04aA
	Rangelander	0.17 ± 0.06aA		0.23 ± 0.02aA	0.07 ± 0.03aA	0.25 ± 0.05aA
	阿尔冈金	0.22 ± 0.04aA		0.27 ± 0.05aA	0.09 ± 0.01aA	0.12 ± 0.02aA
	金皇后	0.21 ± 0.10aA		0.23 ± 0.01aA	0.03 ± 0.02aA	0.11 ± 0.07aA

字母不同表示存在差异性（*P*<0.05），大写字母代表品种间比较，小写字母代表同一品种不同生长年限间比较

二、呼伦贝尔草原区

（一）粗蛋白

各苜蓿品种粗蛋白含量 3 年总体来说差异不显著，在各年份中品种之间的差异显著（表 4–16）。粗蛋白年平均值呈递减趋势。综合 3 年粗蛋白平均最低的品种为 59N59（平均含量 19.76%），最高的品种是 MF4020（平均含量 24.24%）。2013 年蛋白质含量最高的品种是 MF4020（27.00%），最低为 59N59（23.08%）；2014 年 WL712 粗蛋白含量最高（24.53%），MF4020、陇中苜蓿与之相近，巨能 6 含量最低（20.64%）；2015 年 WL319HQ 含量最高（23.92%），WL903、WL656HQ、59N59 含量明显低于其他品种（分别为 14.22%、14.25%、14.66%）。除了 WL712、WL656HQ、WL903、59N59、55V12 在 2015 年较低外，其他苜蓿品种在各年份粗蛋白含量均高于 18%，说明除 WL712、WL656HQ、WL903、59N59、55V12 外其余苜蓿品种均为一级苜蓿干草，其中 2013 年敖汉苜蓿最高达到 27.93%。

2015 年只有 WL343HQ、WL319HQ、新疆大叶粗蛋白含量下降趋势不明显，其余苜蓿品种粗蛋白含量在这 3 个年份呈现下降趋势，但这 3 个品种在 2014 年、2015 年的粗蛋白含量明显低于 2013 年。2013 年的粗蛋白最高值出现在品种敖汉苜蓿，但是 2014 年它排名中等，到 2015 年时已成为粗蛋白含量相对较低的品种，润布勒型与之相反，呈逐年增长趋势。这 35 个苜蓿品种中，粗蛋白含量相对较高的品种有 WL440HQ、WL363HQ、康赛、陇中苜蓿、MF4020，相对较低的是 59N59、55V12、巨能 551、甘农 6 号、WL903 等。

表 4-16 不同年份各苜蓿品种粗蛋白含量 %

苜蓿品种	2013 年	2014 年	2015 年	3 年平均值
WL525HQ	24.67 ± 0.42klm	23.31 ± 0.15egfh	21.33 ± 0.35a	23.1 ± 1.68a
WL168HQ	25.25 ± 0.41ijk	23.04 ± 0.07ghi	21.31 ± 0.13b	23.2 ± 1.97a
WL363HQ	26.42 ± 0.37bcdefg	23.77 ± 0.26cd	22.04 ± 0.29bc	24.08 ± 2.21a
WL440HQ	26.65 ± 0.27bcdef	24.12 ± 0.23b	21.48 ± 1.53bc	24.08 ± 2.58a
WL712	24.74 ± 0.35klm	24.53 ± 0.2a	16.81 ± 0.18bc	22.03 ± 4.52a
WL656HQ	26.67 ± 0.89bcde	23.65 ± 0.29cde	14.25 ± 0.24bc	21.53 ± 6.48a
WL343HQ	26.68 ± 0.1bcde	22.34 ± 0.31lmno	22.67 ± 0.16bcd	23.9 ± 2.42a
WL319HQ	26.67 ± 0.09bcde	21.64 ± 0.14qr	23.92 ± 0.37bcd	24.08 ± 2.52a
WL903	25.69 ± 0.41ghij	22.61 ± 0.03ljk	14.22 ± 0.22cde	20.84 ± 5.93a
骑士 -2	26.15 ± 0.36defg	22.91 ± 0.05ij	21.67 ± 0.12de	23.58 ± 2.31a
康赛	27.07 ± 0.4b	23.67 ± 0.08cde	20.54 ± 0.11def	23.76 ± 3.27a
挑战者	25.72 ± 0.28ghij	23.06 ± 0.08ghi	21.98 ± 0.03def	23.58 ± 1.93a
阿迪娜	25.38 ± 0.19hijk	22.08 ± 0.08op	19.65 ± 0.07def	22.37 ± 2.88a
标靶	26.1 ± 0.15defgh	21.77 ± 0.04qp	19.85 ± 0.18def	22.57 ± 3.2a
56S82	26.74 ± 0.24bcd	22.82 ± 0.12ijk	19.41 ± 0.18efg	22.99 ± 3.67a
54V09	25.98 ± 0.55defghi	22.54 ± 0.04jklm	20.45 ± 0.11ghf	22.99 ± 2.79a
55V48	26.2 ± 0.45cdefg	22.82 ± 0.35ijk	18.19 ± 0.1ghi	22.41 ± 4.02a
59N59	23.08 ± 0.24n	21.53 ± 0.14qr	14.66 ± 0.11ghi	19.76 ± 4.48a
55V12	24.48 ± 0.18lm	22.75 ± 0.17ijk	17.36 ± 0.2hij	21.53 ± 3.72a
巨能 551	24.32 ± 0.22m	21.69 ± 0.1qr	18.74 ± 0.14hij	21.58 ± 2.79a
巨能 6	25.28 ± 0.55ijk	20.64 ± 0.13s	18.95 ± 0.12hijk	21.63 ± 3.28a
驯鹿	26.42 ± 0.16bcdefg	21.37 ± 0.31r	18.26 ± 0.38ijkl	22.02 ± 4.12a
敖汉苜蓿	27.93 ± 0.59a	23.1 ± 0.21fghi	18.19 ± 0.44jklm	23.07 ± 4.87a
陇中苜蓿	26.94 ± 0.51bc	24.13 ± 0.27b	20.26 ± 0.23klmn	23.78 ± 3.36a
甘农 6 号	24.31 ± 0.79m	20.94 ± 0.14s	19.24 ± 0.57lmn	21.5 ± 2.58a
甘农 3 号	25.12 ± 0.1jkl	22.12 ± 0.2no	20.12 ± 0.18mno	22.45 ± 2.52a
新疆大叶	25.9 ± 0.21fghi	22.47 ± 0.14lmnk	22.29 ± 0.46nop	23.55 ± 2.03a

（续表）

苜蓿品种	2013 年	2014 年	2015 年	3 年平均值
皇冠	25.93 ± 0.23efghi	23.39 ± 0.36egf	21.45 ± 0.4op	23.59 ± 2.25a
SR4030	24.67 ± 0.08klm	23.12 ± 0.03fghi	21.01 ± 0.94p	22.93 ± 1.84a
维多利亚	25.93 ± 0.25efghi	23.02 ± 0.24hi	22.27 ± 0.08p	23.74 ± 1.94a
巨能耐盐	26.42 ± 0.31bcdefg	22.21 ± 0.09mno	20.24 ± 0.54q	22.96 ± 3.16a
润布勒型	24.67 ± 0.48klm	22.75 ± 0.12ijk	22.39 ± 0.14q	23.27 ± 1.22a
BR4010	24.1 ± 0.49m	23.91 ± 0.52bc	21.51 ± 0.19r	23.17 ± 1.44a
SK3010	26.09 ± 0.31defgh	23.67 ± 0.07cde	20.74 ± 0.49r	23.5 ± 2.68a
MF4020	27 ± 0.47b	23.44 ± 0.2def	22.27 ± 0.21r	24.24 ± 2.46a
平均值	25.75	22.77	19.99	

（二）相对饲喂价值含量

综合 3 年情况来看，相对饲喂价值较高的品种有 WL363HQ、WL440HQ、骑士 –2、维多利亚、MF4020 等，说明这些苜蓿品种的质量较高（表 4–17）；相对饲喂价值较低的品种有 WL525HQ、59N59、甘农 6 号、甘农 3 号等，说明这些品种的质量较差。2014 年和 2015 年的年均 RFV 相近；据 3 年平均值相对饲喂价值最高的品种是 WL363HQ（199.85%），最低的品种是 59N59（155.74%）。2013 年的相对饲喂价值全都高于其余两个年份，3 年相对饲喂价值最高值出现在 2013 年的 WL363HQ（227.98%）品种。WL712、WL656HQ、WL903、55V48、59N59、55V12、驯鹿、敖汉苜蓿、甘农 3 号、SR4030、巨能耐盐、润布勒型、BR4010、SK3010 和 MF4020 均随年份变化相对饲喂价值降低，WL319HQ 在 2015 年显著高于其他品种（218.65），但是新疆大叶在 2013 年和 2015 年基本相同，其余品种均呈 2013 年最高、2014 年最低趋势。

表 4–17　不同年份不同苜蓿品种相对饲喂价值含量　　%

苜蓿品种	2013 年	2014 年	2015 年	3 年平均值
WL525HQ	194.14 ± 8.58bcdefgh	153.93 ± 5.37c	170.1 ± 25.54bcdefg	172.72
WL168HQ	202.43 ± 4.57abcdefg	156.29 ± 11.74bc	185.86 ± 36.92abcde	181.53
WL363HQ	227.98 ± 12.31a	175.3 ± 10.27abc	196.27 ± 30.71ab	199.85
WL440HQ	215.44 ± 6abc	159.32 ± 10.87abc	199.61 ± 29.13abcd	191.46
WL712	185.49 ± 13.98cdefgh	169.81 ± 17.34abc	159.32 ± 28.37efgh	171.54
WL656HQ	202.78 ± 22.86abcdefg	160.47 ± 12.15abc	121.01 ± 20.6i	161.42
WL343HQ	205.34 ± 21.8abcdefg	159.66 ± 4.02abc	194.91 ± 25.5abc	186.64
WL319HQ	203.7 ± 21.94abcdefg	156.86 ± 19.37bc	218.65 ± 35.39a	193.07

（续表）

苜蓿品种	2013 年	2014 年	2015 年	3 年平均值
WL903	200.36 ± 14.57abcdefgh	167.46 ± 21.49abc	120.11 ± 24.39hi	162.64
骑士 -2	211.2 ± 9.51abcd	167.47 ± 13.89abc	196.58 ± 35.12ab	191.75
康赛	207.33 ± 15.62abcdef	165.94 ± 24.21abc	175.43 ± 29.65bcdef	182.90
挑战者	201.17 ± 11abcdefg	163.38 ± 18.99abc	185.53 ± 30.94bcdef	183.36
阿迪娜	198.87 ± 17.49abcdefgh	156.2 ± 14.76bc	174.6 ± 30.64bcdefg	176.56
标靶	200.9 ± 21.2abcdefg	158.78 ± 19.33abc	174.87 ± 28.28bcdef	178.19
56S82	189.15 ± 16.52cdefgh	159.87 ± 17.52abc	164.92 ± 21.31bcdefgh	171.32
54V09	210.81 ± 28.13abcd	153.62 ± 25.42c	161.05 ± 21.74cdefgh	175.16
55V48	209.55 ± 1.52abcde	167.44 ± 15.34abc	147.88 ± 17.78fghi	174.96
59N59	170.8 ± 9.48h	151.27 ± 8.17c	145.16 ± 21.37ghi	155.74
55V12	175.66 ± 10.45gh	179.05 ± 16abc	142.78 ± 13.97ghi	165.83
巨能 551	201.33 ± 9.89abcdefg	158.64 ± 2.15abc	161.14 ± 15.68efgh	173.70
巨能 6	179.15 ± 12.51fgh	160.29 ± 12.07abc	163.94 ± 11.21defgh	167.79
驯鹿	199.2 ± 13.5abcdefgh	163.77 ± 16.4abc	161.87 ± 4.7defgh	174.95
敖汉苜蓿	182.7 ± 12.51defgh	165.99 ± 17.97abc	154.95 ± 10.4efghi	167.88
陇中苜蓿	201.14 ± 0.76abcdefg	162.82 ± 13.74abc	172.19 ± 12.89bcdefgh	178.72
甘农 6 号	192.24 ± 10.95bcdefgh	154.4 ± 8.25c	157.65 ± 11.17efgh	168.10
甘农 3 号	191.49 ± 20.62bcdefgh	161.47 ± 7.23abc	155.81 ± 16.53efghi	169.59
新疆大叶	180.18 ± 11.4efgh	153.41 ± 11.1c	180.21 ± 15.06abcde	171.27
皇冠	197.02 ± 10.62bcdefgh	162.09 ± 7.65abc	179.81 ± 15.4bcdefg	179.64
SR4030	183.77 ± 18.56defgh	173.99 ± 2.07abc	161.72 ± 17.17defgh	173.16
维多利亚	210.9 ± 15.26abcd	166.79 ± 20.23abc	184.09 ± 29.14abcde	187.26
巨能耐盐	197.65 ± 18.13bcdefgh	177.66 ± 6abc	160.8 ± 18.12efgh	178.71
润布勒型	195.31 ± 12.62bcdefgh	184.7 ± 12.03ab	159.2 ± 32.44defgh	179.74
BR4010	192.28 ± 8.76bcdefgh	187.94 ± 7.6a	156.28 ± 30.67defgh	178.83
SK3010	220.63 ± 16.03ab	175.81 ± 17.64abc	154.96 ± 25.34efgh	183.80
MF4020	221.32 ± 17.18ab	173.67 ± 21.95abc	163.01 ± 31.85cdefgh	186.00
平均值	198.87	164.73	167.49	

（三）不同苜蓿品种粗灰分含量

各品种同年份间差异显著（表 4–18）。连续 3 年的粗灰分年平均呈递减趋势，但 2013 年和 2014 年很相近。2013 年 WL525HQ 含量最高（14.46%），甘农 6 号最低（10.46%）；2014 年 WL343HQ 的粗灰分含量最高（13.50%），甘农 6 号最低（10.29%）；2015 年粗灰分最高值是 55V48（10.64%），最低值为 WL656HQ（7.65%）；综合 3 年情况来看，甘农 6 号粗灰分含量最低（9.79%），

WL525HQ 含量最高（11.63%）。除 WL440HQ、WL343HQ、WL319HQ、挑战者、55V48、巨能 551、陇中苜蓿、皇冠 2014 年粗灰分含量高于 2013 年外，其余品种均随年份变化呈现出递减趋势，2015 年均低于其他两个年份。

表 4-18　不同年份不同苜蓿品种粗灰分含量　%

苜蓿品种	2013 年	2014 年	2015 年	3 年平均值
WL525HQ	14.46 ± 0.14a	11.55 ± 0.09cd	8.9 ± 0.04i	11.63a
WL168HQ	12.46 ± 0.66cde	11.75 ± 0.17c	8.94 ± 0.03i	11.05a
WL363HQ	12.35 ± 0.43cde	11.9 ± 0.08b	10.1 ± 0.07c	11.45a
WL440HQ	12.07 ± 0.19efgh	12.83 ± 0.14cdef	9.51 ± 0.09f	11.47a
WL712	11.43 ± 0.2ijklm	11.39 ± 0.48a	9.86 ± 0.03d	10.9a
WL656HQ	12.99 ± 0.08b	11.97 ± 1.26jklmn	7.65 ± 0.07l	10.87a
WL343HQ	11.78 ± 0.25fghi	13.5 ± 0.13ghijk	9.47 ± 0.1f	11.58a
WL319HQ	11.52 ± 0.16ijkl	12.78 ± 0.14klmn	9.72 ± 0.03e	11.34a
WL903	12.34 ± 0.19de	10.57 ± 0.13cdefg	7.82 ± 0.08k	10.24a
骑士 -2	11.72 ± 0.07ghi	10.86 ± 0.12ghijkl	10.25 ± 0.06b	10.94a
康赛	12.46 ± 0.14cde	10.45 ± 0.39ijklmn	9.56 ± 0.01f	10.82a
挑战者	10.92 ± 0.63n	11.39 ± 0.16cdefg	9.57 ± 0.03f	10.62a
阿迪娜	11.21 ± 0.08jklmn	10.78 ± 0.12defghi	10.62 ± 0.08a	10.87a
标靶	11.18 ± 0.12klmn	10.59 ± 0.07defgh	9.88 ± 0.06d	10.55a
56S82	12.24 ± 0.21def	11.35 ± 0.37efghij	9.5 ± 0.04f	11.03a
54V09	11.59 ± 0.21ijk	11.21 ± 0.08ghij	9.78 ± 0.04de	10.86a
55V48	11.02 ± 0.1mn	11.27 ± 0.12efghij	10.64 ± 0.05a	10.98a
59N59	11.7 ± 0.2hij	11.1 ± 0.16efghij	9.26 ± 0.09gh	10.69a
55V12	11.21 ± 0.07jklmn	11.03 ± 0.39klmn	9.73 ± 0.03e	10.66a
巨能 551	11.07 ± 0.13lmn	11.16 ± 0.32defgh	10.17 ± 0.04bc	10.8a
巨能 6	11.57 ± 0.11ijk	11.18 ± 0.13defghi	10.07 ± 0.05c	10.94a
驯鹿	11.59 ± 0.17ijk	10.38 ± 0.11mn	9.58 ± 0.07f	10.52a
敖汉苜蓿	12.1 ± 0.13efgh	11.34 ± 0.25ijklmn	9.7 ± 0.09e	11.05a
陇中苜蓿	10.95 ± 0.06mn	11.2 ± 0.11hijklm	9.73 ± 0.04e	10.63a
甘农 6 号	10.46 ± 0.66o	10.29 ± 0.22c	8.62 ± 0.06j	9.79a
甘农 3 号	13.12 ± 0.08b	10.59 ± 0.25b	9.17 ± 0.14h	10.96a
新疆大叶	12.14 ± 0.26efgh	10.75 ± 0.14ghijk	9.49 ± 0.06f	10.79a
皇冠	11.57 ± 0.09ijk	11.73 ± 0.14cde	9.56 ± 0.03f	10.95a
SR4030	12.84 ± 0.1bc	11.95 ± 0.14ghijk	8.93 ± 0.05i	11.24a
维多利亚	13.03 ± 0.13b	10.8 ± 0.1fghij	8.64 ± 0.09j	10.82a
巨能耐盐	12.71 ± 0.36bcd	11.53 ± 0.16lmn	8.7 ± 0.07j	10.98a

（续表）

苜蓿品种	2013 年	2014 年	2015 年	3 年平均值
润布勒型	12.37 ± 0.33cde	11 ± 0.11klmn	9.28 ± 0.04gh	10.89a
BR4010	12.19 ± 0.24efg	11.05 ± 0.22mn	8.85 ± 0.1i	10.7a
SK3010	12.71 ± 0.08bcd	10.3 ± 0.13mn	9.35 ± 0.07g	10.79a
MF4020	12.07 ± 0.11efgh	10.41 ± 0.14n	8.87 ± 0.02i	10.45a
平均值	11.97	11.26	9.41	

（四）可溶性糖含量

各品种同年份差异显著，3 年均值差异不显著（表 4–19）。2013 年和 2014 年的年均值相近，显著高于 2015 年均值。2013 年可溶性糖含量最低为 WL525HQ（3.75%），最高为陇中苜蓿（5.31%）；2014 年皇冠含量最低（3.59%），WL903 含量最高（5.89%）；2015 年甘农 3 号含量最低（1.54%），皇冠次之（1.73%），最高为 WL656HQ（6.00%），明显高于各年份其他品种。纵观 3 年，皇冠的可溶性糖含量最低（3.35%），WL656HQ 的含量最高（4.94%）。可溶性糖含量较高的大致是 WL168HQ、WL712、阿迪娜、标靶等品种，含量相对较低的品种有皇冠、维多利亚、MF4020 等品种。WL525HQ、WL903、骑士 –2、康赛、标靶、56S82、驯鹿、敖汉苜蓿、甘农 3 号、维多利亚、巨能耐盐、SK3010 在 2014 年含量高于其余两个年份，WL656HQ、59N59 在 2015 年高于其余两个年份，其余品种可溶性糖含量均是 2013 年高于其他年份。

表 4–19 不同年份不同苜蓿品种可溶性糖含量 %

苜蓿品种	2013 年	2014 年	2015 年	3 年平均值
WL525HQ	3.75 ± 0.06p	4.39 ± 0.06gh	2.75 ± 0.24jklm	3.75 ± 0.06p
WL168HQ	4.79 ± 0.01bcdef	4.38 ± 0.1gh	3.95 ± 0.13cd	4.79 ± 0.01bcdef
WL363HQ	4.63 ± 0.06cdefghi	4.15 ± 0.19ijk	2.71 ± 0.07jklm	4.63 ± 0.06cdefghi
WL440HQ	4.28 ± 0.59jklmn	4.1 ± 0.06ijk	3.06 ± 0.18hi	4.28 ± 0.59jklmn
WL712	4.87 ± 0.01bcd	4.9 ± 0.08cd	3.7 ± 0.08def	4.87 ± 0.01bcd
WL656HQ	4.53 ± 0.14efghijk	4.31 ± 0.02hi	6 ± 0.07a	4.53 ± 0.14efghijk
WL343HQ	4.96 ± 0.1b	3.91 ± 0.07klm	3.49 ± 0.17fg	4.96 ± 0.1b
WL319HQ	4.81 ± 0.1bcde	3.98 ± 0.09jkl	2.89 ± 0.01ijk	4.81 ± 0.1bcde
WL903	4.37 ± 0.08hijklm	5.89 ± 0a	3.8 ± 0.34cde	4.37 ± 0.08hijklm
骑士 –2	4.25 ± 0.01klmno	4.63 ± 0.07ef	2.92 ± 0.2ijk	4.25 ± 0.01klmno
康赛	3.97 ± 0.28nop	4.92 ± 0.04cd	3.99 ± 0.05c	3.97 ± 0.28nop

（续表）

苜蓿品种	2013 年	2014 年	2015 年	3 年平均值
挑战者	4.78 ± 0.07bcdef	4.54 ± 0.03fg	2.66 ± 0.17klm	4.78 ± 0.07bcdef
阿迪娜	4.9 ± 0.01bc	4.4 ± 0.07gh	3.13 ± 0.1hi	4.9 ± 0.01bc
标靶	4.79 ± 0.09bcdef	4.83 ± 0ecd	2.84 ± 0.07ijkl	4.79 ± 0.09bcdef
56S82	4.48 ± 0.17fghijkl	4.94 ± 0.1c	3 ± 0.14hij	4.48 ± 0.17fghijkl
54V09	4.74 ± 0.07bcdefg	4.19 ± 0.09hij	2.46 ± 0.13mn	4.74 ± 0.07bcdefg
55V48	5.26 ± 0.05a	4.09 ± 0.02ijk	2.45 ± 0.04mn	5.26 ± 0.05a
59N59	4.12 ± 0.03mno	3.92 ± 0.02klm	4.5 ± 0.27b	4.12 ± 0.03mno
55V12	4.69 ± 0.13bcdefg	3.74 ± 0.01mno	3.29 ± 0.15gh	4.69 ± 0.13bcdefg
巨能 551	5.26 ± 0.1a	3.99 ± 0.12jkl	2.43 ± 0.05mn	5.26 ± 0.1a
巨能 6	4.68 ± 0.15bcdefgh	4.56 ± 0.12fg	2.49 ± 0.32mn	4.68 ± 0.15bcdefgh
驯鹿	4.58 ± 0.03cdefghij	5.22 ± 0.12b	2.55 ± 0.15lmn	4.58 ± 0.03cdefghij
敖汉苜蓿	4.17 ± 0.02lmno	4.99 ± 0.04c	2.29 ± 0.08n	4.17 ± 0.02lmno
陇中苜蓿	5.31 ± 0.07a	4.57 ± 0.06fg	1.83 ± 0.13o	5.31 ± 0.07a
甘农 6 号	5.24 ± 0.08a	4.21 ± 0hij	2.55 ± 0.09lmn	5.24 ± 0.08a
甘农 3 号	4.35 ± 0.09ijklm	4.65 ± 0.09ef	1.54 ± 0.08p	4.35 ± 0.09ijklm
新疆大叶	4.6 ± 0.01cdefghi	4.13 ± 0.12ijk	3.55 ± 0.06efg	4.6 ± 0.01cdefghi
皇冠	4.72 ± 0.06bcdefg	3.59 ± 0.02o	1.73 ± 0.07op	4.72 ± 0.06bcdefg
SR4030	4.56 ± 0.03defghijk	4.13 ± 0.25ijk	1.85 ± 0.14o	4.56 ± 0.03defghijk
维多利亚	3.99 ± 0.01nop	4.11 ± 0.07ijk	2.74 ± 0.17jklm	3.99 ± 0.01nop
巨能耐盐	4.09 ± 0.02mno	4.7 ± 0.11efd	2.58 ± 0.24lmn	4.09 ± 0.02mno
润布勒型	4.58 ± 0.01defghij	3.68 ± 0.14no	2.66 ± 0.2klm	4.58 ± 0.01defghij
BR4010	4.43 ± 0.07ghijkl	3.84 ± 0.15lmn	3.07 ± 0.04hi	4.43 ± 0.07ghijkl
SK3010	4.2 ± 0.06lmno	4.25 ± 0.25hi	3.45 ± 0.26fg	4.2 ± 0.06lmno
MF4020	3.96 ± 0.04op	3.74 ± 0.07mno	2.45 ± 0.25mn	3.96 ± 0.04op
平均值	4.56	4.36	2.95	

（五）不同苜蓿品种营养价值聚类分析

一般来说，苜蓿的产量直接关系到对苜蓿品种的选择。对 35 个不同苜蓿品种的营养成分（CP、RFV、CF、WSS）数据处理系统中，选择类平均法进行聚类，结果如图 4–15。从聚类结果可知类间平均距离为 5 时，35 个苜蓿品种按照营养成分可以分为三类：

第Ⅰ类：为营养价值较高的品种，包括巨能耐盐、BR4010、陇中苜蓿、标靶、皇冠、润布勒型、55V48、驯鹿、54V09、阿迪娜、56S82、新疆大叶、WL712、WL525HQ、SR4030、巨能 551、WL343HQ、维多利亚、MF4020、挑战者、SK3010、康赛和 WL168HQ。

第Ⅱ类：为营养价值一般的品种，包括 WL656HQ、WL903、巨能 6、甘农 6 号、敖汉苜蓿、甘农 3 号、55V12 和 59N59。

第Ⅲ类：为营养价值较差的品种，包括 WL440HQ、骑士 -2、WL319HQ 和 WL363HQ。

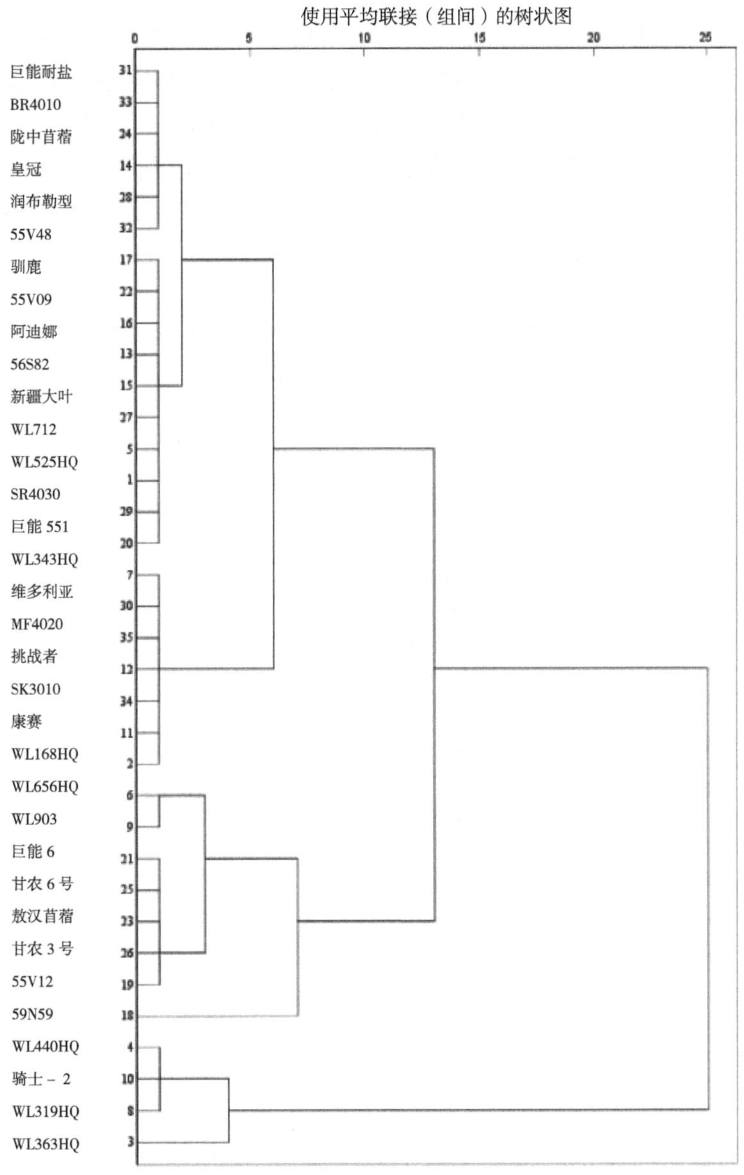

图 4-15 不同苜蓿品种营养成分聚类分析

三、河套灌区

(一) CP

结果（表 4-20）表明，播种第二年，23 个苜蓿品种的 CP 表现第一茬 < 第二茬的变化规律。方差分析结果显示，3 个重复之间差异不显著（$P>0.05$），第一茬不同品种之间差异不显著（$P>0.05$），第二茬不用品种间差异极显著（$P<0.01$）。23 个苜蓿品种第一茬 CP 含量在 14.49%~18.08% 范围内，最高的为 DLF-194（18.08%），次之 DLF-192（17.73%），凉苜 1 号的 CP 最低，为 14.49%；第二茬 CP 含量在 18.03%~21.95% 范围内，最高的为 DLF-194（21.95%），次之 DLF-192（21.47%），最低的为鲁苜 1 号（18.03%）；两茬中蛋白质含量较高的均为 DLF-194 和 DLF-192。

表 4-20 23 个苜蓿品种不同茬次粗蛋白含量 %

品 种	第一茬 CP（%）	第二茬 CP（%）	均值（%）
WL353LH	16.04ab	21.26abc	18.65
Saskia	15.64ab	19.55bcde	17.59
龙牧 806	15.94ab	20.1abcde	18.02
阿尔冈金	16.78ab	20.70abcd	18.74
大富豪	16.77ab	20.74abcd	18.75
WL414HQ	17.01ab	21.00abc	19.01
金皇后	15.61ab	20.20abcd	17.91
WL232HQ	15.73ab	20.68abcd	18.21
DLF-192	17.73a	21.47ab	19.60
DLF-193	16.73ab	21.22abc	18.98
苜蓿王	16.51ab	19.67bcde	18.09
DLF-194	18.08a	21.95a	20.01
WH354HQ	15.66ab	20.44abcd	18.05
WL-SALT	15.14ab	21.01abc	18.08
公农 1 号	15.84ab	18.04c	16.94
草原 2 号	17.21ab	21.21abc	19.21
草原 3 号	16.39ab	18.65de	17.52
中苜 1 号	16.78ab	18.04c	17.41
鲁苜 1 号	16.08ab	18.03c	17.06
中苜 2 号	15.12ab	19.29cde	17.20
凉苜 1 号	14.49a	20.47abcd	17.48
59N59	15.01ab	18.14c	16.57
赛特	15.58ab	21.43abc	18.50
均值	16.17	20.14	18.16
变异系数	5.49	6.14	4.85

（二）NDF 和 ADF

结果（表 4-21）表明，23 个苜蓿品种的 NDF 和 ADF 总体上表现出第一茬 < 第二茬的变化规律，除了大富豪、草原 3 号、中苜 1 号和鲁苜 1 号。第一茬 NDF 含量最高的苜蓿品种为鲁苜 1 号（48.15%），次之草原 3 号（47.55%），最低的为金皇后（40.61%）；ADF 含量最高的为鲁苜 1 号（34.16%），次之公农 1 号（32.77%），最低的为草原 2 号（26.65%）。第二茬 NDF 含量最高的苜蓿品种为公农 1 号（48.43%），次之赛特（47.96%），最低的为 DLF-192（41.27%）；ADF 含量最高的为公农 1 号（34.64%），次之赛特（34.11%），最低的为 DLF-192（27.62%）。

表 4-21　23 个苜蓿品种不同茬次中性洗涤纤维和酸性洗涤纤维含量　%

品　种	NDF（%）		ADF（%）	
	第一茬	第二茬	第一茬	第二茬
WL353LH	41.24bcd	42.52ab	28.19a	30.23abcde
Saskia	42.06abcd	44.78ab	28.83a	31.42abcde
龙牧 806	45.49abcd	46.90ab	31.57a	31.60abcde
阿尔冈金	44.46abcd	46.07ab	29.35a	31.39abcde
大富豪	46.80abc	45.42ab	32.66a	31.48abcde
WL414HQ	43.13abcd	45.84ab	29.25a	30.91abcde
金皇后	40.61cd	44.02ab	28.85a	30.53abcde
WL232HQ	41.19bcd	43.85ab	27.34a	28.92cde
DLF-192	42.99abcd	41.27b	27.68a	27.62c
DLF-193	41.37bcd	45.60ab	27.60a	29.34bcde
苜蓿王	42.61abcd	45.63ab	29.46a	32.00abcde
DLF-194	41.32bcd	43.08ab	28.14a	28.55de
WH354HQ	42.23abcd	45.29ab	29.47a	30.69abcde
WL-SALT	41.76abcd	45.84ab	29.26a	32.15abcde
公农 1 号	47.43ab	48.43a	32.77a	34.64a
草原 2 号	40.04d	46.02ab	26.65a	31.50abcde
草原 3 号	47.55ab	42.46ab	32.60a	29.78bcde
中苜 1 号	46.48abcd	45.73ab	32.70a	30.50abcde
鲁苜 1 号	48.15a	44.75ab	34.16a	31.84abcde
中苜 2 号	45.17abcd	47.30ab	31.68a	33.44abc
凉苜 1 号	45.65abcd	47.17ab	30.40a	32.24abcde
59N59	44.01abcd	45.08ab	29.74a	32.53abcd
赛特	42.07abcd	47.96a	29.63a	34.11ab
均值	43.64	45.26	29.91	31.19
变异系数	5.68	3.95	6.86	5.44

（三）相对饲喂价值

方差分析结果显示，前两茬的相对饲喂价值（RFV）差异显著（$P<0.05$）。由表 4-22 可以出，播种第二年 23 个苜蓿品种的相对饲喂价值从整体上看呈现第一茬 > 第二茬的变化趋势，除了大富豪和草原 3 号第一茬的 RFV 小于第二茬的。第一茬 23 个苜蓿品种的 RFV 在 120.33~152.66 范围内波动，其中金皇后和 WL232HQ 的 RFV 较高，分别为 152.18 和 152.66；鲁苜 1 号的 RFV 最小，为 120.33，饲草品质最差。第二茬的 RFV 在 118.93~151.87 范围内波动，饲草品质较好的 DLF-192，RFV 最高，其次为草原 3 号和 DLF-194，公农 1 号的 RFV 最小，饲草品质最差。两茬 RFV 值得平均值来看，DLF-192 的最高，为 148.79；公农 1 号的最低，为 121.61。

表 4-22　23 个苜蓿品种不同茬次相对饲喂价值

品种	RFV		
	第一茬	第二茬	第三茬
WL353LH	151.01	142.97	146.99
Saskia	146.93	133.84	140.39
龙牧 806	131.49	127.51	129.50
阿尔冈金	138.15	130.13	134.14
大富豪	126.12	131.85	128.99
WL414HQ	142.58	131.54	137.06
金皇后	152.18	137.59	144.89
WL232HQ	152.66	140.80	146.73
DLF-192	145.70	151.87	148.79
DLF-193	151.54	134.73	143.13
苜蓿王	143.96	130.42	137.19
DLF-194	150.78	143.93	147.36
WL354HQ	145.27	133.50	139.39
WL-SALT	147.26	129.59	138.42
公农 1 号	124.30	118.93	121.61
草原 2 号	158.30	130.10	144.20
草原 3 号	124.23	143.94	134.09
中苜 1 号	126.95	132.52	129.73
鲁苜 1 号	120.33	133.25	126.79
中苜 2 号	132.27	123.61	127.94
凉苜 1 号	132.91	125.77	129.34
59N59	138.95	131.16	135.05
赛特	145.52	120.88	133.20
均值	139.82	132.77	136.29

四、土默特平原

（一）CP

不同牧草品种粗蛋白的含量见表 4-23，2015 年第一茬刈割时 FGI3122 粗蛋白含量最高，达 23.9%，准格尔粗蛋白含量最低，达 20.61%；第二茬刈割时 WL168HQ 粗蛋白含量最高，达 22.57%，并且与第一茬刈割时粗蛋白含量数值相差不大，说明一年两茬刈割并没有影响 WL168HQ 的粗蛋白品质。2016 年第一茬刈割时 WL354HQ 粗蛋白含量最高，达 18.74%；第二茬刈割时准格尔粗蛋白含量最高，达 16.66%；第三茬刈割时 FGI3121、FGI3122 粗蛋白含量最高，达 23.08%，同时由表 4-23 可知，第三茬所有品种粗蛋白含量均比第一茬、第二茬含量高，说明 2016 年第三茬刈割时牧草品质较好。

表 4-23 不同牧草品种不同刈割时期粗蛋白的含量 %

序 号	品 种	2015 年		2016 年		
		第一茬	第二茬	第一茬	第二茬	第三茬
1	中苜 3 号	21.45	19.39	17.31	14.78	22.53
2	Concept	22.29	21.06	17.50	14.49	21.82
3	3010	22.04	21.34	16.70	16.27	21.85
4	WL168HQ	22.79	22.57	17.02	15.02	22.91
5	WL354HQ	23.67	21.08	18.74	14.76	21.79
6	WL319HQ	22.73	21.32	17.91	15.47	22.64
7	FGI3121	23.10	21.09	16.53	15.08	23.08
8	FGI3122	23.90	21.38	18.42	15.73	23.08
9	FGI8365	21.80	20.67	17.84	15.98	21.96
10	FGI6113	21.81	20.63	17.29	15.88	20.73
11	FGI6328	21.92	19.99	18.35	14.40	21.71
12	FGI6100	22.67	21.40	17.88	14.39	22.03
13	FGI6346	22.02	19.92	16.30	13.56	21.28
14	FGI5322	22.48	20.19	17.87	15.05	20.88
15	FGI5505	22.96	21.83	18.41	16.48	22.23
16	准格尔	20.61	19.96	16.91	16.66	24.07

（二）NDF

不同牧草品种 NDF 的含量见表 4-24，2015 年第一茬刈割时 FGI6113 的 NDF 含量最高，达 45.43%，Concept 的 NDF 含量最低，达 39.89%，两个品种之间相差 5.54%，差异较大；第二茬刈割时 FGI6346 的 NDF 含量最高，达 44.99%，3010 的 NDF 含量最低，达 39.85%，两者相差 5.14%，差异较大。2016 年第一茬刈割时 FGI6346 的 NDF 含量最高，达 44.66%，第二茬刈割时 Concept 的 NDF 含量最高，达 49.63%，第三茬刈割时准格尔的 NDF 含量最高，达 42.14%，由表 4-24 可知，2016 年第二茬刈割时所有品种 NDF 数值均高于其他四次刈割时期。

表 4-24　不同牧草品种不同刈割时期 NDF 的含量　%

序　号	品　种	2015 年		2016 年		
		第一茬	第二茬	第一茬	第二茬	第三茬
1	中苜 3 号	44.54	42.92	43.75	47.28	35.93
2	Concept	39.89	40.71	39.79	49.63	37.54
3	3010	41.92	39.85	40.87	46.74	37.37
4	WL168HQ	42.82	40.77	42.92	47.67	36.96
5	WL354HQ	42.59	43.05	39.06	48.06	38.50
6	WL319HQ	41.63	42.72	39.77	45.90	37.32
7	FGI3121	42.94	40.63	39.89	46.66	37.29
8	FGI3122	42.41	40.42	39.74	44.81	35.94
9	FGI8365	40.75	41.34	42.01	45.30	37.90
10	FGI6113	45.43	41.38	41.48	45.96	37.28
11	FGI6328	43.29	44.35	38.82	47.03	37.26
12	FGI6100	42.92	41.10	40.19	47.79	39.18
13	FGI6346	43.72	44.99	44.66	47.98	38.75
14	FGI5322	40.85	44.14	39.14	48.09	38.11
15	FGI5505	40.82	41.06	39.58	46.99	36.75
16	准格尔	43.62	44.53	43.62	46.23	42.14

（三）ADF

不同牧草品种 ADF 的含量见表 4-25，2015 年第一茬刈割时 FGI6328 的 ADF 含量最高，达 32.03%；第二茬刈割时 FGI6346 的 ADF 含量最高，达 29.45%，WL354HQ 的 ADF 含量最低，达 13.04%，两者相差 16.41%，差异较大，但是由表 4-25 可知，2015 年各品种两次刈割间 ADF 数值相差不大。2016 年第一茬刈割时 FGI6346 的 ADF 含量最高，达 33.45%，第二茬刈割时 FGI6346 的 ADF 含量最高，达 39.04%，第三茬刈割时准格尔的 NDF 含量最高，达 30.21%，由表 4-25 可知，2016 年第二茬刈割时所有品种 ADF 数值均高于其他四次刈割时期。

表 4-25 不同牧草品种不同刈割时期 ADF 的含量 %

序 号	品 种	2015 年		2016 年		
		第一茬	第二茬	第一茬	第二茬	第三茬
1	中苜 3 号	30.26	28.28	32.82	37.84	26.62
2	Concept	26.59	26.71	28.69	39.80	27.77
3	3010	27.21	26.44	30.24	37.11	27.79
4	WL168HQ	26.78	26.24	31.55	37.54	26.11
5	WL354HQ	26.59	13.04	29.16	37.73	28.38
6	WL319HQ	25.39	26.49	29.24	35.95	27.09
7	FGI3121	25.82	25.67	29.05	36.81	27.17
8	FGI3122	27.86	25.45	28.16	35.30	26.18
9	FGI8365	25.66	26.95	30.80	35.51	27.57
10	FGI6113	30.72	26.32	29.81	36.28	27.61
11	FGI6328	32.03	27.01	27.36	36.83	26.80
12	FGI6100	3.91	26.88	28.93	37.62	27.71
13	FGI6346	27.94	29.45	33.45	39.04	28.47
14	FGI5322	27.40	27.66	28.89	38.67	26.91
15	FGI5505	25.07	24.85	28.42	37.65	26.12
16	准格尔	28.80	28.63	31.69	37.21	30.21

（四）可溶性糖

不同牧草品种可溶性糖的含量见表 4–26，2015 年第一茬刈割时 FGI5505 的可溶性糖含量最高，达 3.93%，FGI6346 的可溶性糖含量最低，达 3.33%，各品种之间差异较小；第二茬刈割时准格尔的可溶性糖含量最高，达 6.22%，3010 的可溶性糖含量最低，达 4.95%，两者相差 1.27%，差异较大。2016 年第一茬刈割时 WL354HQ 的可溶性糖含量最高，达 4.29%，第二茬刈割时中苜 3 号的可溶性糖含量最高，达 2.93%，第三茬刈割时准格尔的可溶性糖含量最高，达 4.96%，由表 4–26 可知，2015 年第二茬刈割时所有品种 NDF 数值均高于其他四次刈割时期。

表 4-26 不同牧草品种不同刈割时期可溶性糖的含量 %

序 号	品 种	2015 年		2016 年		
		第一茬	第二茬	第一茬	第二茬	第三茬
1	中苜 3 号	3.41	5.73	3.98	2.93	4.62
2	Concept	3.54	5.24	4.25	2.67	4.22

（续表）

序号	品种	2015 年		2016 年		
		第一茬	第二茬	第一茬	第二茬	第三茬
3	3010	3.72	4.95	3.76	2.00	3.92
4	WL168HQ	3.41	5.02	3.64	2.63	3.43
5	WL354HQ	3.49	5.42	4.29	2.44	3.28
6	WL319HQ	3.41	5.78	4.23	2.60	3.31
7	FGI3121	3.54	5.62	4.35	2.71	3.67
8	FGI3122	3.48	6.18	4.01	2.46	3.55
9	FGI8365	3.77	5.82	3.83	2.83	3.50
10	FGI6113	3.41	5.91	3.91	2.84	3.83
11	FGI6328	3.63	5.54	4.01	2.50	3.50
12	FGI6100	3.51	6.06	3.62	2.56	4.06
13	FGI6346	3.33	5.28	3.71	2.57	3.87
14	FGI5322	3.87	6.13	4.25	2.55	4.40
15	FGI5505	3.93	5.88	4.18	2.79	4.48
16	准格尔	3.65	6.22	4.22	2.41	4.96

第三节　土壤特性

一、科尔沁沙地

（一）土壤含水量

土壤含水量是衡量土壤紧实度和土壤渗透率的主要指标。不同紫花苜蓿品种土壤含水量分析表明，不同生长年限的敖汉苜蓿在不同土层中含水量的变化规律基本一致（图 4–16a）。2007 年随着土层加深，土壤含水量呈现“增加 – 降低 – 增加”的变化趋势，即土层深度达 15cm 时，土壤含水量达到一个高峰，随后土壤含水量开始降低，在 30cm 处出现最低值，其后随着土层加深，土壤含水量呈上升趋势。不同生长年限的敖汉苜蓿草地从土壤含水量平均值变化的趋势看，各年限间差异显著（$P<0.05$），且生长 3 年 > 生长 5 年 > 生长 2 年，相应含水量分别为 8.64%，7.65% 和 6.64%。2008 年不同生长年限的敖汉苜蓿人工草地土壤含水量变化规律与 2007 年测得的规律基本一致，不同土层间土壤含水量存在显著差异（$P<0.05$），生长 2 年，生长 3 年和生长 4 年敖汉苜蓿人工草地土壤含水量

均在15cm和30cm处出现峰值,生长6年土壤含水量变化规律不明显,波动较平缓,其中生长2年的敖汉苜蓿人工草地土壤含水量最高。

Rangelander人工草地土壤含水量总体变化趋势是“升高—降低—升高”（图4-16b）。2007年生长2年和生长3年的Rangelander草地土壤含水量均在15cm和30cm处出现峰值，各土层土壤含水量变化幅度较大，且差异显著（$P<0.05$）。生长5年的Rangelander人工草地土壤含水量均在15cm和30cm处出现峰值，土壤含水量波动幅度较大。2008年生长4年和生长6年的Rangelander人工草地土壤含水量均在15cm和30cm处出现峰值，而生长2年和生长3年的紫花苜蓿草地是在15cm和40cm处出现峰值，且土层间差异显著（$P<0.05$）。土壤含水量总体变化趋势是生长2年>生长6年>生长3年>生长4年，土壤含水量分别为7.19%，7.12%，5.93%和5.50%。

从图4-16c可看出，阿尔冈金人工草地土壤含水量总体变化趋势是“升高—降低—升高”，生长年限不同对土壤含水量有显著影响（$P<0.05$）。2007年各生长年限的阿尔冈金人工草地土壤含水量变化规律基本一致，土壤含水量均在15cm和30cm处出现峰值，其中以生长5年的人工草地土壤含水量最高。2008年比较各生长年限土壤含水量得出：生长2年>生长6年>生长4年>生长3年，土壤含水量分别为8.57%，7.16%，6.40%和5.90%。比较各土层含水量，不同生长年限阿尔冈金人工草地均在15cm处出现一高峰值，随后降低，生长3年，生长4年和生长6年的紫花苜蓿人工草地在30cm处出现一低峰，生长2年土壤含水量在15cm处土壤含水量达到一高峰后逐渐降低。

不同生长年限的金皇后人工草地土壤含水量的变化规律与前3种变化规律出入很大（图4-16d）。2007年生长3年和生长5年的金皇后人工草地土壤含水量均在15cm和30cm处出现峰值，生长2年的土壤含水量除在15cm和30cm处出现峰值外，在50cm处又出现一高峰。土壤含水量总体变化规律是生长5年>生长3年>生长2年。2008年各生长年限的金皇后人工草地土壤含水量总体规律为生长6年>生长2年>生长4年>生长3年，其中生长2年与生长6年，生长3年与生长4年间差异不显著（$P>0.05$），其余年限间差异显著（$P<0.05$），土壤含水量由高到低分别为7.55%，7.22%，6.32%和6.05%。土层间土壤含水量的变化规律为各生长年限金皇后人工草地土壤含水量均在15cm处出现一高峰值，生长2年土壤含水量在40cm处出现一低峰，其余生长年限土壤含水量均在30cm处出现一低峰值。

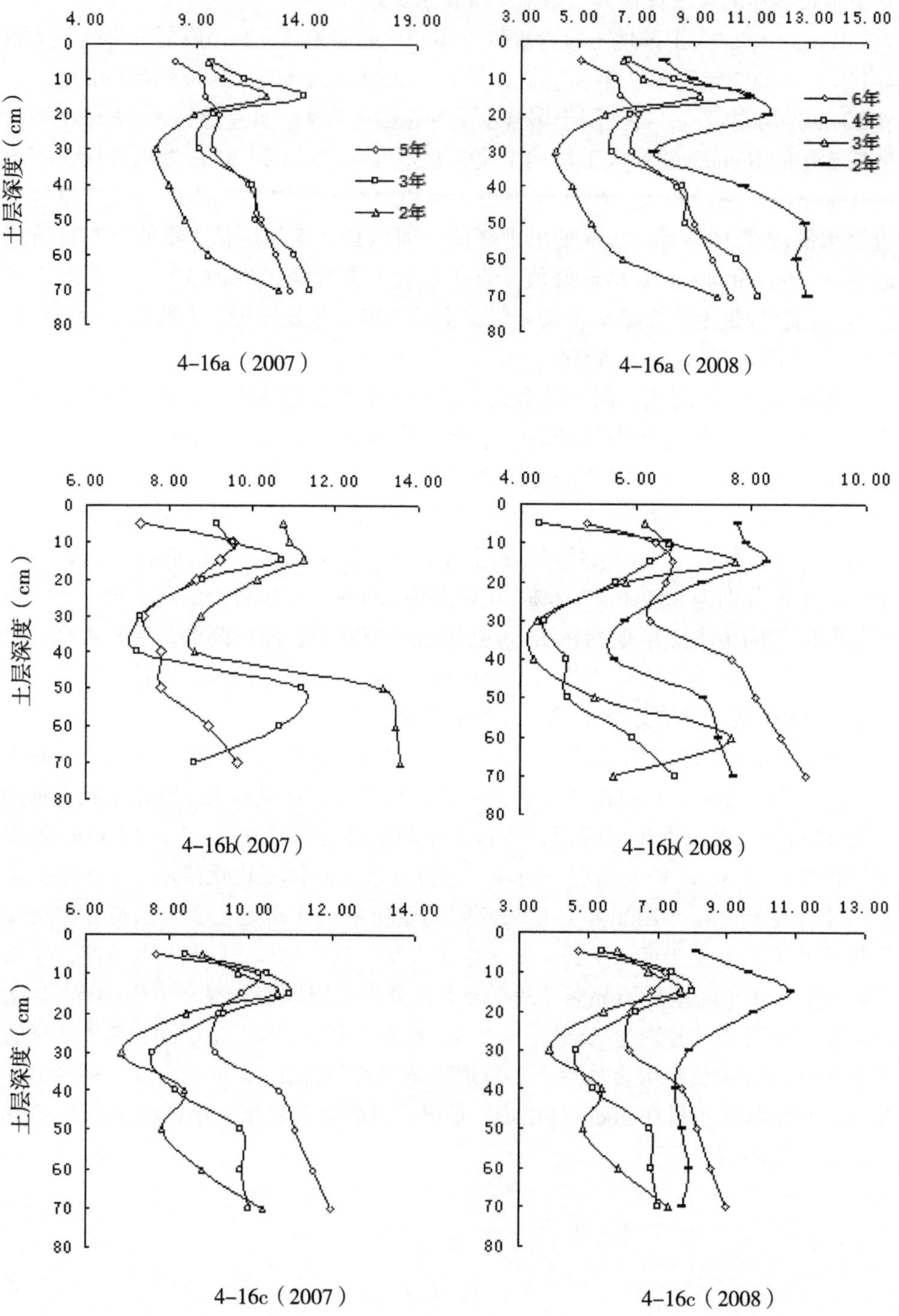
4.00
9.00
14.00
19.00
土层深度（cm）
5年
3年
2年
4-16a（2007）
3.00
5.00
7.00
9.00
11.00
13.00
15.00
6年
4年
3年
2年
4-16a（2008）
6.00
8.00
10.00
12.00
14.00
4-16b(2007)
4.00
6.00
8.00
10.00
4-16b(2008)
4-16c（2007）
3.00
5.00
7.00
9.00
11.00
13.00
4-16c（2008）

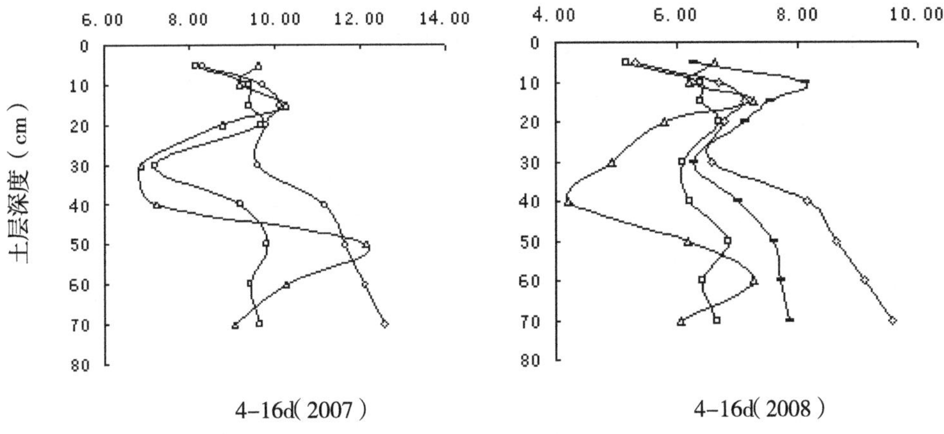

图 4-16 不同紫花苜蓿人工草地土壤含水量

a) 敖汉苜蓿 Aohan; b)Rangelander; c) 阿尔冈金 Algonquin; d) 金皇后 Goldenqueen

（二）土壤 pH 值

由表 4-27 可看出，4 个紫花苜蓿品种土壤 pH 值无显著差异性，同一品种不同生长年限土壤 pH 值亦不存在显著差异（P>0.05）。说明短时期内种植紫花苜蓿对土壤 pH 值的影响不大。

表 4-27 不同紫花苜蓿人工草地土壤 pH 值

测定年份	品 种	生长年限				
		6a	5a	4a	3a	2a
2007	敖汉苜蓿		8.65 ± 0.12aA		8.59 ± 0.13aA	8.56 ± 0.09aA
	Rangelander		8.58 ± 0.10aA		8.46 ± 0.16aA	8.58 ± 0.10aA
	阿尔冈金		8.40 ± 0.21aA		8.52 ± 0.20aA	8.65 ± 0.08aA
	金皇后		8.55 ± 0.23aA		8.65 ± 0.18aA	8.60 ± 0.11aA
2008	敖汉苜蓿	8.65 ± 0.15aA		8.62 ± 0.11aA	8.66 ± 0.12aA	8.63 ± 0.20aA
	Rangelander	8.55 ± 0.16aA		8.59 ± 0.21aA	8.56 ± 0.08aA	8.56 ± 0.07aA
	阿尔冈金	8.55 ± 0.24aA		8.55 ± 0.19aA	8.66 ± 0.15aA	8.69 ± 0.13aA
	金皇后	8.57 ± 0.21aA		8.70 ± 0.26aA	8.58 ± 0.13aA	8.58 ± 0.12aA

字母不同表示存在差异性（P<0.05），大写字母代表品种间比较，小写字母代表同一品种不同生长年限间比较

（三）土壤紧实度

土壤容重是直观反映土壤紧实程度的可靠指标，其对土壤含水量、土壤通气性、植物根系的穿透阻力及水肥利用效率等有显著影响，并影响作物的生长发育及产量品质。许多研究表明，土壤容重增大，可减缓植株叶片扩展速率，使植株变小。紧实土壤还会严重影响作物根系的干物质积累。导致这些变化的主要原因是土壤紧实度影响了根系的生长发育及生理代谢，从而加速了植株的衰老。本试验研究结果表明（表 4–28），4 个紫花苜蓿品种人工草地土壤紧实度随着种植年限的延长，土壤紧实度呈逐渐增加趋势，2007 年均以生长 5 年的土壤紧实度最大，2008 年以生长 6 年的土壤紧实度最高。同一品种生长年限不同，土壤紧实度亦存在显著差异（$P<0.05$）。生长年限相同的不同紫花苜蓿品种人工草地土壤紧实度也存在显著差异性（$P<0.05$）。2007 年生长 5 年的敖汉苜蓿人工草地土壤紧实度最高，2008 年生长 6 年的敖汉苜蓿人工草地土壤紧实度最高。

表 4–28　四种紫花苜蓿土壤紧实度测定　　kp

测定年份	品 种	生长年限				
		6a	5a	4a	3a	2a
2007	敖汉苜蓿		800.49 ± 10.24aA		726.54 ± 10.11bA	700.19 ± 10.20cA
	Rangelander		759.28 ± 9.26aB		659.24 ± 12.03bB	612.59 ± 3.87cB
	阿尔冈金		766.34 ± 8.46aB		721.13 ± 8.26bA	689.11 ± 8.26cA
	金皇后		798.31 ± 9.16aA		667.13 ± 7.43bB	612.57 ± 7.48cB
2008	敖汉苜蓿	810.49 ± 6.59aA		748.53 ± 6.59bA	650.30 ± 6.49cA	607.03 ± 8.31dA
	Rangelander	726.45 ± 6.87aB		665.32 ± 7.02bB	637.96 ± 8.15cAB	588.40 ± 9.47dA
	阿尔冈金	754.32 ± 5.49aB		727.64 ± 8.13bA	619.02 ± 7.34cB	569.76 ± 5.16dAB
	金皇后	800.16 ± 5.03aA		704.41 ± 6.59bAB	589.30 ± 10.17cB	551.13 ± 8.46dB

字母不同表示存在差异性（$P<0.05$），大写字母代表品种间比较，小写字母代表同一品种不同生长年限间比较

（四）土壤呼吸

由图 4–17 可以看出，不同生长年限敖汉苜蓿草地的土壤呼吸速率在 24h 内的波动幅度不大。2007 年，生长 2 年的敖汉苜蓿人工草地土壤呼吸速率呈现出“上升 – 下降 – 上升”变化趋势，且波动幅度较大。生长 3 年和生长 5 年的土壤呼吸速率虽然也表现出“上升 – 下降 – 上升”的变化趋势，但土壤呼吸速率变化幅度

较小，且较为接近。2008 年不同生长年限的土壤呼吸速率均呈现出“上升 - 下降 - 上升”基本变化趋势，土壤呼吸速率的最高值均出现在 4:00–6:00 之间，生长 2 年、生长 3 年、生长 4 年和生长 6 年土壤呼吸速率相应的最大值分别为 0.781、1.405、0.820 和 0.800 μ mol · mol^{-1}。10:00 时，4 个生长年限的敖汉苜蓿土壤呼吸速率较为接近，介于 0.648~0.655 μ mol · mol^{-1}。

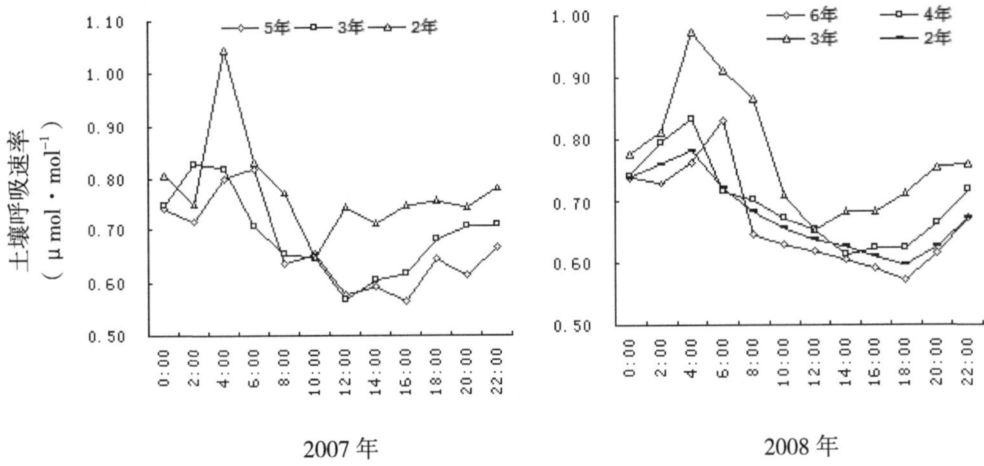

图 4–17 敖汉苜蓿人工草地土壤呼吸速率

Rangelander 人工草地土壤呼吸的昼夜动态变幅较大（图 4–18）。2007 年不同生长年限 Rangelander 人工草地的土壤呼吸在 24h 内的波动幅度较大，呈现出“上升 - 下降 - 上升”的变化趋势，其中生长 2 年的土壤呼吸速率明显高于生长 3 年和生长 5 年的土壤呼吸速率。生长 3 年和生长 5 年的土壤呼吸速率日变化趋势较为接近。2008 年各生长年限的 Rangelander 人工草地土壤呼吸速率的最高值均出现在 4:00—6:00。生长 2 年的土壤呼吸速率日变化范围为 0.623~0.791 μ mol · mol^{-1}，生长 3 年的为 0.780~0.920 μ mol · mol^{-1}，生长 4 年的为 0.820~0.850 μ mol · mol^{-1}，生长 6 年的为 0.740~0.850 μ mol · mol^{-1}。12:00 时，4 个生长年限的 Rangelander 人工草地土壤呼吸速率较为接近，介于 0.650~0.700 μ mol · mol^{-1}。

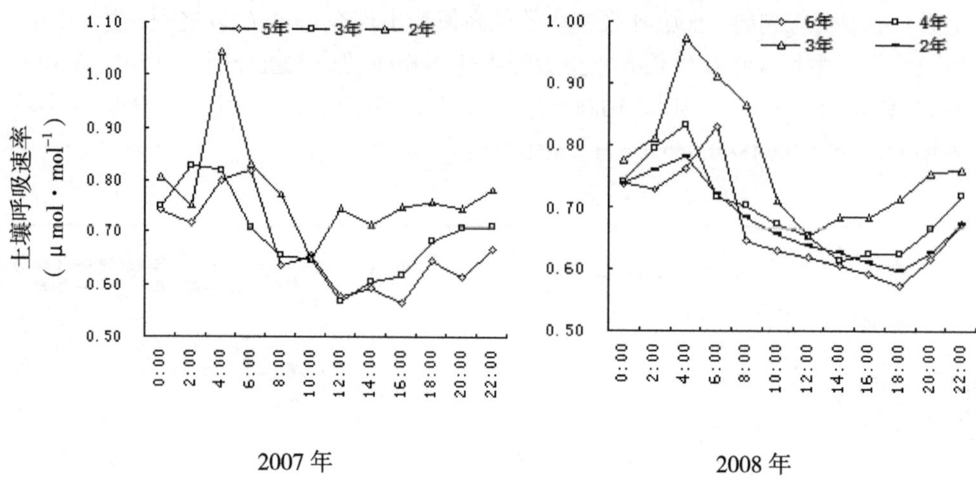

图 4-18 Rangelander 人工草地土壤呼吸速率

阿尔冈金人工草地土壤呼吸的昼夜动态变幅不大（图 4–19）。2007 年生长 2 年和生长 5 年土壤呼吸速率日进程变化规律基本一致，在 4:00 出现全天的最大值。生长 3 年的土壤呼吸速率日变化不明显，最大值出现在 4:00—6:00。2008 年不同生长年限阿尔冈金人工草地的土壤呼吸速率在 24h 内的波动幅度差异显著（$P<0.05$），均呈现出"上升 - 下降 - 上升"的变化趋势。土壤呼吸的最高值出现在 4:00—6:00，生长 2 年的壤呼吸速率日变化范围为 0.671~0.980 μmol·mol^{-1}，生长 3 年的为 1.100~1.250 μmol·mol^{-1}，生长 4 年的为 0.810~0.850 μmol·mol^{-1}，生长 6 年的为 0.970~1.150 μmol·mol^{-1}。总体上，不同生长年限阿尔冈金人工草地土壤呼吸速率变化规律性较强，按土壤呼吸速率全天平均值由大到小排序：生长 3 年 > 生长 2 年、生长 6 年 > 生长 4 年。

金皇后人工草地土壤呼吸速率的昼夜动态变化，总体变幅较大（图 4–20）。2007 年生长 2 年和生长 3 年土壤呼吸速率在 0:00—8:00 时间段内变化较为剧烈，在 4:00 达到全天的最大值。生长 5 年的土壤呼吸速率全天最大值出现在 6:00，土壤呼吸速率在 0:00—8:00 时间段内变化较为剧烈。2008 年不同生长年限金皇后人工草地的土壤呼吸速率在 24h 内的波动幅度差异显著（$P<0.05$），均呈现出"上升 - 下降 - 上升"的变化趋势。生长 6 年的土壤呼吸速率明显低于其他生长年限的土壤呼吸速率。生长 2 年、生长 3 年和生长 4 年土壤呼吸速率日进程变化趋势基本一致。各生长年限土壤呼吸速率最高值均出现在 4:00 左右，土壤呼吸

速率最大值分别为生长 2 年 0.950 μ mol · mol^{-1}，生长 3 年 0.940~0.950 μ mol · mol^{-1}，生长 4 年 0.900 μ mol · mol^{-1}，生长 6 年 0.700 μ mol · mol^{-1}。

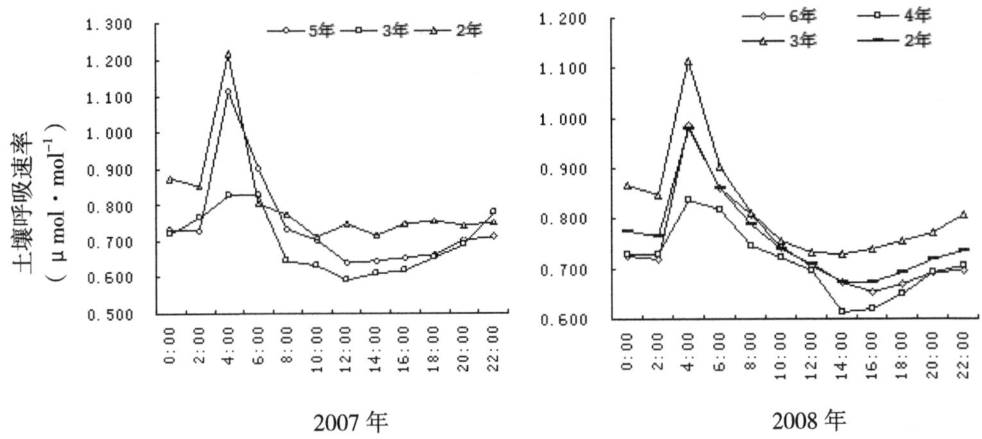

图 4-19 阿尔冈金人工草地土壤呼吸速率

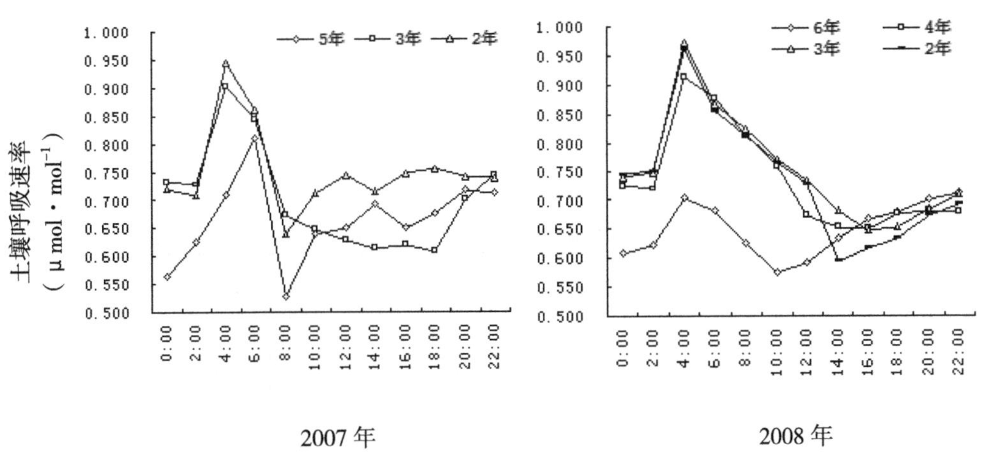

图 4-20 金皇后人工草地土壤呼吸速率

（五）土壤原位呼吸速率与土壤温度、土壤含水量的关系

1. 土壤温度影响

经分析（表 4–29），不同生长年限苜蓿土壤原位呼吸速率与 5cm 处土温均表现出 $Y=a\cdot e^{b\cdot x}$ 的指数关系（式中 a，b 都为常数），不同生长年限的人工草地土壤原位呼吸速率与 5cm 处土温呈显著指数相关，其中生长 3 年、生长 4 年和生长 5 年的土壤原位呼吸速率与土温呈极显著正相关，生长 2 年的呈显著正相关，生长 6 年呈显著负相关。

表 4–29　5cm 处土温与土壤原位呼吸速率关系

	生长年限	方　程	相关系数	显著性
2007	2 年	$y=0.6514e^{0.0327x}$	0.732	<0.05
	3 年	$y=0.3113e^{0.0451x}$	0.918	<0.001
	5 年	$y=0.8810e^{0.0690x}$	0.934	<0.001
2008	2 年	$y=0.5983e^{0.0108x}$	0.685	<0.05
	3 年	$y=0.4729e^{0.0163x}$	0.885	<0.001
	4 年	$y=0.4655e^{0.0157x}$	0.868	<0.001
	6 年	$y=0.8047e^{-0.0061x}$	0.475	<0.05

2. 土壤含水量影响

土壤水分对土壤呼吸的影响主要是通过对植物和微生物的生理活动、微生物的能量供应和体内再分配、土壤的透气性和气体的扩散等调节来实现。分析表明（表 4–30），对地表 0~5cm 土壤含水量（W%）和土壤呼吸速率（R）符合 $R=a\cdot W+b$ 的关系式，土壤呼吸速率与 0~5cm 土壤含水量呈现显著的正相关。

表 4–30　不同生长年限紫花苜蓿草地土壤呼吸速率与土壤含水量相关分析

	生长年限	方　程	相关系数	显著性
2007	2 年	$R=32.157W+16.028$	0.667	$P<0.05$
	3 年	$R=-5.130W+17.324$	0.712	$P<0.05$
	5 年	$R=15.898W-6.429$	0.808	$P<0.05$
2008	2 年	$R=62.517W-24.053$	0.613	$P<0.05$
	3 年	$R=-10.934W+21.443$	0.526	$P<0.05$
	4 年	$R=20.583W+2.205$	0.857	$P<0.01$
	6 年	$R=21.495W+6.798$	0.881	$P<0.05$

3. 土壤温度和土壤含水量的协同影响

土壤温度和土壤含水量都不会单独作用于土壤呼吸，而是土壤含水量和土壤温度共同影响土壤呼吸。对地温和土壤含水量与土壤呼吸速率进行多元回归分析（如表 4–31 所示），拟合结果表明不同生长年限紫花苜蓿草地的土壤呼吸速率与地温和土壤含水量有较好的响应，拟合模型的 r 值均大于 0.93，地温和土壤含水量与土壤呼吸速率均呈现极显著相关。如图 4–21 所示，土壤含水量和土壤温度两个因素均表现出与土壤呼吸同步的响应，即土壤呼吸速率增大时，土壤含水量和土壤温度都表现出增大的变化趋势。通过上述的单因素分析得知，土壤呼吸速率与 5cm 地温呈极显著相关，而土壤呼吸速率与土壤含水量也表现出明显相关性。

表 4–31 不同生长年限紫花苜蓿草地土壤呼吸与土温和土壤含水量相关分析

生长年限	回归方程	r	P
2 年	R=0.766–0.0119T–0.005W+0.001$T\times T$	0.971	<0.05
3 年	R=5.927–0.713T–0.004W+0.0242$T\times T$	0.972	<0.001
4 年	R=–0.154+0.181T–0.078W–0.008$T\times T$+0.005T × W	0.933	<0.001
5 年	R=2.517+1.127T–1.540W–0.014$T\times T$+0.021T × W	0.945	<0.001
6 年	R=1.823+0.651T+2.122W+0.738$T\times T$–0.093W × W	0.964	<0.001

R 为土壤呼吸速率（μmol · mol^{-1}），T 是 5cm 地温（℃），W 是 0~5cm 土壤含水量（%）

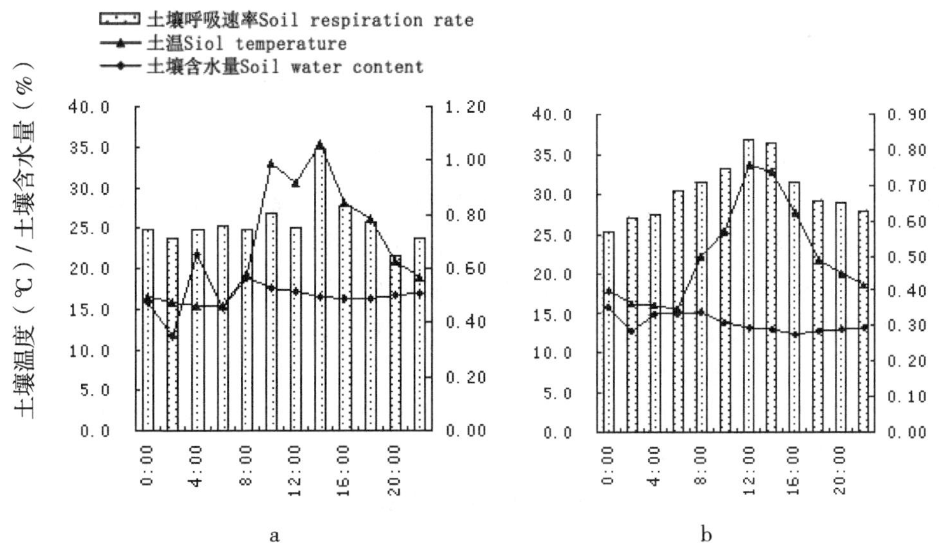

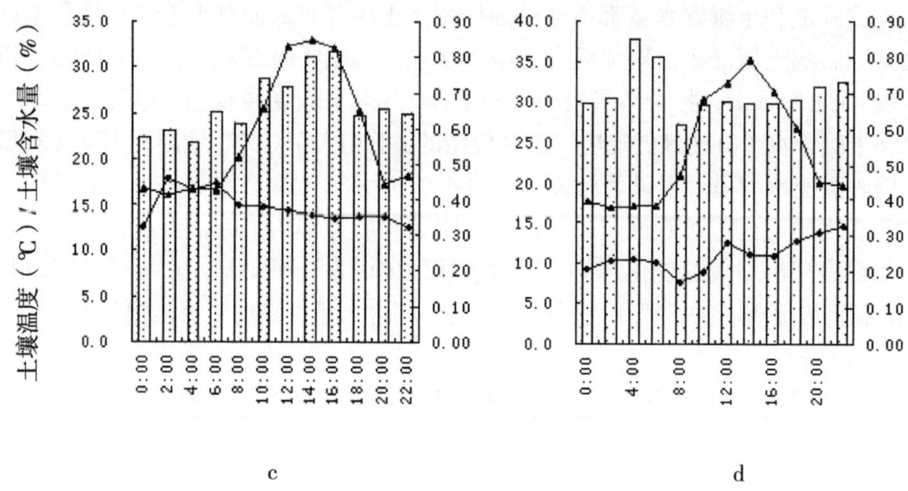

图 4-21　土壤呼吸速率与土温和土壤含水量的关系

a) 敖汉苜蓿 Aohan; b)Rangelander; c) 阿尔冈金 Algonquin; d) 金皇后 Goldenqueen

（六）土壤养分

1. 氮元素（N）

由表 4-32 可知，2007 年 4 个紫花苜蓿品种全 N 含量无显著差异（$P>0.05$），速效 N 含量存在显著差异性（$P<0.05$），综合比较 4 个紫花苜蓿速效 N 含量：敖汉苜蓿 >Rangelander> 金皇后 > 阿尔冈金。2008 年 4 个紫花苜蓿品种全 N、速效 N 含量的变化规律与 2007 年的变化规律基本一致，综合比较 4 个紫花苜蓿速效 N 含量：敖汉苜蓿 >Rangelander、金皇后 > 阿尔冈金。

（1）全氮。相同生长年限的 4 个紫花苜蓿品种全 N 含量无显著差异（$P>0.05$），同一品种不同生长年限的全 N 含量亦无显著差异（表 4-32）。经多重比较，不同土层间全 N 含量也无明显差异（$P>0.05$）。

（2）速效氮。敖汉苜蓿土壤表层速效氮含量高于 10~20cm 的速效氮含量（表 4-32）。2007 年 0~10cm 以生长 3 年的速效氮含量最高，生长 5 年的最低。2008 年 10~20cm 以生长 4 年的速效氮含量最高，生长 2 年含量最低。Rangelander2007 年 0~10cm 以生长 3 年的速效氮含量最高，生长 2 年的速效氮含量最低，2008 年 10~20cm 以生长 2 年的速效氮含量最高，生长 4 年的最低。阿尔冈金 2007 年 0~10cm 速效氮含量以生长 5 年的最高，生长 2 年的最低，2008 年 10~20cm 以生长4年可比6年的速效氮含量最高，生长3年的最低。金皇后速效氮含量2007年0~10cm以生长5年的最高，生长2年的最低，2008年10~20cm速效氮含量以生长2年的最高，生长6年的最低。

2. 磷元素（P）

由表4-33可看出，4个紫花苜蓿品种全磷和速效磷的含量存在差异性。综合比较4个紫花苜蓿品种人工草地土壤全磷含量：敖汉苜蓿 > 金皇后 > 阿尔冈金 >Rangelander，速效磷含量的变化规律为：金皇后 > 敖汉苜蓿、阿尔冈金 >Rangelander。

（1）全磷。敖汉苜蓿2007年土壤表层0~10cm全磷含量低于土层10~20cm的全磷含量，0~10cm以生长5年的全磷含量最高，生长3年的最低。2008年10~20cm以生长4年的全磷含量最高，生长6年的最低。Rangelander2007年0~10cm以生长5年的全磷含量最高，生长2年的速效磷含量最低，2008年10~20cm以生长6年的全磷含量最高，生长3年的最低。阿尔冈金2007年土壤表层0~10cm全磷含量高于土层10~20cm的全磷含量，其中0~10cm全磷含量以生长3年的最高，生长5年的最低，2008年10~20cm以生长4年的全磷含量最高，生长3年的最低。金皇后土壤表层0~10cm全磷含量低于土层10~20cm的全磷含量，全磷含量2007年0~10cm以生长2年的最高，生长5年的最低，2008年10~20cm全磷含量以生长3年的最高，生长6年的最低（表4–33）。

（2）速效磷。敖汉苜蓿土壤表层速效磷含量高于土层10~20cm的速效磷含量（表4–33）。2007年0~10cm以生长2年的速效磷含量最高，生长5年的最低。2008年10~20cm以生长4年的速效磷含量最高，生长2年的最低。Rangelander土壤表层速效磷含量高于土层10~20cm的速效磷含量。2007年0~10cm以生长5年的速效磷含量最高，生长2~3年的速效氮含量最低，2008年10~20cm以生长3年的速效磷含量最高，生长2年的最低。阿尔冈金土壤表层速效磷含量高于土层10~20cm的速效磷含量。2007年0~10cm速效磷含量以生长3年的最高，生长2年的最低，2008年10~20cm以生长6年的速效磷含量最高，生长4年的最低。金皇后土壤表层速效磷含量高于土层10~20cm的速效磷含量。速效磷含量2007年0~10cm以生长5年的最高，生长2年的最低，2008年10~20cm速效磷含量以生长6年的最高，生长3年的最低。

3. 钾元素（K）

由表4–34可知，4个紫花苜蓿品种全钾含量存在差异性，速效钾含量存在显著差异性（$P<0.05$），综合比较4个紫花苜蓿土壤全钾含量：敖汉苜蓿 >Rangelander> 金皇后 > 阿尔冈金，土壤速效钾含量：Rangelander> 阿尔冈金 > 敖汉苜蓿 > 金皇后。4个紫花苜蓿人工草地土壤表层0~10cm全钾和速效钾的含量均高于土层10~20cm的含量，存在养分“表聚”现象。

（1）全钾。敖汉苜蓿人工草地土壤全钾含量 2007 年 0~10cm 以生长 3 年的最高，生长 2 年的最低，2008 年 10~20cm 以生长 4 年的全钾含量最高，生长 2 年的最低（表 4–34）。Rangelander 全钾含量 2007 年 0~10cm 以生长 2 年的最高，生长 3 年的速效钾含量最低，2008 年 10~20cm 以生长 2 年的全钾含量最高，生长 6 年的最低。阿尔冈金全钾含量 2007 年 0~10cm 以生长 2 年的最高，生长 3 年和生长 5 年的最低，2008 年 10~20cm 以生长 4 年的全钾含量最高，生长 3 年的最低。金皇后全钾含量 2007 年 0~10cm 以生长 2 年的最高，生长 5 年的最低，2008 年 10~20cm 全钾含量以生长 4 年的最高，生长 3 年的最低。

（2）速效钾。敖汉苜蓿人工草地土壤速效钾含量 2007 年 0~10cm 以生长 2 年的最高，生长 3 年的最低，2008 年 10~20cm 以生长 4 年的速效钾含量最高，生长 2 年的最低（表 4–22）。Rangelander 速效钾含量 2007 年 0~10cm 以生长 5 年的最高，生长 2 年的速效钾含量最低，2008 年 10~20cm 以生长 4 年的速效钾含量最高，生长 2 年的最低。阿尔冈金 2007 年 0~10cm 速效钾含量以生长 5 年的最高，生长 2 年的最低，2008 年 10~20cm 以生长 6 年的速效钾含量最高，生长 2 年的最低。金皇后速效钾含量 2007 年以生长 5 年的最高，生长 2 年的最低，2008 年 10~20cm 速效钾含量以生长 2 年的最高，生长 6 年的最低。

4. 有机质

由表 4–35 可看出，4 个紫花苜蓿品种人工草地土壤有机质含量存在差异性。综合比较 4 个紫花苜蓿人工草地土壤有机质含量：Rangelander> 阿尔冈金 > 敖汉苜蓿 > 金皇后。表层土壤有机质含量高于土层 10~20cm 土壤有机质含量。

敖汉苜蓿人工草地土壤有机质含量 2007 年 0~10cm 以生长 2 年的最高，生长 3 年的最低。2008 年 10~20cm 以生长 3 年的有机质含量最高，生长 6 年的有机质含量最低。Rangelander2007 年 0~10cm 以生长 5 年的有机质含量最高，生长 2 年的最低，2008 年 10~20cm 以生长 4 年的有机质含量最高，生长 6 年的最低。阿尔冈金 2007 年 0~10cm 有机质含量以生长 2 年的最高，生长 3 年的最低，2008 年 10~20cm 以生长 4 年的有机质含量最高，生长 6 年的最低。金皇后有机质含量 2007 年 0~10cm 以生长 5 年的最高，生长 2 年的最低，2008 年 10~20cm 有机质含量以生长 4 年的最高，生长 3 年的最低。

表 4-32 紫花苜蓿草地土壤 N 含量测定

年份	土层深度（cm）	生长年限（年）	敖汉苜蓿		Rangelander		阿尔冈金		金皇后	
			全氮（mg/kg）	碱态氮（mg/kg）	全氮（mg/kg）	碱态氮（mg/kg）	全氮（mg/kg）	碱态氮（mg/kg）	全氮（mg/kg）	碱态氮（mg/kg）
2007	0~10	5	0.021 ± 0.010aA	92.861 ± 0.562bC	0.025 ± 0.001aA	91.700 ± 1.265aC	0.024 ± 0.001aA	97.980 ± 3.210aB	0.025 ± 0.001aA	104.968 ± 3.562aA
		3	0.025 ± 0.005aA	100.100 ± 0.871aA	0.023 ± 0.003aA	92.402 ± 2.065aB	0.027 ± 0.005aA	92.402 ± 2.158bB	0.020 ± 0.002aA	86.802 ± 2.169bC
		2	0.023 ± 0.004aA	98.248 ± 1.025aA	0.021 ± 0.005aA	84.062 ± 1.165bB	0.021 ± 0.002aA	82.596 ± 2.653cB	0.019 ± 0.002aA	81.892 ± 1.642cB
	10~20	6	0.020 ± 0.006aA	70.686 ± 2.035cC	0.021 ± 0.006aA	76.942 ± 1.346cB	0.021 ± 0.003aA	80.718 ± 1.259cA	0.022 ± 0.002aA	76.796 ± 2.499cB
		4	0.021 ± 0.001aA	80.245 ± 1.591bB	0.023 ± 0.001aA	47.125 ± 0.598dD	0.023 ± 0.004aA	86.102 ± 2.456bA	0.018 ± 0.003aA	74.893 ± 3.042cC
		3	0.021 ± 0.002aA	79.189 ± 0.676bB	0.022 ± 0.005aA	82.742 ± 0.642bA	0.021 ± 0.002aA	79.094 ± 2.845cB	0.019 ± 0.004aA	82.345 ± 0.998bA
		2	0.021 ± 0.004aA	101.859 ± 0.995aA	0.023 ± 0.002aA	88.700 ± 1.032aB	0.022 ± 0.008aA	100.770 ± 3.155aA	0.021 ± 0.001aA	87.126 ± 2.357aB
2008	0~10	5	0.024 ± 0.005aA	90.674 ± 2.104bB	0.028 ± 0.004aA	91.571 ± 1.512abB	0.023 ± 0.004aA	97.265 ± 0.988aA	0.023 ± 0.005aA	100.275 ± 5.462aA
		3	0.026 ± 0.004aA	98.815 ± 1.328aA	0.025 ± 0.007aA	87.625 ± 1.285cD	0.025 ± 0.005aA	93.531 ± 0.555aB	0.021 ± 0.003aA	90.386 ± 5.674bC
		2	0.017 ± 0.006aA	94.483 ± 0.898aA	0.024 ± 0.010aA	93.174 ± 1.065aA	0.022 ± 0.001aA	86.273 ± 1.564cB	0.018 ± 0.002aA	88.472 ± 2.596bB
	10~20	6	0.020 ± 0.002aA	85.708 ± 0.642bA	0.024 ± 0.005aA	74.517 ± 1.123bB	0.016 ± 0.003aA	86.518 ± 3.108aA	0.019 ± 0.002aA	68.724 ± 2.352cC
		4	0.023 ± 0.003aA	91.250 ± 1.215aA	0.021 ± 0.006aA	67.881 ± 0.649cD	0.023 ± 0.001aA	86.273 ± 2.894aB	0.018 ± 0.003aA	71.583 ± 3.543bcC
		3	0.019 ± 0.002aA	87.131 ± 0.985abA	0.019 ± 0.004aA	85.472 ± 1.032aA	0.019 ± 0.002aA	84.115 ± 0.656aA	0.015 ± 0.005aA	73.115 ± 2.647bB
		2	0.020 ± 0.001aA	75.886 ± 1.348cB	0.022 ± 0.002aA	89.263 ± 1.110aA	0.017 ± 0.001aA	85.342 ± 2.124aA	0.017 ± 0.004aA	77.229 ± 1.987aB

字母不同表示存在差异性（$P<0.05$），大写字母代表品种间比较，小写字母代表同一品种不同生长年限间比较

表 4-33 紫花苜蓿草地土壤 P 含量测定

年 份	土层深度（cm）	生长年限（年）	敖汉苜蓿		Rangelander		阿尔冈金		金皇后	
			全磷（g/kg）	有效磷（mg/kg）	全磷（g/kg）	有效磷（mg/kg）	全磷（g/kg）	有效磷（mg/kg）	全磷（g/kg）	有效磷（mg/kg）
2007	0~10	5	0.846 ± 0.147aA	1.310 ± 0.026bA	0.547 ± 0.059aA	2.360 ± 0.121aA	0.434 ± 0.015aA	1.966 ± 0.065aA	0.220 ± 0.011a	4.066 ± 0.123aA
		3	0.488 ± 0.056aA	2.360 ± 0.101aA	0.463 ± 0.078aA	1.573 ± 0.083aA	0.528 ± 0.026aA	3.146 ± 0.013aA	0.484 ± 0.013a	2.425 ± 0.154aA
		2	0.642 ± 0.037aA	2.753 ± 0.066aA	0.382 ± 0.100aA	1.573 ± 0.095aA	0.468 ± 0.024aA	1.180 ± 0.021bA	1.001 ± 0.025a	1.572 ± 0.065bA
	10~20	6	0.445 ± 0.0112aA	1.311 ± 0.029aA	0.904 ± 0.097aA	1.180 ± 0.084bA	0.407 ± 0.049aA	1.834 ± 0.101aA	0.837 ± 0.011a	1.442 ± 0.109bA
		4	0.904 ± 0.089aA	1.180 ± 0.037aA	0.495 ± 0.074aA	1.965 ± 0.045abA	0.463 ± 0.065aA	1.573 ± 0.010bA	0.374 ± 0.008a	1.441 ± 0.102bA
		3	0.907 ± 0.064aA	1.048 ± 0.105aA	0.418 ± 0.098aA	2.229 ± 0.101aA	0.495 ± 0.041aA	1.573 ± 0.022bA	1.056 ± 0.100a	1.180 ± 0.089bA
		2	0.341 ± 0.110aA	1.180 ± 0.102aA	0.369 ± 0.054aA	1.442 ± 0.010abA	0.467 ± 0.064aA	1.704 ± 0.312aA	0.351 ± 0.095a	1.442 ± 0.042bA
2008	0~10	5	0.525 ± 0.026aA	1.427 ± 0.048bA	0.619 ± 0.010aA	1.623 ± 0.025aA	0.739 ± 0.024aA	1.928 ± 0.048aA	0.315 ± 0.046a	3.862 ± 0.054bA
		3	0.796 ± 0.035aA	2.224 ± 0.031aA	0.513 ± 0.012aA	1.499 ± 0.064aA	0.766 ± 0.071aA	2.303 ± 0.062aA	0.546 ± 0.046a	2.576 ± 0.100bA
		2	0.762 ± 0.120aA	2.018 ± 0.029aA	0.457 ± 0.200aA	1.358 ± 0.040aA	0.813 ± 0.085aA	1.841 ± 0.078aA	1.215 ± 0.052a	1.694 ± 0.015bcA
	10~20	6	0.555 ± 0.062aA	1.307 ± 0.052aA	0.603 ± 0.125aA	1.522 ± 0.045aA	0.687 ± 0.062aA	1.545 ± 0.103aA	0.413 ± 0.072a	1.522 ± 0.016aA
		4	0.916 ± 0.057aA	1.546 ± 0.049aA	0.584 ± 0.324aA	1.665 ± 0.057aA	0.755 ± 0.031aA	0.409 ± 0.066baA	0.528 ± 0.036a	1.431 ± 0.065aA
		3	0.875 ± 0.104aA	1.493 ± 0.036aA	0.538 ± 0.307aA	1.858 ± 0.077aA	0.645 ± 0.058aA	1.302 ± 0.104aA	1.181 ± 0.046a	1.206 ± 0.041aA
		2	0.627 ± 0.100aA	1.092 ± 0.041aA	0.542 ± 0.485aA	1.387 ± 0.045aA	0.704 ± 0.066aA	1.536 ± 0.085aA	0.477 ± 0.027a	1.438 ± 0.020aA

字母不同表示存在差异性（$P<0.05$），大写字母代表品种间比较，小写字母代表同一品种不同生长年限间比较

表 4-34 紫花苜蓿草地土壤 K 养分含量测定

年份	土层深度（cm）	生长年限（年）	敖汉苜蓿		Rangelander		阿尔冈金		金皇后	
			全钾（g/kg）	有效钾（mg/kg）	全钾（g/kg）	有效钾（mg/kg）	全钾（g/kg）	有效钾（mg/kg）	全钾（g/kg）	有效钾（mg/kg）
2007	0~10	5	29.341 ± 1.235aA	140.495 ± 3.214bC	27.023 ± 1.264aAB	172.412 ± 5.612aA	26.106 ± 2.321aB	172.398 ± 5.678aA	27.477 ± 2.019aAB	159.663 ± 6.154aC
		3	29.818 ± 1.568aA	134.098 ± 2.284cC	26.106 ± 0.987aB	166.033 ± 6.123bA	26.101 ± 2.546aB	166.033 ± 4.592bA	27.949 ± 1.062aAB	146.857 ± 5.123bB
		2	26.551 ± 1.642bC	175.605 ± 0.217aA	29.438 ± 1.062aA	153.255 ± 5.874cB	27.960 ± 2.455aBC	137.294 ± 6.658cD	28.892 ± 1.134aAB	143.676 ± 5.127cC
	10~20	6	27.943 ± 0.641aA	95.780 ± 0.532bB	26.050 ± 1.054aA	108.571 ± 2.786cA	27.955 ± 3.541aA	92.593 ± 7.562dB	24.211 ± 0.650cB	98.985 ± 3.214bA
		4	28.880 ± 0.674aB	89.402 ± 1.085cB	28.857 ± 0.594aB	114.948 ± 4.254bA	27.932 ± 1.651aB	111.764 ± 5.622bA	30.451 ± 1.951aA	92.951 ± 4.416cB
		3	27.456 ± 0.108aA	95.780 ± 0.452bB	27.023 ± 0.357aA	124.517 ± 2.214aA	27.505 ± 0.999aA	92.595 ± 4.296cB	23.717 ± 1.265cB	89.411 ± 4.167dC
		2	28.886 ± 0.420aA	111.746 ± 1.084aA	28.881 ± 0.651aA	105.375 ± 2.645cB	27.505 ± 1.655aA	111.751 ± 5.012bA	27.477 ± 2.643bA	111.744 ± 5.641aA
2008	0~10	5	30.526 ± 1.652abA	132.694 ± 1.257cD	22.206 ± 1.242bC	174.105 ± 5.852aA	27.578 ± 2.964aA	147.381 ± 5.078aC	26.584 ± 3.651bB	160.283 ± 2.929aB
		3	33.278 ± 0.983aA	138.125 ± 1.358bD	22.205 ± 1.345bC	168.939 ± 6.520bA	28.109 ± 2.165aB	150.206 ± 2.633aC	27.073 ± 1.980bB	155.314 ± 3.992bB
		2	31.269 ± 2.157aA	150.473 ± 0.954aB	25.026 ± 0.647aC	170.941 ± 5.635aA	28.206 ± 2.655aB	145.807 ± 2.456bC	30.175 ± 1.627aA	150.819 ± 0.466cB
	10~20	6	28.436 ± 2.044aA	88.593 ± 0.992abD	23.510 ± 0.318bB	121.467 ± 8.552aB	27.863 ± 4.001aA	138.240 ± 6.078aA	23.013 ± 1.065aB	94.237 ± 2.466cC
		4	29.017 ± 1.541aA	91.271 ± 1.230aD	24.772 ± 0.415bB	125.516 ± 9.622aB	28.543 ± 3.062aA	138.438 ± 6.452aA	24.535 ± 0.115aB	96.188 ± 2.565bC
		3	28.999 ± 1.257aA	86.020 ± 0.657bD	26.320 ± 0.600aA	113.592 ± 5.512bB	27.719 ± 1.382aA	134.917 ± 4.016bA	22.179 ± 2.130aB	96.257 ± 3.456bC
		2	25.227 ± 1.351bB	85.000 ± 0.987bC	27.651 ± 0.640aB	110.381 ± 6.120bB	27.827 ± 1.954aB	132.513 ± 3.899bA	23.162 ± 1.462aB	108.264 ± 7.010aB

字母不同表示存在差异性（$P<0.05$），大写字母代表品种间比较，小写字母代表同一品种不同生长年限间比较

表 4-35　紫花苜蓿草地土壤有机质含量　g/kg

年 份	土层深度（cm）	生长年限（年）	敖汉苜蓿	Rangelander	阿尔冈金	金皇后
2007	0~10	5	11.338 ± 1.924bC	17.678 ± 1.065aA	13.555 ± 2.135bBC	14.207 ± 1.023bB
		3	11.197 ± 2.054bA	12.957 ± 0.954cA	12.957 ± 2.157bA	12.406 ± 2.314bcA
		2	16.278 ± 0.942aA	12.874 ± 1.235cC	14.412 ± 2.004bB	11.984 ± 2.462cC
	10~20	5	10.780 ± 1.026aB	11.791 ± 1.562aAB	10.707 ± 1.985bB	12.095 ± 1.856bA
		3	10.862 ± 1.065aB	12.285 ± 5.624aA	12.375 ± 1.358bA	10.774 ± 1.465bB
		2	11.320 ± 1.055aA	12.876 ± 2.318aA	12.675 ± 2.035bA	9.475 ± 1.787cB
2008	0~10	6	12.050 ± 1.111bB	15.268 ± 4.167aA	14.563 ± 3.255aA	14.214 ± 2.325aA
		4	12.132 ± 1.052bB	16.345 ± 1.235aA	11.417 ± 2.415bB	13.556 ± 2.642aB
		3	18.561 ± 1.210aA	13.108 ± 5.621bC	15.019 ± 2.466aB	14.232 ± 1.652aBC
		2	13.074 ± 1.534bB	13.212 ± 2.187bB	15.320 ± 2.651aA	15.625 ± 1.685aA
	10~20	6	10.685 ± 1.315bB	11.151 ± 2.335aB	10.001 ± 3.164bB	12.417 ± 2.087aA
		4	11.575 ± 1.206abB	12.869 ± 4.444aAB	13.328 ± 2.097aA	12.566 ± 0.966aAB
		3	13.251 ± 1.397aA	12.624 ± 2.351aAB	11.564 ± 1.651bB	11.273 ± 1.045aB
		2	12.683 ± 0.919abAB	11.792 ± 3.000aB	10.650 ± 1.321bB	13.825 ± 2.041aA

字母不同表示存在差异性（$P<0.05$），大写字母代表品种间比较，小写字母代表同一品种不同生长年限间比较

5. 四种紫花苜蓿人工草地土壤养分与原始裸地比较分析

由表 4-36 可以看出，土壤表层 0~10cm 4 种紫花苜蓿人工草地土壤养分与种植前土壤养分含量比较结果表明，土壤全氮含量无差异，速效氮含量、全磷和有机质含量明显高于种植前的含量，速效磷、全钾、速效钾含量低于种植前。

土层 10~20cm，4 种紫花苜蓿人工草地土壤养分与种植前土壤养分含量比较结果表明，土壤全氮含量无差异，速效氮含量 4 种紫花苜蓿人工草地土壤含量高于对照，全磷含量出阿尔冈金外，其他 3 种均高于对照，速效磷含量均低于对照，全钾含量除敖汉苜蓿人工草地土壤含量高于对照外，其余 3 种均低于对照，速效钾含量均低于对照，有机质含量明显高于种植前的含量（敖汉苜蓿人工草地除外）。

表 4-36 4 种紫花苜蓿人工草地土壤养分与原始裸地土壤养分含量比较 g/kg

土 层	养 分	对 照	敖汉苜蓿	Rangelander	阿尔冈金	金皇后
0~10cm	N（g/kg）	0.02	0.02	0.02	0.02	0.02
	速效氮（mg/kg）	63.35	92.36	90.22	91.34	88.01
	P（g/kg）	0.23	0.62	0.64	0.58	0.56
	速效磷（mg/kg）	2.36	2.13	1.70	1.93	2.44
	K（g/kg）	29.82	28.06	27.27	27.03	27.83
	速效钾（mg/kg）	201.17	143.68	164.43	157.25	147.67
	有机质（g/kg）	10.97	12.56	14.49	15.01	13.92
10~20cm	N（g/kg）	0.02	0.02	0.02	0.02	0.02
	速效氮（mg/kg）	73.32	82.99	73.88	86.67	80.29
	P（g/kg）	0.52	0.65	0.55	0.46	0.65
	速效磷（mg/kg）	1.84	1.18	1.70	1.67	1.38
	K（g/kg）	27.96	28.29	27.70	27.72	26.46
	速效钾（mg/kg）	127.70	98.18	113.35	102.18	98.27
	有机质（g/kg）	11.41	11.16	12.44	12.80	12.25

（七）土壤微生物

土壤养分、微生物和酶是草地生态系统的重要组成部分。其中土壤养分含量对牧草生长发育具有重要影响；微生物则参与土壤的物质循环和能量转化，是土壤中重要而又活跃的部分，而土壤酶参与土壤许多重要的生物化学过程和物质循环，二者一起推动着土壤的代谢过程，影响着牧草生长和草地的更新。

1. 土壤微生物特性

从表 4-37 和表 4-38 可看出，不同紫花苜蓿草地土壤微生物量及代表土壤肥力的活性的变化规律不同，不同生长年限间同一指标的变化规律也不完全相同，且土层间存在显著差异性（P<0.05）。值得注意的是在本试验中，4 个紫花苜蓿品种人工草地土壤有机氮 N_{org} 的含量无明显差异性（P>0.05）。

敖汉苜蓿人工草地所测定的各项指标与生长年限关系密切，其中土层 0~10cm C_{org}，C/N 和 N_{bio} 的变化规律一致，呈先上升后下降的变化趋势，且生长

4 年的最高；C_{bio}、C_{bio}/C_{org} 和微生物数量的变化规律一致，随着种植年限的增加呈上升趋势；而 N_{bio}/N_{org} 是在生长 3 年的草地达到最大值；土层 10~20cm，各项指标的变化规律不同于 0~10cm。除 N_{bio} 和 N_{bio}/N_{org} 的随着生长年限的增加呈下降趋势外，其他指标的变化规律整体上呈"上升—下降"的变化趋势，C_{org} 与 C/N 在生长 3 年时获得最大值，C_{bio}/C_{org} 和微生物数量是在生长 4 年时获得最大值。

Rangelander 人工草地 0~10cm 土层，C_{org}、N_{bio} 和 N_{bio}/N_{org} 随生长年限的增加，逐渐增加。C/N、C_{bio} 和 C_{bio}/C_{org} 先增加后降低，且在生长第 3 年获得最大值。微生物数量在生长第 3 年获得最大值；10~20cm 土层，C_{org} 和 C/N 呈"升高—降低"趋势，且在生长第 3 年达到最大。而 C_{bio}、C_{bio}/C_{org} 和微生物数量呈"降低—升高"的变化趋势，最低值出现在生长第 3 年。N_{bio} 和 N_{bio}/N_{org} 则是随着生长年限的延长呈逐步下降的变化趋势。总体上，0~10cm 各项指标的平均值高于 10~20cm 土层的。

阿尔冈金人工草地，0~10cm 土层 C_{org}、C/N 和微生物数量均呈现"升高—降低"趋势，最大值出现在生长第 4 年。N_{bio} 和 N_{bio}/N_{org} 随生长年限的延长而逐渐升高，C_{bio} 和 C_{bio}/C_{org} 的变化规律与前者恰恰相反，即随着生长年限的延长逐渐降低；10~20cm 土层，C_{bio}、C_{bio}/C_{org} 和 N_{bio} 最高值出现在生长第 4 年，C_{org} 和 N_{bio}/N_{org} 最高值出现在生长第 3 年，变化规律均为先升高后降低的变化趋势。C/N 随着生长年限的延长呈下降趋势，而微生物数量则是呈逐渐上升趋势。

金皇后人工草地，0~10cm 土层，C_{org} 先升高后降低，生长 4 年的最大，而 N_{bio} 和 N_{bio}/N_{org} 的变化规律与 C_{org} 恰恰相反，最低值出现在第 4 年。C/N、C_{bio} 和 C_{bio}/C_{org} 随生长年限的延长呈下降趋势，微生物数量则为表现出明显的规律性。10~20cm 土层，各项指标的具有较好的规律性，C_{bio}、C_{bio}/C_{org}、N_{bio}、N_{bio}/N_{org} 和微生物数量均呈"升高—降低"的变化趋势，最大值出现在生长第 3 年，而 C_{org} 和 C/N 相反，最低出现在生长第 3 年。

2. 土壤微生物酶活性

土壤酶参与土壤的许多重要的生物化学过程和物质循环，其活性可反映土壤中各种生物化学过程的强度和方向，是土壤肥力评价的重要指标之一。脲酶催化尿素水解成氨，其活性与土壤的微生物数量、有机质含量、全氮和速效氮含量呈正相关，直接影响土壤氮素的有效性；转化酶活性，与土壤中的腐殖质、水溶性有机质和黏粒的含量以及土壤微生物的数量及其活动呈正相关，常用来表征土壤的熟化程度和肥力水平。

从表 4-39 可看出，不同紫花苜蓿草地土壤酶活性反映不同品种不同生长年限人工草地土壤酶活性的变化规律。土壤转化酶活性在不同草地土壤中变化不大，差异不显著（$P>0.05$）。其余两种酶活性存在差异性（$P<0.05$）。

敖汉苜蓿草地 0~10cm 土层，蛋白酶随着生长年限的延长活性增加，且年限间存在显著差异（$P<0.05$）。脲酶活性先增加后降低，最高值出现在生长第 4 年，其中生长 2 年与生长 6 年，生长 3 年与生长 4 年脲酶活性间无显著差异（$P>0.05$）。10~20cm 土层，蛋白酶活性存在显著差异（$P<0.05$），活性由高到低变化为生长 4 年 > 生长 6 年 > 生长 3 年 > 生长 2 年。

Rangelander 人工草地 0~10cm 土层中，蛋白酶活性呈“升高—降低”的变化趋势，最高值出现在生长第 4 年，不同年限土壤蛋白酶活性差异显著（$P<0.05$）。脲酶变化规律表现为先下降后升高，生长第 3 年最低，生长 4 年与生长 6 年间差异不显著（$P>0.05$），其余年限间差异显著（$P<0.05$）。10~20cm 土层，蛋白酶活性变化规律与 0~10cm 一致，且差异显著（$P<0.05$）。脲酶活性在生长第 4 年达最大，生长 4 年与其他年限间差异显著（$P<0.05$）。

阿尔冈金人工草地 0~10cm 土层，蛋白酶活性值先增高后降低，生长第 4 年出现最高值，且年限间差异显著（$P<0.05$）。脲酶活性值的变化规律为生长 4 年 > 生长 6 年 > 生长 3 年 > 生长 2 年，年限间差异显著（$P<0.05$）。10~20cm 土层，蛋白酶活性随着生长年限的增加活性升高，且不同年限间差异显著（$P<0.05$），脲酶活性的变化规律为“升高—降低—升高”，生长 2 年与其他年限间差异显著（$P<0.05$）。

金皇后人工草地 0~10cm 土层中，蛋白酶活性在不同年限间差异显著（$P<0.05$），且生长 3 年最高。脲酶活性随着生长年限的延长而逐渐增加，除生长 2 年与生长 3 年间无显著差异外（$P>0.05$），其余生长年限脲酶活性差异显著（$P<0.05$）。10~20cm 土层中蛋白酶活性随生长年限的延长，活性逐渐降低，不同年限间差异显著（$P<0.05$）。脲酶活性生长 3 年与生长 6 年间差异不显著（$P>0.05$），其余生长年限间蛋白酶活性差异显著（$P<0.05$），不同生长年限酶活性变化规律为生长 3 年 > 生长 4 年 > 生长 2 年 > 生长 6 年。

表 4-37　4 种紫花苜蓿草地土壤微生物指标（0~10cm）

品　种	生长年限	Corg（g/kg）	Norg（g/kg）	C/N	Cbio（mg/kg）	Cbio/Corg（%）	Nbio（mg/kg）	Nbio/Norg（%）	Amount（104cfu/g）
敖汉苜蓿	6	7.69 ± 1.12c	2.25 ± 0.12a	3.42 ± 0.26b	188.98 ± 6.48a	2.46 ± 0.56a	255.56 ± 10.26c	11.36 ± 0.56a	6.13 ± 0.92a
	4	17.66 ± 1.08a	2.55 ± 0.35a	6.93 ± 0.43a	168.10 ± 5.16b	0.95 ± 0.26a	333.33 ± 7.20a	13.07 ± 0.26a	5.23 ± 0.16b
	3	13.42 ± 2.03b	2.00 ± 0.32a	6.71 ± 0.62a	103.68 ± 2.45c	0.77 ± 0.72a	266.67 ± 8.19b	13.33 ± 0.75a	4.45 ± 0.35c
	2	8.26 ± 2.12c	2.00 ± 0.15a	4.13 ± 0.15ab	60.09 ± 3.41d	0.73 ± 0.65a	133.33 ± 6.66d	6.67 ± 0.38b	4.41 ± 0.27d
Rangelander	6	12.47 ± 1.69a	2.65 ± 0.42a	4.71 ± 0.32a	69.57 ± 2.15c	0.56 ± 0.45a	533.33 ± 5.79a	20.13 ± 0.43a	0.82 ± 0.59d
	4	11.65 ± 3.05a	2.45 ± 0.26a	4.76 ± 0.41a	130.91 ± 3.16a	1.12 ± 0.14a	277.78 ± 5.96b	11.34 ± 0.29b	6.33 ± 0.60b
	3	10.94 ± 2.14a	2.40 ± 0.51aa	4.56 ± 0.50a	118.79 ± 2.65b	1.09 ± 0.45a	233.33 ± 4.74c	9.72 ± 0.61bc	7.51 ± 0.42a
	2	9.83 ± 1.12a	2.25 ± 0.10a	4.37 ± 0.28a	71.69 ± 4.15c	0.73 ± 0.28a	144.44 ± 8.49d	6.42 ± 0.59c	4.23 ± 0.58c
阿尔冈金	6	10.06 ± 1.08ab	2.35 ± 0.29a	4.28 ± 0.39a	41.25 ± 3.08c	0.41 ± 0.37a	466.67 ± 6.19a	19.86 ± 0.50a	0.66 ± 0.42d
	4	13.23 ± 2.05a	2.60 ± 0.11a	5.09 ± 0.17a	96.36 ± 3.26b	0.73 ± 0.52	155.56 ± 4.84b	5.98 ± 0.43b	17.08 ± 0.68a
	3	10.72 ± 3.12ab	2.15 ± 0.42a	4.99 ± 0.26a	98.95 ± 2.07b	0.92 ± 0.42a	111.11 ± 3.64c	5.17 ± 0.61b	8.64 ± 0.16b
	2	8.19 ± 2.49b	2.10 ± 0.53a	3.90 ± 0.30a	141.03 ± 1.68a	1.72 ± 0.62a	66.67 ± 5.98d	3.17 ± 0.52b	4.23 ± 0.37c
金皇后	6	10.21 ± 2.13ab	2.40 ± 0.26a	4.25 ± 0.31a	43.17 ± 5.67d	0.42 ± 0.77a	153.28 ± 5.64c	6.39 ± 0.73b	1.45 ± 0.59d
	4	8.98 ± 1.59b	2.05 ± 0.17a	4.38 ± 0.27a	56.59 ± 4.38c	0.63 ± 0.80a	122.22 ± 7.19d	5.96 ± 0.80b	4.87 ± 0.40b
	3	9.11 ± 0.98ab	1.85 ± 0.30a	4.92 ± 0.19a	69.61 ± 5.06b	0.76 ± 0.64a	177.78 ± 5.06b	9.61 ± 0.19a	2.58 ± 0.37c
	2	12.36 ± 1.48a	2.20 ± 0.28a	5.62 ± 0.10a	110.71 ± 4.12a	0.90 ± 0.82a	202.11 ± 4.78a	9.19 ± 0.65a	50.85 ± 0.22a

字母不同表示存在差异性（$P<0.05$），大写字母代表品种间比较，小写字母代表同一品种不同生长年限间比较

表 4-38　4 种紫花苜蓿草地土壤微生物指标（10~20cm）

品　种	生长年限	Corg（g/kg）	Norg（g/kg）	C/N	Cbio（mg/kg）	Cbio/Corg（%）	Nbio （mg/kg）	Nbio/Norg（%）	Amount(104cfu/g)
敖汉苜蓿	6	6.73 ± 0.59a	2.00 ± 0.26a	3.37 ± 0.47a	215.13 ± 5.49a	3.20 ± 0.49a	122.22 ± 5.59d	6.11 ± 0.35c	2.09 ± 0.63d
	4	7.22 ± 0.67a	2.24 ± 0.34a	3.28 ± 0.48a	141.15 ± 1.59b	1.95 ± 0.36ab	433.33 ± 6.15b	19.70 ± 0.26b	17.16 ± 0.46a
	3	8.03 ± 0.42a	2.00 ± 0.20a	4.15 ± 0.29a	111.66 ± 5.62c	1.35 ± 0.61ab	377.78 ± 4.54c	18.89 ± 0.65b	6.31 ± 0.58b
	2	8.19 ± 0.92a	2.05 ± 0.15a	4.00 ± 0.34a	43.48 ± 4.89d	0.53 ± 0.50b	777.78 ± 10.20a	37.94 ± 0.87a	4.45 ± 0.48c
Rangelander	6	7.47 ± 0.36	2.25 ± 0.10a	3.32 ± 0.56a	115.11 ± 2.65a	1.54 ± 0.57a	66.67 ± 6.97d	2.96 ± 0.38c	20.99 ± 0.98a
	4	8.58 ± 0.34a	2.27 ± 0.34a	3.90 ± 0.72a	78.85 ± 2.49b	0.92 ± 0.42a	122.22 ± 8.26c	5.56 ± 0.15c	12.55 ± 0.18b
	3	8.75 ± 0.49a	2.05 ± 0.30a	4.27 ± 0.61a	75.19 ± 5.46b	0.86 ± 0.82a	188.89 ± 3.59b	9.21 ± 0.88b	2.00 ± 0.24d
	2	8.33 ± 0.51a	2.25 ± 0.30a	3.69 ± 0.50a	113.45 ± 3.72a	1.37 ± 0.73a	488.89 ± 5.48a	21.73 ± 0.49a	4.55 ± 0.34c
阿尔冈金	6	6.35 ± 0.50a	1.85 ± 0.33a	3.43 ± 0.24a	70.01 ± 7.15b	1.10 ± 0.95b	233.33 ± 6.29c	12.61 ± 0.37a	131.62 ± 0.51a
	4	8.85 ± 0.46a	2.34 ± 0.05a	3.85 ± 0.60a	255.57 ± 4.05a	2.89 ± 0.29a	322.22 ± 7.89a	14.01 ± 0.64a	5.67 ± 0.20b
	3	8.12 ± 0.37a	2.00 ± 0.51a	4.06 ± 0.52a	57.36 ± 4.03d	0.71 ± 0.42b	311.11 ± 10.55b	15.56 ± 0.16a	4.27 ± 0.92d
	2	9.05 ± 0.10a	1.95 ± 0.43a	4.64 ± 0.62a	64.21 ± 5.19c	0.71 ± 0.37b	144.44 ± 9.77d	7.41 ± 0.25b	4.55 ± 0.42c
金皇后	6	8.26 ± 0.35b	2.05 ± 0.65a	4.03 ± 0.37a	83.18 ± 6.24c	1.01 ± 0.15ab	188.89 ± 6.24b	9.21 ± 0.34b	2.02 ± 0.71c
	4	7.67 ± 0.18b	1.82 ± 0.72a	4.26 ± 0.28a	140.24 ± 0.38a	1.83 ± 0.20ab	166.67 ± 7.08c	9.26 ± 0.29b	3.96 ± 0.37b
	3	6.37 ± 0.34b	1.75 ± 0.50a	3.75 ± 0.88a	143.93 ± 2.49a	2.26 ± 0.60a	477.78 ± 9.10a	28.10 ± 0.49a	1.65 ± 0.82d
	2	11.24 ± 0.29a	1.91 ± 0.62a	5.92 ± 0.49a	100.49 ± 2.87b	0.89 ± 0.98b	88.89 ± 5.06d	4.68 ± 0.72c	6.47 ± 0.35a

字母不同表示存在差异性（$P<0.05$），大写字母代表品种间比较，小写字母代表同一品种不同生长年限间比较

表 4-39　4 种紫花苜蓿草地土壤酶活性（0~20cm）

mg/g

品　种	生长年限	0~10cm			10~20cm		
		蛋白酶 protease	脲酶 Urease	转化酶 Invertase	蛋白酶 protease	脲酶 Urease	转化酶 Invertase
敖汉苜蓿	6	125.72 ± 4.35a	1.91 ± 0.04a	0.37 ± 0.01a	91.65 ± 5.26b	1.56 ± 0.11a	0.34 ± 0.01a
	4	118.53 ± 5.16b	2.34 ± 0.06a	0.35 ± 0.02a	92.57 ± 4.29b	1.75 ± 0.15a	0.36 ± 0.02a
	3	115.92 ± 3.26b	2.11 ± 0.15a	0.34 ± 0.03a	71.54 ± 3.59c	1.13 ± 0.20a	0.37 ± 0.02a
	2	10.27 ± .4.98c	1.95 ± 0.09a	0.39 ± 0.01a	152.73 ± 4.12a	0.77 ± 0.17b	0.37 ± 0.04a
Rangelander	6	145.64 ± 5.11b	2.93 ± 0.11a	0.34 ± 0.05a	126.65 ± 5.31c	0.89 ± 0.23b	0.36 ± 0.03a
	4	172.83 ± 2.89a	2.70 ± 0.08a	0.38 ± 0.03a	174.97 ± 2.98a	2.50 ± 0.15a	0.35 ± 0.02a
	3	14.39 ± 3.46c	0.89 ± 0.07b	0.36 ± 0.02a	140.64 ± 0.59b	0.73 ± 0.09b	0.37 ± 0.01a
	2	3.87 ± 5.07d	1.95 ± 0.06a	0.37 ± 0.01a	119.84 ± 1.15d	0.65 ± 0.04b	0.38 ± 0.03a
阿尔冈金	6	172.43 ± 5.06a	2.54 ± 0.08ab	0.36 ± 0.03a	33.36 ± 1.05d	1.17 ± 0.10b	0.31 ± 0.05a
	4	175.79 ± 2.49a	3.13 ± 0.21a	0.37 ± 0.02a	108.15 ± 1.34a	1.36 ± 0.08b	0.35 ± 0.04a
	3	64.91 ± 3.46b	1.91 ± 016b	0.37 ± 0.04a	99.86 ± 2.06b	0.93 ± 0.03b	0.36 ± 0.03a
	2	44.33 ± 5.14c	1.87 ± 0.08b	0.37 ± 0.01a	93.25 ± 2.17c	3.68 ± 0.95a	0.35 ± 0.03a
金皇后	6	140.01 ± 5.16c	4.70 ± 0.31a	0.38 ± 0.01a	87.13 ± 1.09d	0.85 ± 0.12b	0.36 ± 0.04a
	4	216.12 ± 2.48a	3.44 ± 0.24b	0.36 ± 0.02a	125.12 ± 0.48c	1.87 ± 0.06a	0.36 ± 0.06a
	3	151.50 ± 3.39b	2.56 ± 0.30c	0.38 ± 0.03a	152.11 ± 1.55b	2.07 ± 0.13a	0.33 ± 0.05a
	2	138.52 ± 5.05c	2.26 ± 0.14c	0.36 ± 0.05a	165.71 ± 1.04a	1.01 ± 0.10b	0.38 ± 0.02a

字母不同表示存在差异性（P<0.05），大写字母代表品种间比较，小写字母代表同一品种不同生长年限间比较

（八）不同紫花苜蓿草地土壤健康指数

为便于对不同紫花苜蓿草地之间的比较，对评价指标进行无量纲化处理，由于试验区很难找到基本不受干扰的一个接近理想状态的生态系统，故将试验区各指标的均值作为标准。将生态系统的各指标与均值比较，一定程度上可以说明系统的健康状态。

各紫花苜蓿草地土壤健康指标的计算公式：

$$F_H(x)=x/a$$

式中：$F_H(x)$——代表不同紫花苜蓿草地土壤健康指标的各评价指数均数相对值；

x——代表不同紫花苜蓿草地土壤健康指标的各评价指数实测值；

a——代表不同紫花苜蓿草地土壤健康指标的各评价指数平均值；

坐标系右方主要是量值指标，值越大反映微生物量或活性越高，左边是商值指标，值越大反映微生物生理状况越差，可能处于土壤环境的胁迫之下。从不同紫花苜蓿草地标准化微生物参数的辐射图观察（图 4–21），敖汉苜蓿人工草地随着生长年限的延长，可浸提碳（C_{ext}）含量先升高后降低，生长第 4 年含量最高，微生物碳（C_{bio}）含量逐渐升高，潜在呼吸量逐渐降低，这显示生物学质量逐年升高，其中生长第 4 年敖汉苜蓿草地生物学质量最好。生长 6 年的敖汉苜蓿草地基础呼吸商最低，表明微生物所处环境的胁迫最小。其次是生长 4 年，2 年的最高，说明生长 2 年的紫花苜蓿草地的环境胁迫明显。综合所有指标来看，生长 6 年的紫花苜蓿草地具有极高的微生物量和低的呼吸商，微生物处于非常好的生存环境，相比之下，生长 2 年的土壤质量较差，微生物处在较差的生存环境之下。

Rangelander 人工草地随着生长年限的延长，各指标含量或活性的差异不大，从整个辐射图 4–22 看，生长 6 年的土壤质量相对较好，其余生长年限的紫花苜蓿草地土壤质量、微生物生存环境相近。

阿尔冈金人工草地生长第 4 年可浸提碳（C_{ext}）和微生物量含量最高，潜在呼吸量较低，这显示生物学质量逐年升高，其中生长第 4 年阿尔冈金人工草地生物学质量最好（图 4–22）。同时，生长 4 年的阿尔冈金人工草地基础呼吸商最低，表明微生物所处环境的胁迫最小。其次是生长 2 年，生长 6 年的最高，说明生长 6 年的紫花苜蓿草地的环境胁迫明显。综合所有指标来看，生长 4 年的紫花苜蓿草地具有极高的微生物量和低的呼吸商，微生物处于非常好的生存环境，相比之下，生长 6 年的土壤质量较差，微生物处在较差的生存环境之下。

金皇后人工草地随着生长年限的延长，各指标间无明显的变化规律（图 4–21）。综合来看，生长 4 年的金皇后人工草地生物学质量较好，生长 6 年的最差。生长 2 年紫花苜蓿草地基础呼吸商最低，表明微生物所处环境的胁迫最小。其次是生长 3 年和生长 4 年，生长 6 年的最高，说明生长 6 年的紫花苜蓿草地的环境胁迫最为明显。综合所有指标来看，生长 4 年的紫花苜蓿草地具有极高的微生物量和低的呼吸商，微生物处于非常好的生存环境，相比之下，生长 6 年的土壤质量较差，微生物在较差的生存环境之下。

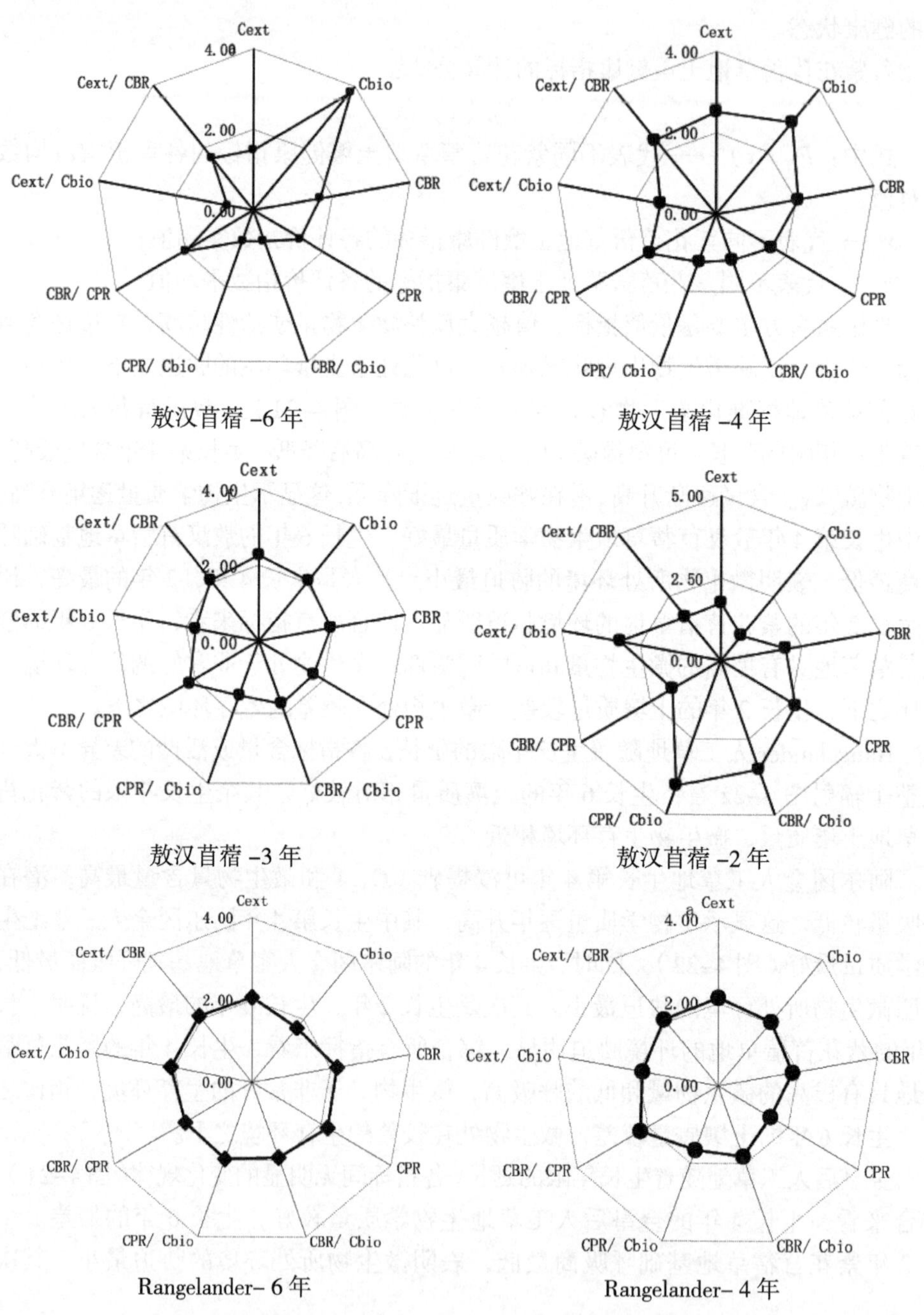

敖汉苜蓿 -6 年　　敖汉苜蓿 -4 年

敖汉苜蓿 -3 年　　敖汉苜蓿 -2 年

Rangelander- 6 年　　Rangelander- 4 年

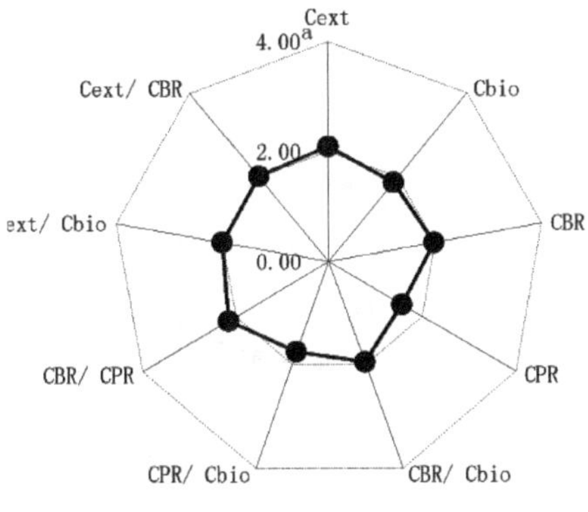

Rangelander- 3 年

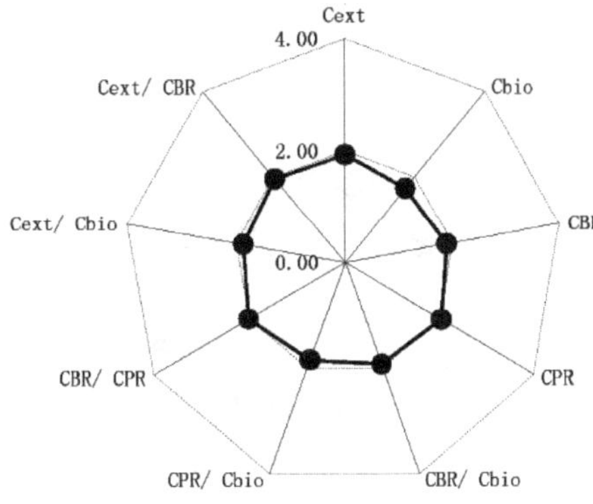

Rangelander- 2 年

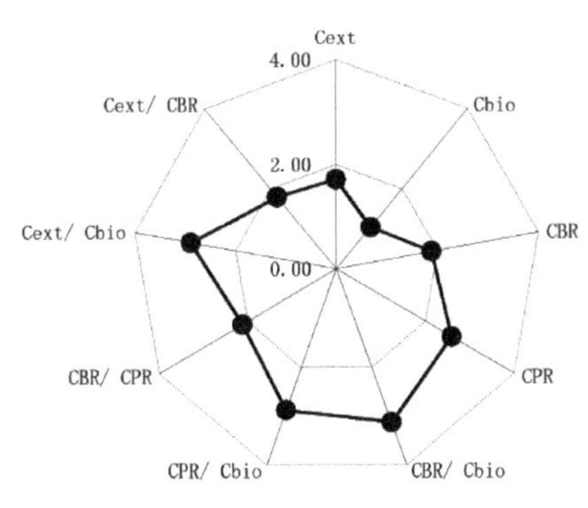

阿尔冈金 -6 年

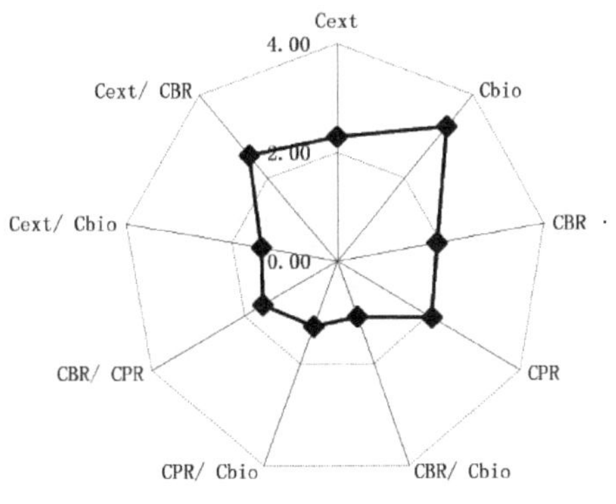

阿尔冈金 -4 年

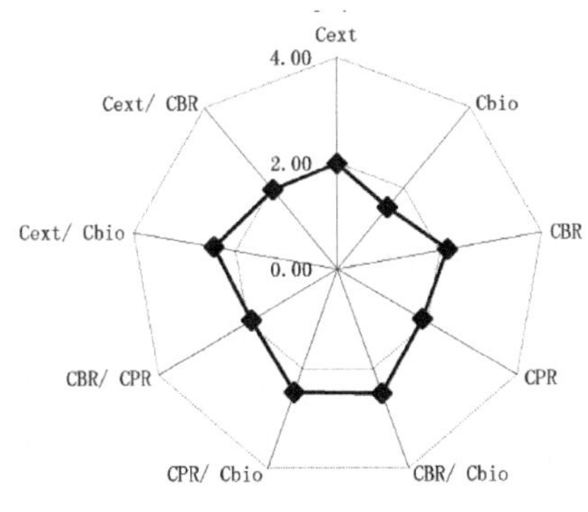

阿尔冈金 -3 年

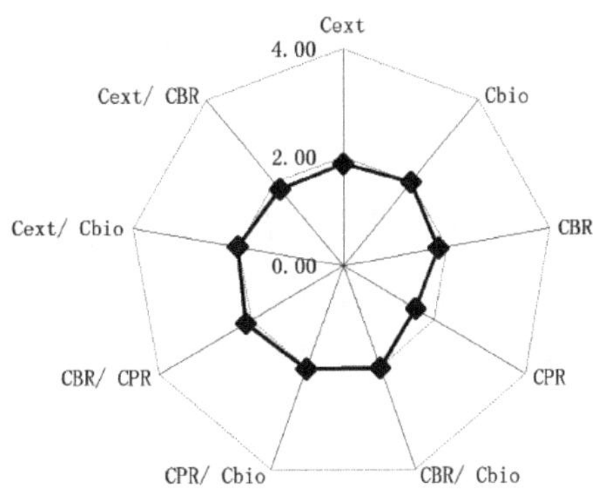

阿尔冈金 -2 年

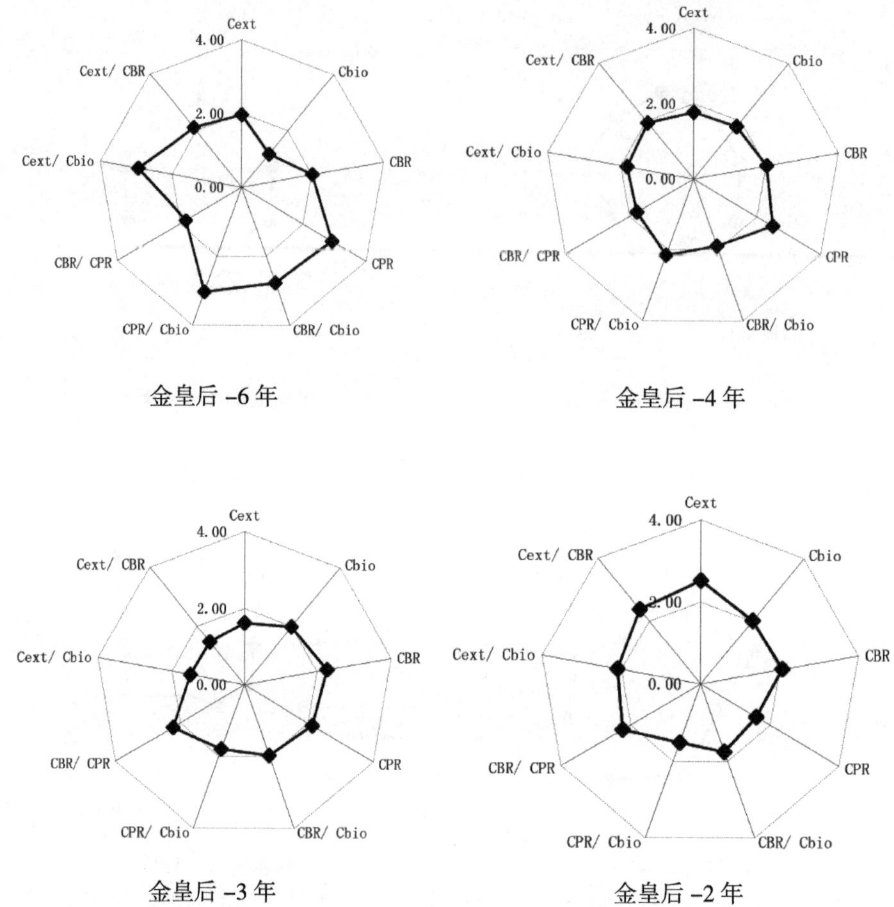

图 4-22　不同紫花苜蓿草地标准化微生物参数辐射

（九）不同紫花苜蓿草地土壤微生物量与土壤肥力的关系

从图 4-23 可看出，微生物生物量 -C 变化在 41.25~168.1mg/kg，土壤有机质水平较高，微生物所受胁迫小，有利于微生物群落的发展。土壤微生物生物量 -C 和土壤可浸提 -C（C_{ext}）与有机 C 呈显著正相关。4 种紫花苜蓿草地土壤 C/N 比值变化在之间。随着生长年限的延长，C/N 总体上呈上升趋势该值大致可以反映有机 C 和全 N 的相关性。

$$C_{bio}=11.672C_{org}-43.945\ (R^2=0.6072,\ P<0.05)$$

$$C_{ext}=0.9957C_{org}-0.0507\ (R^2=0.9997,\ P<0.01)$$

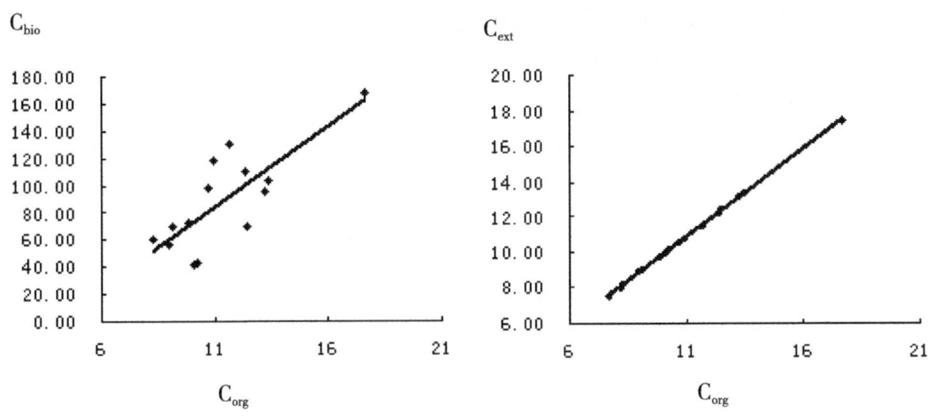

图 4-23 微生物量、可浸提碳与土壤有机质的回归分析

（十）不同紫花苜蓿草地土壤微生物活性与土壤肥力的关系

土壤酶活性与土壤 C、N 养分具有明显的相关性。分析了紫花苜蓿草地土壤酶活性与土壤有机 C、全 N 之间的相关系，表 4-40 可以看出，供试土壤酶活性与土壤有机 C、全 N 之间具有不同程度的相关关系，但相关性不明显。

表 4-40 酶活性与土壤肥力指标的相关系数

指 标	蛋白酶	脲 酶	转化酶
C_{org}	0.315	0.189	–0.583*
N_{org}	0.201	0.227	–0.300
C_{ext}	–0.132	–0.479	–0.144*
C_{bio}	0.340	0.034	–0.598*
N_{bio}	0.213	0.074	–0.584*

* 代表显著差异 $P<0.05$，** 代表极显著差异 $P<0.01$

二、呼伦贝尔草原区

（一）土壤 CO_2 通量日变化

以 2010 年 7 月 20 日测定杂花苜蓿与无芒雀麦草地 CO_2 通量为例进行说明。从图 4-24 可以看出，杂花苜蓿与无芒雀麦草地 CO_2 通量均呈现随机性，表现出多峰的日变化特征，这也许是受测定作物、时间及环境因素差异所造成的，测定当天气温与相对湿度见图 4-25。

杂花苜蓿草地 CO_2 通量的最大值出现在 10:30 和 16:30 前后。CO_2 通量也为全天最高，分别为 398.28 和 453.99mg $CO_2 \cdot m^{-2}$。无芒雀麦草地 CO_2 排放的最大值出现在 10:30 和 18:30 前后。CO_2 排放通量也为全天最高，分别为 933.88 和 899.63mg $CO_2 \cdot m^{-2}$。两种类型的草地 CO_2 通量最小值出现在夜晚温度较低时段，出现在凌晨 3:30 左右。在降温过程中，CO_2 通量与温度并不呈现明显的相关性，具有一定的随机性。通过全天对两种类型草地的 CO_2 通量观测，发现无芒雀麦草地 CO_2 通量高于杂花苜蓿草地，分别为 453.69 和 238.15mg $CO_2 \cdot m^{-2}$。

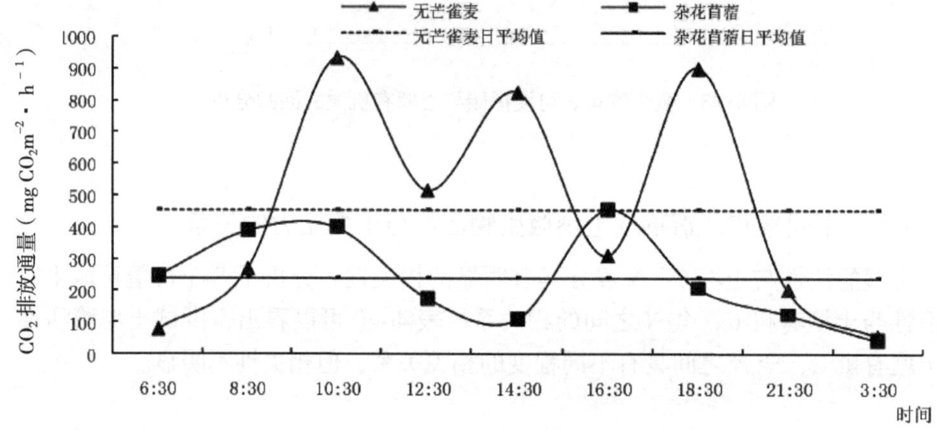

图 4-24　不同土地利用方式 CO_2 通量日动态

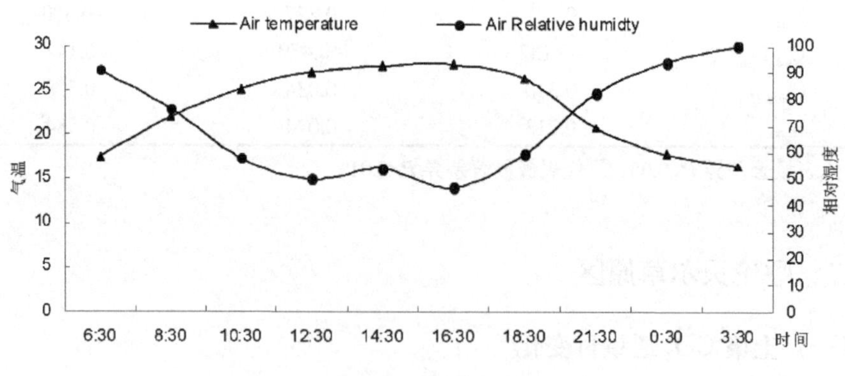

图 4-25　试验地气象因子日变化规律

（二）土壤 CO_2 通量季节变化

试验测得杂花苜蓿与无芒雀麦地土壤 CO_2 通量均由一系列明显的 CO_2 通量峰组成。杂花苜蓿与无芒雀麦种植时间相同，田间处理、生长发育各个阶段环境条件及管理条件基本相同，所以两种草地 CO_2 通量的季节变化规律作对应的比较是可行的。从试验结果可以看出，两种牧草品种在生长过程中除了受温度的影响外，降水也是影响 CO_2 通量的一个重要因素。降水对 CO_2 通量影响较大，有相应的降水出现，CO_2 通量就会产生一定的波动。值得注意的一点是，本试验测定的时间是在 9:00—11:00 进行。图 4-25 和 4-26 中显示降水对 CO_2 通量有影响，但不明显，这主要是因为气体采集时间与降水时间存在一定的差异。存在上午气体采集，降水出现在中午、下午或者晚上。当天气体 CO_2 通量数据显示不出来，但是随着降水的发生，对土壤含水量产生一定影响，在接下来的测定时间内 CO_2 通量出现“峰值”，但是，CO_2 通量出现“峰值”的这一天可能没有降水发生。

从这个生长季来看，杂花苜蓿地在整个生长季 CO_2 通量相对无芒雀麦地较高，特别是在 7—8 月，CO_2 通量总体上呈上升趋势。之后，随着气温的降低，土壤呼吸逐渐减弱，CO_2 通量整体呈下降趋势，但环境因素的影响，出现不同程度的波动。无芒雀麦地在整个生长季 CO_2 通量均呈较大的波动，其中以 7—8 月期间波动幅度较大，CO_2 通量波动范围在 142.93~741.62mg $CO_2m^{-2}\cdot h^{-1}$（图 4-26 和图 4-27）。

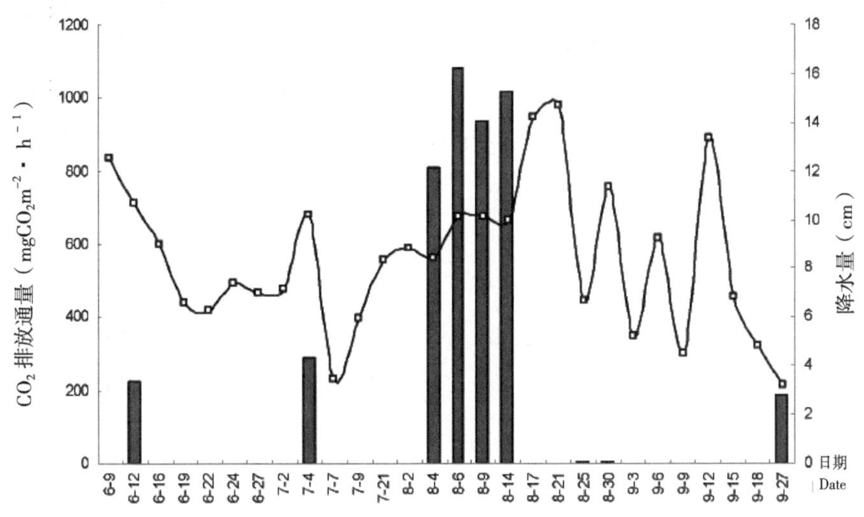

图 4-26 杂花苜蓿地 CO_2 通量季节变化

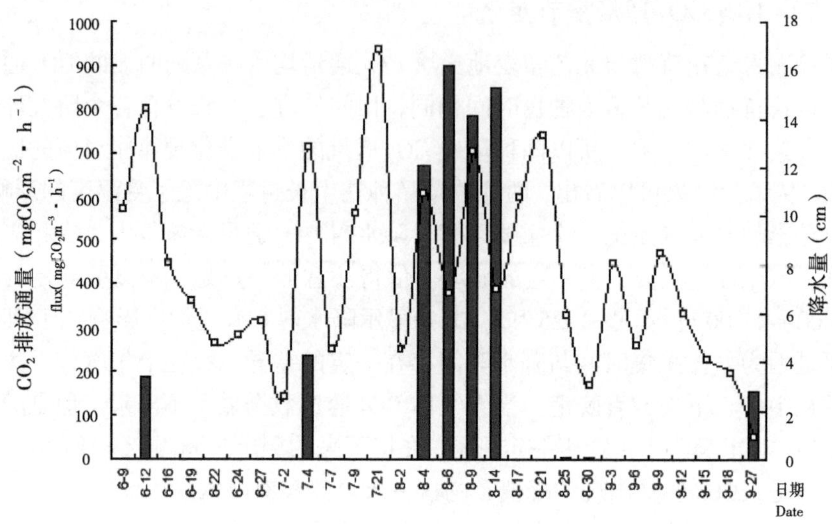

图 4-27　无芒雀麦地 CO_2 通量季节变化

（三）影响 CO_2 通量的环境因素

1. 土壤温度

温度是影响土壤 CO_2 通量的主要环境因素之一。随着温度的升高，作物的根系呼吸增强，加速土壤中有机质的分解和微生物的活性，促进有机质的矿化过程，从而增加土壤中 CO_2 浓度及产生的 CO_2 向地表的扩散速率。从本试验相关分析结果来看，杂花苜蓿和无芒雀麦草地 CO_2 通量均受土壤温度的影响，呈正相关关系（图 4-28）。

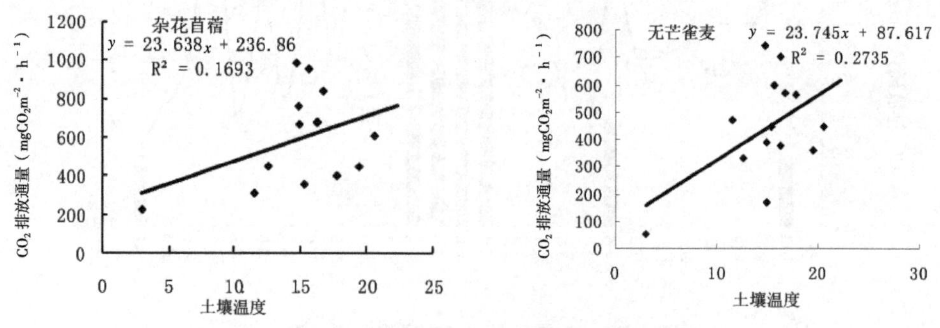

图 4-28　CO_2 通量与土壤温度相关分析

2. 土壤含水量

土壤 CO_2 通量还受土壤水分含量的影响。土壤水分含量是促进土壤矿质化过程的重要因素。土壤水分含量高与低都将影响土壤呼吸速率，以及 CO_2 在土壤中的扩散。综合分析杂花苜蓿与无芒雀麦草地土壤含水量与 CO_2 通量的相关性，结果显示土壤含水量与 CO_2 通量正相关，相关系数达 0.453 以上。试验结果也显示出，在土壤水分含量可以满足根系、土壤微生物及植株的呼吸作用需要的时候，其就不是限制因子（图 4–29）。

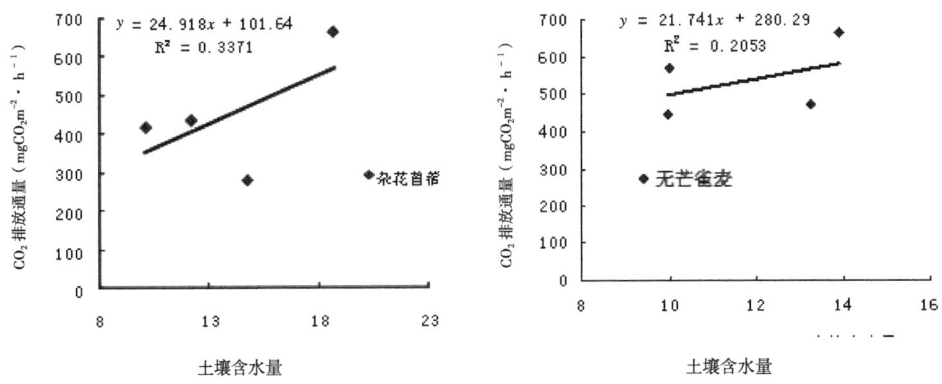

图 4–29 CO_2 通量与土壤温度相关分析

3.DNDC 模型模拟 CO_2 通量

DNDC 模型对土壤 CO_2 释放通量及其影响因子季节变化的拟合程度是能否推广该模型的基础。本研究主要通过田间试验数据来验证该模型模拟出的一系列结果，包括土壤释放 CO_2 是否表现为产生一系列释放峰的过程。

田间观测表明，杂花苜蓿和无芒雀麦草地 CO_2 释放峰主要受温度和降水的影响，土壤释放 CO_2 表现为产生一系列 CO_2 释放峰的过程。模型计算 CO_2 释放通量季节变化与田间观测结果间的对比分析表明，模型基本上捕捉了田间观测到的强降雨后的 CO_2 释放峰，CO_2 通量季节变化规律也基本一致。但从图 4–29 和 4–30 中还看到，杂花苜蓿草地与实测值相比，模拟结果普遍有些偏高，无芒雀麦草地地模拟结果普遍有些偏低，分析原因可能是模型在计算 CO_2 通量时，只考虑了土壤呼吸因素的影响，而没有考虑生物因素对两者测算的 CO_2 通量造成的差异，同时作物对温度、N 肥、水分的需求参数还不确定，这些因素都将影响到模拟结果。在今后的研究工作中，将进一步加大这些因素的研究与分析（图 4–30 和图 4–31）。

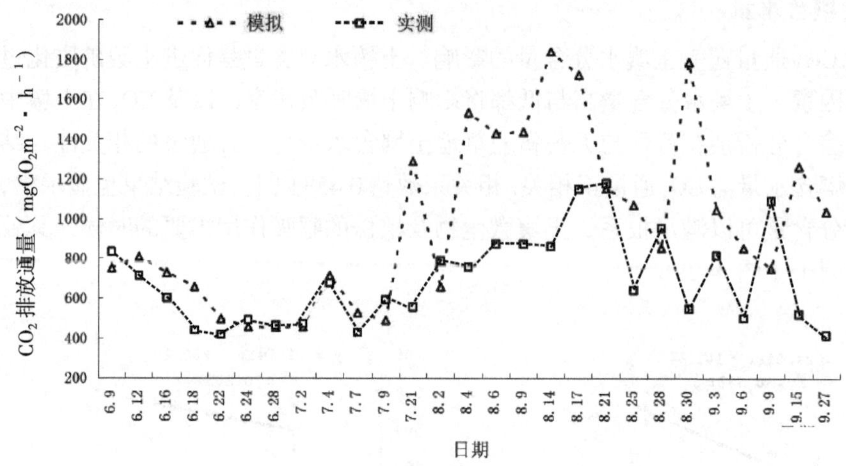

图 4-30　CO_2 通量实测值与模拟值的对比

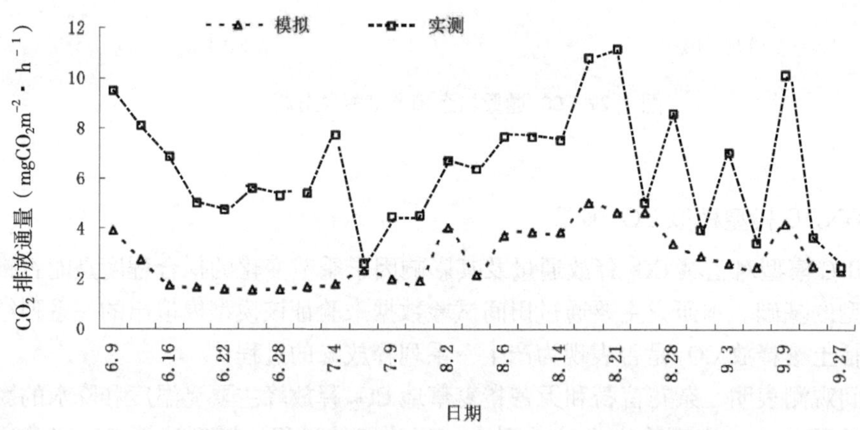

图 4-31　无芒雀麦地 CO_2 通量实测值与模拟值的对比

4. 固碳能力计算

结合 DNDC 模型模拟进行计算，结果显示试验选取的几种牧草中豆科牧草固碳能力高于禾本科牧草。试验结果见表 4-41。

表 4-41 不同牧草固碳能力结果 $kgC/hm^2/a$

品 种	DNDC 模拟固碳值
杂花苜蓿	1641.77
肇东苜蓿	1268.23
俄罗斯一号	1405.92
黄花苜蓿	1100.17
龙牧 801	1369.21
无芒雀麦	801.38

第五章　苜蓿草地健康评价

由于草地健康问题本身的复杂性，目前草地健康评价还处于探索阶段，关于如何度量和评价草地健康，国际上还没有达成共识。评价理论、方法和指标体系尚处于初始阶段，特别是有关人工草地健康评价方面的研究，就更少了。苜蓿在我国畜牧业发展中的地位越来越重要，因此，建立衡量和构建科学的草地健康指标体系框架，对我国苜蓿人工草地有效利用，为种植者、决策者提供科学的理论支撑，对推动我国苜蓿草地的可持续利用具有现实的指导意义。

第一节　健康评价原则与指标筛选

一、苜蓿草地健康评价指标体系构建原则

由于苜蓿人工草地的复杂性，建立指标体系也是一个极其复杂而连续的过程。构建苜蓿人工草地健康评价指标体系，要符合统计学的基本原理。由于所需要的指标与现有的数据之间不可能都存在着简单的对应关系，同时现有的定量指标的数据也未必能组合完全令人满意的指标。因此，在定量分析的基础上，定性分析往往使认识更趋于深刻。定性分析也是定量分析的基础，人们往往是先定性地认识某问题，然后再逐步走向定量。所以，定性分析与定量分析在分析和认识问题过程中是相辅相成的。

同时，根据系统论原理，苜蓿人工草地健康评价指标体系分为不同的层次。在同一层或不同层次之间，有许多指标都有分解与综合的问题。一个指标只能反映一个侧面问题，如果要综合地反映某个层面，就涉及到把本层次各个侧面指标加以综合。如果要建立一个反映某个问题的指标时，若没有现成的指标进行综合，则可以把这个问题进行分解，使之简单化，然后再综合。因此，综合与分解可以作为建立指标体系的最简单的方法。总体而言，构建苜蓿人工草地健康评价指标体系需要遵循以下原则。

（一）整体性原则

指标体系中的各项指标既相互联系，又不能重叠，能够全面反映系统的结构、功能和效益。

（二）实用性原则

建立指标体系是为了更好地指导实践活动，因此选取的指标要尽量实用，容易获得、易于量化，使得构建的指标体系具有较强的可操作性。

（三）层次性原则

完整的指标体系由不同层次组成，以便于从不同层次反映健康状态、程度和趋势，便于从纵向分析、从横向比较，及时发现问题，及时调整。

（四）定性与定量相结合原则

苜蓿人工草地健康评价是一项十分复杂的工作，如果对指标逐一量化，缺乏科学依据，在实际操作过程中必须充分结合定性分析，因此定性指标不可少。

（五）通用性原则

指标体系的建立要具有良好的通用性，以便可以在不同地区进行比较，找出彼此之间的差距。

（六）相关性原则

任何一个指标都要结合其他指标来考虑。在指标的衡量上，通常一个指标是另一个指标的基础或互为补充。

二、苜蓿草地健康评价指标体系构建方法

（一）资料收集

广泛收集有关研究论文、科技文献，以及研究地点的相关资料。

（二）问卷调查

通过事先设计的调查提纲，对抽取的样本进行封闭式问题调查，以便得到总体情况，调研对象主要是当地草原站工作人员及农牧民。

（三）专家组会议

邀请各研究领域的专家，主要是草学专家，召开会议，对选定的指标进行打分；在评价指标的筛选、权重确定等关键环节，借助一些典型的数学模型进行科学分析，以避免专家判断的主观性。

（四）野外试验

将选中的指标进行野外测定，根据测定的结果对所选择的指标进行筛选、验证。

三、苜蓿草地健康评价指标确定

（一）指标与指标体系

对紫花苜蓿人工草地进行评价时，主要是根据紫花苜蓿草地系统特征确定评价指标。指标是反映系统要素的概念和具体数值，是对事物现象、本质和效率的表征，可以为人们提供事物状态、进程和趋势的信息，提供描述、监测和评价的框架。构建紫花苜蓿人工草地健康评价指标体系的指标，既有直接从原始数据得来的基本指标，以反映本研究领域的系统特征，如植株的高度、分枝数、冠幅、冠层结构等，也有反映外界环境影响的指标，如反映土壤及其土壤微生物群落特征的指标。

（二）指标体系层次结构

苜蓿人工草地健康评价指标体系由三个层次构成，第一层为目标层，第二层为准则层，第三层指标层。每个目标有若干个准则，准则下面分若干个指标，对指标进行调查、分析，得出分值。然后根据指标的分值得出准则分值，再根据各个准则的分值，计算出 4 个目标的得分和苜蓿人工草地的得分，计算出相应的权重。

基于前面的分析，本研究认为苜蓿人工草地健康评价的目标、准则、指标以及验证因子之间在概念上存在如图 5–1 的层次关系。

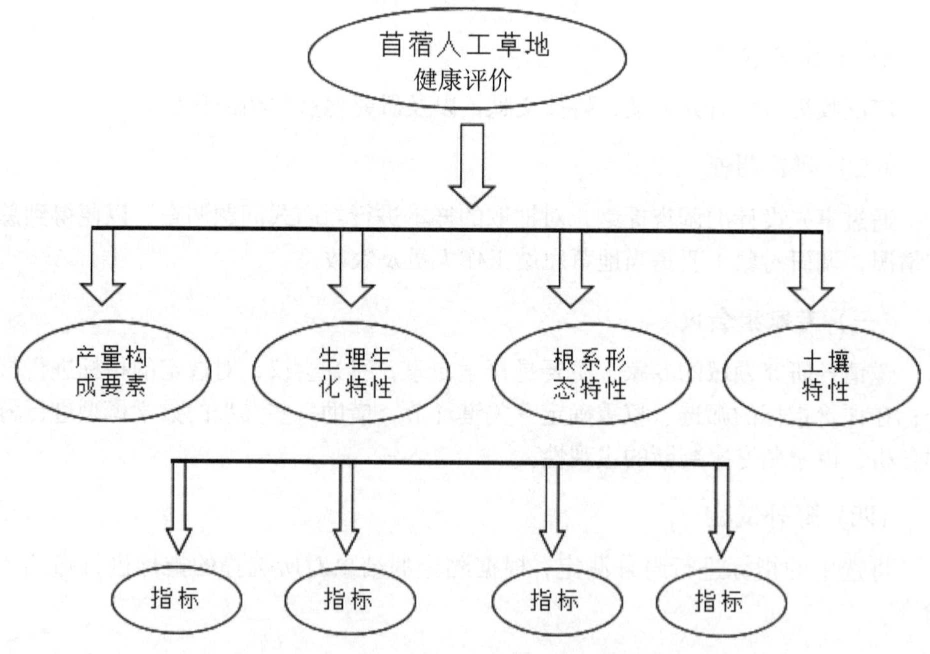

图 5–1　内蒙古林西县紫花苜蓿人工草地健康评价指标体系层次结构

准则：判断事物的某一原则或标准，它具有可操作性，但其自身并不是现象的直接测定者。准则是一种终结点，可以整合指标提供的各种信息，可以看作知识的反映，并使描述性的评价具体化。

指标：指用于测定某一特定准则相关情况的任一变量或组分，指标表达一种“单一意义的消息”，即信息。它代表按照某种关系联系起来的一种或多种数据的集合。

验证：指某一指标的进一步详细说明或使其评价简便化的数据或信息。作为第四层次，验证提供了表明或反映某一指标预期状态的特定详细情况，增加了指标的含义和精确性，具有立地特定性。

实际上，苜蓿人工草地评价指标体系是沿着两个主“轴”进行构造的。“水平”轴是将指标体系分为 4 个关键领域，即苜蓿产量构成、根系形态、生理生化和土壤 4 个方面；而“垂直”轴是关于目标、准则、指标和验证的分等级框架。

（三）指标筛选的步骤与方法

建立科学、合理的评价指标体系，关系到评价结果的正确性。本研究采用频度统计方法、理论分析法和专家咨询法，设计如下具体程序与步骤。图 5–2 采用反复过滤法和频度统计法对目前收集的现有国内外相关文献，进行频度统计和反复过滤，采取宁多勿缺的原则，选择那些使用频度高、针对性强的指标。在初步选出评价指标的基础上，采用专家咨询法，进一步征求专家意见，对指标进行调整。经过综合运用上述三种方法，形成第一轮指标集合，见表 5–1。邀请牧草研究领域的专家，特别是苜蓿方面的专家，召开专家研讨会，在介绍研究背景、各指标内涵和测量方法后，采用集思广益法，请各位专家根据自己的知识和经验对指标进行分析和综合评价，同时对指标的重要性进行描述，并对筛选的指标进行补充和归并，进而获得苜蓿人工草地健康评价的指标体系。

通过第一轮的筛选，得出如下结论：

新增指标“叶片重、叶绿素 a/b、根瘤数”；

“土壤微生物酶活性”应具体到指标：蛋白酶、脲酶和转化酶；

“冠层指标”应具体到指标：叶面积指数、叶倾角和散射光穿透系数；

去掉指标“主茎长度、枝条重量、主枝节间数、主枝节间长度、主茎直径、灌溉时间、灌溉次数、刈割时间、刈割次数”，原因是指标“主茎长度、枝条重量、主枝节间数、主枝节间长度、主茎直径”等人为因素造成误差较大，而灌溉时间、灌溉次数、刈割时间、刈割次数应该属于草地管理措施，不应列入测定指标中。

通过专家对指标的评判和专家咨询表统计分析，对指标框架和各级指标进行归并和补充，经统计、分析、整理筛选，经过两轮专家筛选出 32 个入选率大于 70% 的指标，形成第二轮评价指标集合（见表 5–2）。

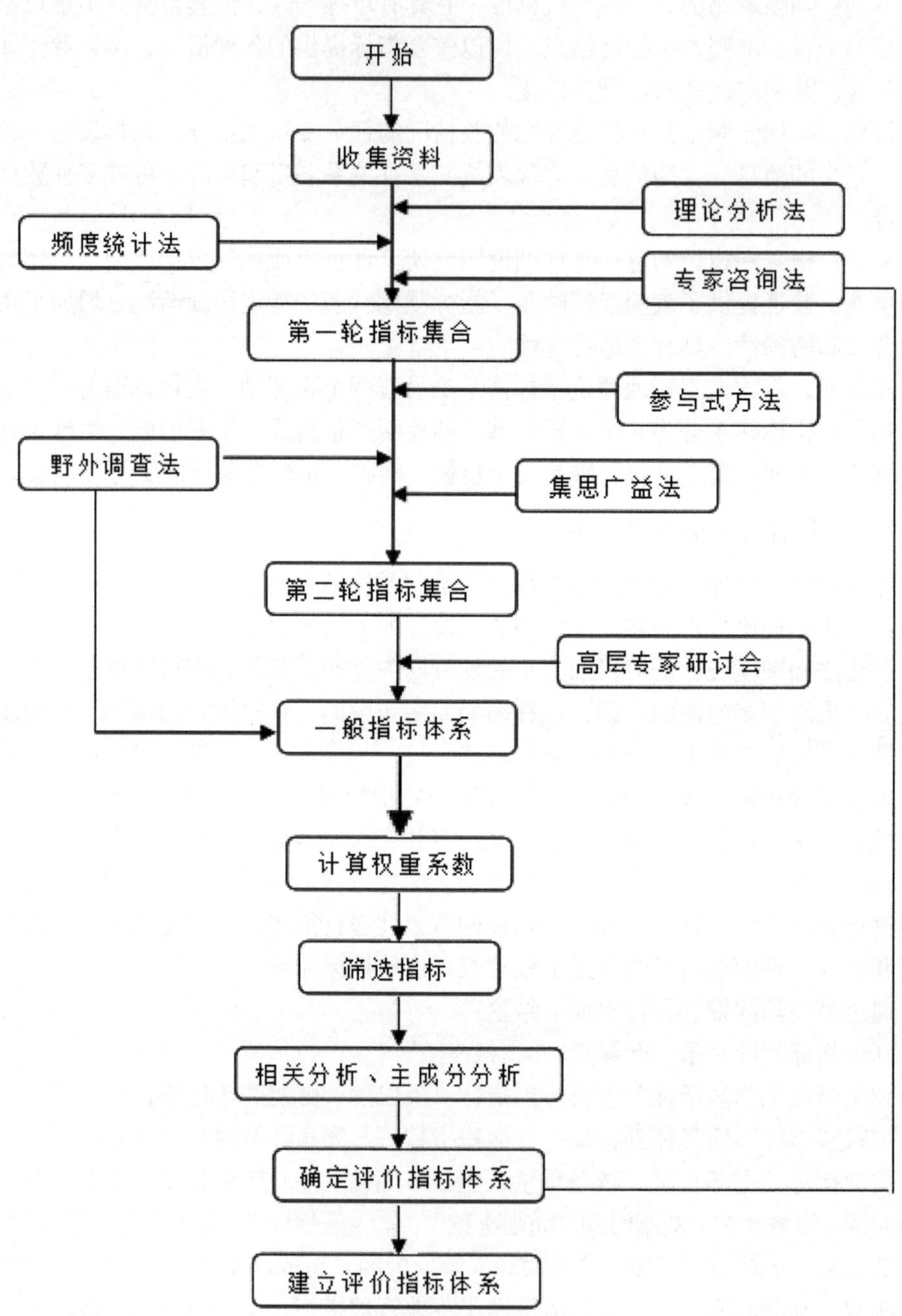

图 5-2　指标体系构建程序

表 5-1 紫花苜蓿草地健康评价指标体系（第一轮筛选）

编号	指标	编号	指标
1	株高	34	净光合速率
2	单株分枝数	35	蒸腾速率
3	单株鲜重	36	气孔导度
4	叶面积	37	胞间 CO_2 浓度
5	冠幅	38	瞬时水分利用率
6	冠层	39	脯氨酸
7	主茎长度	40	丙二醛
8	枝条重量	41	电导率
9	主枝节间数	42	过氧化氢酶
10	主枝节间长度	43	叶绿素
11	主茎直径	44	土壤养分
12	根颈粗	45	土壤盐分
13	根颈收缩	46	土壤含水量
14	根颈芽	47	土壤呼吸速率
15	越冬率	48	土壤基础呼吸
16	产草量	49	土壤诱导呼吸
17	生长速度	50	土壤紧实度
18	再生强度	51	土壤微生物碳量
19	株型结构	52	土壤有机碳
20	生产结构	53	土壤微生物氮量
21	茎叶比	54	土壤微生物数量
22	鲜干比	55	土壤微生物酶活性
23	粗蛋白含量	56	C/N
24	粗纤维含量	57	微生物商
25	粗脂肪含量	58	根系直径
26	酸性洗涤纤维含量	59	根系表面积
27	粗灰分含量	60	根系体积
28	植株钙含量	61	根系长度
29	植株磷含量	62	根系腐烂百分比
30	植株氮含量	63	灌溉时间
31	植株钾含量	64	灌溉次数
32	植株 Mg 含量	65	刈割次数
33	干物质含量	66	刈割时间

表 5-2 紫花苜蓿草地健康评价指标体系（70% 以上）

	指 标	入选率（%）	编 号
1	株高	100	33
2	单株分枝数	98	34
3	叶片重	94	35
4	叶面积	97	36
5	冠幅	98	37
6	叶面积指数	90	38
7	叶倾角	80	39
8	散射光穿透系数	80	40
9	越冬率	99	41
10	生长速度	91	42
11	根瘤	90	43
12	茎叶比	90	44
13	鲜干比	90	45
14	产草量	100	46
15	根颈直径	95	47
16	根颈收缩	93	48
17	根颈芽	98	49
18	总根系长度	99	50
19	根系总表面积	100	51
20	根系总体积	90	52
21	根系直径	90	53
22	根系腐烂百分比	90	54
23	根瘤数	79	55
24	根系生物量	95	56
25	植株 N 含量	82	57
26	植株 P 含量	82	58
27	植株 K 含量	82	59
28	植株 Ca 含量	82	60
29	植株 Mg 含量	82	61
30	脯氨酸	80	62
31	丙二醛	80	63
32	电导率	82	64

第二节 基于模糊理论的苜蓿草地健康综合评价

一、模糊数学的特点

模糊性是指客观事物中的不确定性，模糊性的根源在于客观事物的差异之间存在着中介过渡。事物的模糊性是现实世界广泛存在的一种特征，现阶段的决策问题涉及的不确定性大量表现为模糊性，或者随机性与模糊性并存，决策过程中需要处理的大多不是精确的数据，而是含混的概念和要求，这样复杂而模糊的决策问题，运用传统而精确的数学方法是无法解决的。现代科学发展的总趋势是以分析为主，对确定性现象进行研究，过渡到以综合为主，对不确定现象的研究。随着科学技术的综合化，整体化，多种多样模糊现象的出现，一门新的学科已逐渐适应这种趋势的发展，这就是模糊决策学科。

模糊数学的产生把数学的应用范围从精确现象扩大到模糊现象的领域。模糊数学的一个重要特点，就是使数学回过头来吸取人脑识别和判断，使之运用于计算机，使部分自然语言能够作为算法语言直接进入程序，使人能以简易之程序调动机器完成更复杂的任务，从而大大提高机器的活性。目前，模糊数学作为一门新的数学领域，其模糊集合的理论和实际应用已经在世界范围内得到了广泛迅速的发展，它新颖的思想已经渗透到许多科学领域。

二、模糊综合评价

综合评价是个十分复杂的问题，它涉及评价对象集、评价指标集和评价方法集等综合评价。综合集成的评估方法是采用综合集成的思想将两种或两种以上的方法加以改造并结合获得一种新的评估方法。综合评价是系统工程的基本环节，数学模型简单，容易掌握，对多因素、多层次的复杂问题评价效果比较好的优点，模糊综合评价将一些边界不清、不易定量的因素定量化，进行综合评价，是其他的数学分支和模型难以代替的方法。而且，模糊评价能够将定量指标和定性指标很好地结合起来，用模糊关系阵对定性定量指标进行模糊量化，再通过模糊权向量与模糊关系阵合成得到模糊评价向量。在实际工程中，为了能够得到较为合理的评价结果，宜采用模糊综合评价法。多层次综合评价法是先对最后一层次的因素进行评价分析，把得到的综合判别向量作为上一层次综合评价分析的初始判断，会同其他同组因素，继续进行综合评价分析运算，得到倒数第二层次的评价向量，一直把上述过程进行到第一层次，然后按照评判标准得到最终评价。

模糊综合评价的操作流程见图 5–3，根据评价对象的复杂程度，模糊综合评价可分为一级综合评价和多级综合评价。

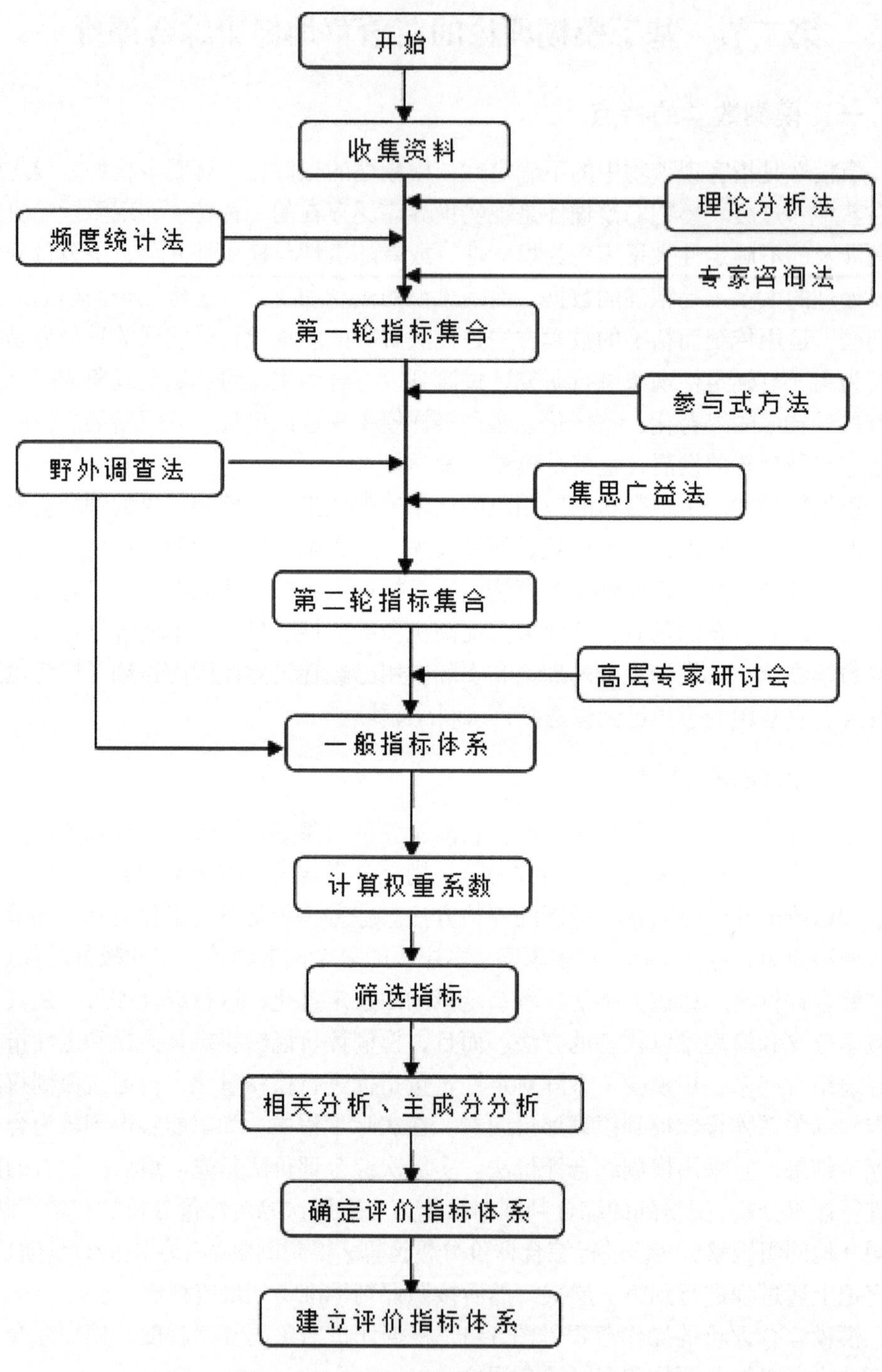

图 5-3　模糊综合评价流程

（一）隶属度的确定

模糊集合与普通集合的最主要区别是：论域中的元素与普通集合的关系只有两种，属于和不属于。而模糊集合与元素的关系有多种，可用[0，1]上的任一个数值来表示：取“0”时表示元素不属于该模糊集合，取“1”时则表示元素完全属于该模糊集合，取“0.3”时表示元素属于该模糊集合的程度为0.3，依此类推。所取的这个数叫做元素对该模糊集合的隶属度。隶属度是刻划因子模糊性的指标，是表现元素对模糊集合隶属关系不确定性大小的数学指标，可以说是模糊集合应用于实际问题的基石。如果这个隶属度是随着一个变量的变化而变化的，需要建立隶属函数，通过计算得出隶属度。隶属度函数一般用A（x）来表示。隶属度函数往往又不能直接给出，一般是通过推理的方法近似的确定。其确定过程从本质上来说是客观的，但容许一定的人为技巧，有时人为技巧对问题的解决起决定作用。常见确定隶属度函数的方法有：模糊统计法，典型函数法，增量法，多项模糊统计法。择优比较法和绝对比较法。由于典型函数法的模型建立较简易、工作量较少，适宜于环境影响等方面评价的实际工作，因此，本研究采用典型函数法建立隶属度函数。

（二）一级综合评价

一级评价是多级评价的基础，一般来说，一级模糊综合评价主要按以下步骤进行。

1. 确定因素集及评语集

建立因素集和评语集是评价工作的第一步。模糊综合评判是考虑与被评价事物相关的各个因素所作的综合评价，其着眼点是所要考虑的各个相关因素，必须建立因素集。为了清晰描述评价结果，需要将评价结果分成一定的等级，所以要同时建立评语集。

一般可设因素集合为：

$U=\{u_1, u_2, \cdots\cdots, u_m\}$，共m个因素

决策评语集合为：$\sum_{i=1}^{N} k_i = n$

$V=\{v_1, v_2, \cdots\cdots, v_n\}$，共n个评语等级

为子集，i=1，2，……，N，即Ui中含有k个因素，并且满足以下条件：

$$\bigcup_{i=1}^{N} U_i = U, U_i \cap U_j = \Phi, i \neq j \quad (5\text{-}1)$$

对每个$U_i=\{u_{i1}, u_{i2}, \cdots\cdots, u_{ik}\}$的k个因素，按初始模型做综合评判。设$U_1$的各因素权重模糊子集为$A_1$，$U_1$的k个因素的总的评价矩阵为$R_1$，于是得到：

Bi=Ai*Ri=（bi1，bi2，……，bin）（i=1，2，……，N）公式（5-1）

式中 Bi 为 Ui 的单因素评判。

2. 二级评判

设 U=｛u_1，u_2，……，u_m｝的各因素权重模糊子集为 A，且 A=｛A_1，A_2，……，A_m｝，则 U 的总评价矩阵 R 为：

$$R=\begin{Bmatrix} B_1 \\ B_2 \\ \vdots \\ B_N \end{Bmatrix}=\begin{Bmatrix} A_1 \circ R_1 \\ A_2 \circ R_2 \\ \vdots \\ A_N \circ R_N \end{Bmatrix} \quad (5\text{-}2)$$

二级综合评判结果 B=A*R，集合 B 即为因素集 U=｛u_1，u_2，……，u_m｝的综合评判结果。

上述的综合评判模型称为二级模型。如果着眼因素集 U 的元素非常多时，可对它做多级划分，并进行更高层次的综合评判。在本研究中，共划分三个层次进行综合评判。

3. 确定各项指标的隶属度

对于任意的 ui ∈ U，vj ∈ V，根据第二步所建隶属函数，可以求解 ui 在评语 vj 级上的隶属度，用 γ_{ij} 表示。每个因素 ui 对于每一个评价等级（j=1，2，3，……，n）的隶属度构成向量 R_i=（γ_{i1}，γ_{i2}，……，γ_{in}），它是决策评语 V 上的模糊子集。这样 m 个着眼因素的评价集就构造出一个 n×m 评价矩阵 R=（γ_{ij}）$_{n\times m}$。

$$R=\begin{Bmatrix} R_1 \\ R_2 \\ \vdots \\ R_n \end{Bmatrix}=\begin{Bmatrix} \gamma_{11}, & \gamma_{12}, \cdots \gamma_{1m} \\ \gamma_{21}, & \gamma_{22}, \cdots \gamma_{2m} \\ \cdots\cdots & \\ \gamma_{n1}, & \gamma_{n1}, \cdots, \ \gamma_{nm} \end{Bmatrix} \quad (5\text{-}3)$$

R 是着眼因素论域 U 到决策评语论域 V 的一个模糊关系集合。

（三）确定各因素的权重

权重系数是评价领域中各个因素重要程度的定量描述，可以看作为是评价论域中的各个因素相对于“重要性”的隶属度。目前权重的确定有多种方法，例如专家经验估计法、调查统计法、层次分析法、模糊逆方程法、序列综合法等。其中层次分析方法所需数据较少、评分花费的时间短、计算工作量小、易于理解和掌握。

在实际的评价问题中，权重的确定一般多凭经验主观臆测，具有浓厚的主观色彩。一些情况下，主观确定权重具有客观性的一面，一定程度上反映了实际情况。然而多数情况下，主观确定法的评价结果一般会导致决策者的错误判断。因此，权重确定应该多利用数学方法，尽管数学方法也掺杂有主观性，但因数学方法严格的逻辑性可对确定的权重进行处理，从而尽量剔除主观成分，尽量符合客观事实。

鉴于层次分析法的优点，并综合考虑专家经验估计法在实际工作中的普及性和相对客观性，本研究采用层次分析法与专家打分法相结合，确定影响苜蓿人工草地健康的各指标的权重。层次分析法（The Analytica Hierarchy Process）本质上是一种决策思维方式，即把复杂的问题分解为各个组成因素，将这些因素按支配关系分组形成有序的递阶层次结构，通过两两比较的方式确定层次中各因素的相对重要性，然后综合人的判断来决定各因素相对重要性总的顺序，较合理的解决了定性问题定量化的处理过程。运用层次分析法解决问题的基本步骤如下：1）明确问题并建立层次结构；2）构造两两判断矩阵；3）计算被比较元素的相对权重；4）计算各层次元素的组合权重。

1. 专家调查评分重要性程度

层次分析法的基础也是专家调查评分,但对比评分和计算权重系数方法不同。试验表明，人们对多个因子的不同重要程度作比较时，进行比较和判断的因子不能过多。对于多因子权重分析可采用“两两比较法”，即两个因子之间重要程度差异的比较，每次在 n 个因子中只对两个因子相互比较相对重要性。

因子之间相对重要性的度量尺度称作判断尺度，见表 5-3。这里假定上一层元素 C 为准则或子准则，支配下一层的元素为 μ_1，μ_2，μ_3，……，μ_n。针对准则或子准则 C 元素 μ_i 与 μ_j 两两比较。

表 5-3　评价指标相对重要性判断尺度

判断尺度	含　义
1	因素 μ_i 与 μ_j 相比较，同等重要
3	因素 μ_i 与 μ_j 相比较，前者比后者略微重要
5	因素 μ_i 与 μ_j 相比较，前者比后者明显重要
7	因素 μ_i 与 μ_j 相比较，前者比后者重要很多
9	因素 μ_i 与 μ_j 相比较，前者比后者绝对重要
2 、4 、6 、8 为介于两个判断尺度之间的情况	

2. 判断矩阵

判断矩阵是层次分析法的基本信息，也是本研究中各因子进行相对重要度计算的重要依据。判断矩阵是以上一层元素 C 为评价准则，对本级要素进行两两比较来确定矩阵中的元素，以 C 为评价准则的有 n 个因素的判断矩阵如下（表 5-4）。

表 5-4 构造判断矩阵

C	μ_1	μ_2	…	μ_j	…	μ_n
μ_1	a_{11}	a_{12}	…	a_{1j}	…	a_{1n}
μ_2	a_{21}	a_{22}	…	a_{2j}	…	a_{2n}
…	…	…	…	…	…	…
μ_i	a_{i1}	a_{i2}	…	a_{ij}	…	a_{in}
…	…	…	…	…	…	…
μ_n	a_{n1}	a_{n2}	…	a_{nj}	…	a_{nn}

即判断矩阵 A 为：

$$A = [a_{ij}]_{n\times n} \quad (5\text{–}4)$$

由可知表 8–2，判断矩阵 A 是一个 n 阶互反性矩阵，有如下性质：

1$a_{ij}>0$；2$a_{ij}=1/a_j$；3$a_{ii}=1$（i，j=1，2，…，n）

3. 一致性检验

在评价的过程中，在一般的情况下，评价人不可能很精确地判断出 w_i/w_j 的值，只能对它进行估计。为避免在估计时造成误差，需要对两两比较法得到的判断矩阵进行一致性检验。所谓一致性，即指当 x_1 比 x_2 重要，x_2 比 x_3 重要时，则认为 x_1 一定比 x_3 重要。当判断完全一致时，应该有 $\lambda_{max}=n$，定义一致性指标 CI 为：

$$CI=\frac{\lambda_{max}-1}{n-1} \quad (5\text{–}5)$$

当一致时，CI=0；不一致时，一般 $\lambda_{max}>n$，因此，CI>0。关于如何衡量 CI 值可否被接受，Saaty 构造了最不一致的情况，就是对不同 n 的判断矩阵中元素，采取 1/9，1/7，1/5，……，5，7，9 随机取数的方式赋值，并且对不同 n 用了 100~500 个子样，计算其一致性指标，再求得平均值，记为 RI，见表 5–5。

表 5–5 平均随机一致性指标 RI

N	1	2	3	4	5	6	7	8	9	10	11	12
RI	0	0	0.58	0.96	1.12	1.24	1.32	1.41	1.45	1.49	1.52	1.54

只要满足 CR=CI/RI<0.1，就认为所得到判断矩阵的解是有效的，可以接受。若判断不能通过一致性检验，需重新设置判断矩阵，进行计算，直至通过为止。

（四）各项指标及权重的确定

针对最终确定的指标集合，召开高层专家讨论会，在对各指标的内涵进行进一步确认的基础上，采用层次分析法（AHP），将复杂的决策过程简化为决策因子相互之间的一系列简单的比较，通过综合比较，对指标进行最终筛选，并确定各因子的权重，结果见表 5-6。

表 5-6 紫花苜蓿草地健康评价指标权重值

指　标	权　重
产量构成要素	0.30
根系形态	0.25
植物营养及生理生化特性	0.15
土壤特性	0.30

（五）苜蓿人工草地健康评价采用模糊综合评价方法

设不同紫花苜蓿品种的草地集（处理集）为：$X=X_1, X_2, \cdots\cdots, X_n$

设项影响草地健康的因素集为 $U=U_1, U_2, \cdots\cdots, U_j, \cdots\cdots, U_m$

特征矩阵为 $U_{n\times m}=(U_{ij})_{n\times m}$

取评价的隶属函数为：

$$
Rij=R(Xij, Uij)=\begin{cases} 1,\ 当U_{ij}=Max(U_{1j}, U_{2j}, \ldots\ldots, U_{nj}) \\ \dfrac{U_{ij}}{Max(U_{1j}, U_{2j}, \ldots\ldots, U_{nj})} \\ 当U_{ij}<Max(U_{1j}, U_{2j}, \ldots\ldots, U_{nj}) \end{cases}
$$

$R \in [0, 1]$

评价矩阵 $R=(r_{ij})_{n\times m}$

评价函数分别为：

$D_1=1/m\times(r_{i1}+r_{i2}+\cdots+r_{im})$

$D_2=Max(r_{i1}, r_{i2}, \cdots, r_{im})$

$D_3=Min(r_{i1}, r_{i2}, \cdots, r_{im})$

分别计算得 d_{i1}，d_{i2}，d_{i3}

令 $X_1=(D_1, D_2, D_3)$，$R_2=F(X\times U_i)$ 即

R_1	D_1	D_2	D_3
X_1	d_{11}	d_{12}	d_{13}
X_2	d_{21}	d_{22}	d_{23}
…	…	…	…
X_n	d_{n1}	d_{n2}	d_{n3}

再令 $D=1/3\times(d_{i1}+d_{i2}+d_{i3})$

计算最后评判指标 d 做出评价。其中，敖汉苜蓿人工草地作为对照草地，d=1；其余 3 个紫花苜蓿品种草地评价的系数在 0~1，系数越接近 1，草地越适于在内蒙古林西县种植。

三、苜蓿草地健康模糊综合评价

（一）产量构成要素指标为体系的模糊综合评价

经过相关分析和主成分分析，将用于野外测定的产量构成要素由原来的 13 个缩减为 9 个，分别为株高、分枝数、叶片重、叶面积、叶面积指数、叶倾角、越冬率、生长速度、产草量等 9 个重要指标为因素集，敖汉苜蓿为对照、Rangelander、阿尔冈金和金皇后为处理集，对紫花苜蓿草地健康程度进行模糊综合评价如下。

模糊综合评价特征矩阵为 $U_{4\times9}=(U_{ij})_{4\times9}$，即

$$\begin{vmatrix} 64.75 & 40.77 & 9.61 & 0.31 & 2.21 & 24.18 & 70 & 5125.39 & 0.22 \\ 67.03 & 40.45 & 13.78 & 0.42 & 2.86 & 23.08 & 84.57 & 5468.91 & 0.17 \\ 65.24 & 49.64 & 11.78 & 0.33 & 2.13 & 32.77 & 74 & 5797.41 & 0.22 \\ 62.33 & 54.24 & 11.33 & 0.34 & 2.22 & 35.54 & 78 & 5104.72 & 0.27 \end{vmatrix}$$

评价矩阵 $R=(r_{ij})_{4\times9}$

$$\begin{vmatrix} 1 & 1 & 1 & 1 & 1 & 1 & 1 & 1 & 1 \\ 1.04 & 0.99 & 1.43 & 1.35 & 1.26 & 0.95 & 1.21 & 1.07 & 1.08 \\ 1.01 & 1.22 & 1.23 & 1.06 & 0.94 & 1.36 & 1.06 & 1.13 & 1.08 \\ 0.96 & 1.33 & 1.18 & 1.10 & 0.98 & 1.47 & 1.11 & 1.00 & 1.04 \end{vmatrix}$$

从评价矩阵 R 我们可以得到反映不同紫花苜蓿品种形态特征的各项指标，即株高、分枝数、叶片重、叶面积、叶面积指数、叶倾角、越冬率、生长速度、产草量等 9 个重要指标的差异性健康系数。

R_1=F（X×U_3）即

R_1	D_1	D_2	D_3
X_1	1	1	1
X_2	1.15	1.43	0.95
X_3	1.12	1.36	0.94
X_4	1.13	1.33	0.96

模糊综合评价系数（差异性健康系数）：

$d_1$1（敖汉苜蓿）

$d_2$1.18（Rangelander）

$d_3$1.14（阿尔冈金）

$d_4$1.14（金皇后）

从 9 个体现紫花苜蓿产量的构成要素指标为体系的模糊综合评价的结果来看，3 种紫花苜蓿健康系数均高于敖汉苜蓿草地，分别为 1.18，1.14，1.14。

（二）根系形态指标为体系的模糊综合评价

经过相关分析和主成分分析，将用于野外测定的产量构成要素由原来的 10 个缩减为 7 个，分别为根颈直径、根颈收缩、根颈芽、单位根系总长度、总表面积、根瘤数和根系生物量等 7 个重要指标为因素集，敖汉苜蓿为对照、Rangelander、阿尔冈金和金皇后为处理集，对紫花苜蓿草地健康程度进行模糊综合评价如下：

模糊综合评价特征矩阵为 $U_{4\times7}$=（U_{ij}）$_{4\times7}$，即

$$\begin{vmatrix} 0.67 & 0.29 & 7.58 & 280.58 & 355.98 & 5.14 & 4.60 \\ 0.84 & 0.26 & 9.24 & 461.10 & 464.65 & 6.85 & 7.12 \\ 0.78 & 0.21 & 7.64 & 589.07 & 495.86 & 5.10 & 6.32 \\ 0.82 & 0.26 & 9.45 & 512.13 & 417.15 & 5.57 & 10.24 \end{vmatrix}$$

评价矩阵 R=（r_{ij}）$_{4\times10}$

$$\begin{vmatrix} 1 & 1 & 1 & 1 & 1 & 1 & 1 \\ 1.25 & 0.90 & 1.22 & 1.64 & 1.31 & 1.33 & 1.55 \\ 1.16 & 0.72 & 1.01 & 2.10 & 1.39 & 1.00 & 1.37 \\ 1.22 & 0.90 & 1.25 & 1.83 & 1.17 & 1.08 & 2.23 \end{vmatrix}$$

从评价矩阵 R 我们可以得到不同紫花苜蓿品种的人工草地根颈直径、根颈收缩、根颈芽、单位根系总长度、总表面积、根瘤数和根系生物量 7 个重要反映根系健康状况指标的差异性健康系数。

R_2=F（X × U_2）即

R_2	D_1	D_2	D_3
X_1	1	1	1
X_2	1.31	1.64	0.90
X_3	1.25	2.10	0.72
X_4	1.38	2.23	0.90

模糊综合评价系数（差异性健康系数）：

$d_1$1（敖汉苜蓿）

$d_2$1.28（Rangelander）

$d_3$1.37（阿尔冈金）

$d_4$1.50（金皇后）

从 7 个体现紫花苜蓿根系形态特征的指标为体系的模糊综合评价的结果来看，3 种紫花苜蓿健康系数均高于敖汉苜蓿草地，分别为 1.28、1.37、1.50。

（三）植物营养及光合生理生化为体系的模糊综合评价

通过相关分析和主成分分析，将用于反映植株品质及其生理生化特性指标由原来的 16 个缩减为 9 个，分别为钙、脯氨酸、丙二醛、过氧化氢酶、光合速率、蒸腾速率、水分利用效率、气孔导度、叶绿素等 9 个重要指标为因素集，敖汉苜蓿为对照、Rangelander、阿尔冈金和金皇后为处理集，对紫花苜蓿草地健康程度进行模糊综合评价如下：

模糊综合评价特征矩阵为 $U_{4\times9}=(U_{ij})_{4\times9}$，即

$$\begin{vmatrix} 2.93 & 34.61 & 26.32 & 1.38 & 32.96 & 11.97 & 3.15 & 0.28 & 9.04 \\ 2.67 & 34.36 & 21.23 & 1.07 & 39.91 & 10.51 & 2.99 & 0.30 & 9.58 \\ 2.68 & 35.63 & 24.02 & 1.27 & 31.72 & 10.90 & 3.18 & 0.30 & 9.63 \\ 2.79 & 37.58 & 26.61 & 1.29 & 34.32 & 14.83 & 2.84 & 0.32 & 10.03 \end{vmatrix}$$

评价矩阵 $R=(r_{ij})_{4\times9}$

$$\begin{vmatrix} 1 & 1 & 1 & 1 & 1 & 1 & 1 & 1 & 1 \\ 0.91 & 0.99 & 0.81 & 0.78 & 0.89 & 0.88 & 0.95 & 1.07 & 1.06 \\ 0.91 & 1.03 & 0.91 & 0.92 & 0.96 & 0.91 & 1.01 & 1.07 & 1.07 \\ 0.95 & 1.09 & 1.01 & 0.93 & 1.04 & 1.24 & 0.90 & 1.14 & 1.11 \end{vmatrix}$$

从评价矩阵 R 我们可以得到反映不同紫花苜蓿品种营养及生理生化特性的各项指标，即钙、脯氨酸、丙二醛、过氧化氢酶、光合速率、蒸腾速率、水分利用效率、气孔导度、叶绿素等 9 个重要指标的差异性健康系数。

R_3=F（X×U_3）即

R_3	D_1	D_2	D_3
X_1	1	1	1
X_2	0.93	1.07	0.78
X_3	0.98	1.07	0.91
X_4	1.05	1.14	0.90

模糊综合评价系数（差异性健康系数）：

$d_1$1（敖汉苜蓿）

$d_2$0.93（Rangelander）

$d_3$0.99（阿尔冈金）

$d_4$1.03（金皇后）

从 9 个体现品种营养及生理生化特性指标为体系的模糊综合评价的结果来看，Rangelander 和阿尔冈金差异性健康系数略低于敖汉苜蓿草地，分别为 0.93 和 0.99，金皇后略高于敖汉苜蓿，为 1.03，但差异性健康系数相差不大，说明 3 种紫花苜蓿与敖汉苜蓿在品质及其生理生化方面差异性不大。

（四）土壤特征因子为体系的模糊综合评价

过相关分析和主成分分析，将用于反映苜蓿人工草地土壤特征指标由原来的 23 个缩减为 14 个，分别为土壤含水量、土壤 pH 值、土壤紧实度、土壤呼吸速率、土壤全氮、全磷、全钾、有机质、土壤有机碳、微生物碳、微生物商、N_{bio}/N_{org}、微生物数量等 14 个重要指标为因素集，敖汉苜蓿为对照、Rangelander、阿尔冈金和金皇后为处理集，对紫花苜蓿草地健康程度进行模糊综合评价如下。

模糊综合评价特征矩阵为 $U_{4\times14}$=（U_{ij}）$_{4\times14}$，即

$$\begin{vmatrix} 8.39 & 8.62 & 739.42 & 0.702 & 0.021 & 0.67 & 28.73 & 12.43 & 9.68 & 129.03 & 1.49 & 337.50 & 15.88 & 6.28 \\ 6.44 & 8.56 & 653.19 & 0.705 & 0.023 & 0.60 & 26.26 & 13.38 & 9.75 & 96.70 & 1.02 & 256.94 & 10.88 & 7.37 \\ 7.01 & 8.59 & 713.47 & 0.754 & 0.022 & 0.63 & 27.67 & 13.32 & 9.32 & 103.09 & 1.15 & 226.39 & 10.47 & 22.09 \\ 6.80 & 8.60 & 688.34 & 0.708 & 0.020 & 0.64 & 26.22 & 13.27 & 9.28 & 93.49 & 1.09 & 197.20 & 10.30 & 9.23 \end{vmatrix}$$

评价矩阵 $R=(r_{ij})_{4\times 14}$

$$\begin{vmatrix} 1 & 1 & 1 & 1 & 1 & 1 & 1 & 1 & 1 & 1 & 1 & 1 & 1 & 1 \\ 0.77 & 0.99 & 0.88 & 1.00 & 1.10 & 0.90 & 0.91 & 1.08 & 1.01 & 0.75 & 0.68 & 0.76 & 0.69 & 1.17 \\ 0.84 & 1.00 & 0.97 & 1.07 & 1.05 & 0.94 & 0.96 & 1.07 & 0.96 & 0.80 & 0.77 & 0.67 & 0.66 & 3.52 \\ 0.81 & 1.00 & 0.93 & 1.01 & 0.95 & 0.96 & 0.91 & 1.07 & 0.96 & 0.72 & 0.73 & 0.58 & 0.65 & 1.47 \end{vmatrix}$$

从评价矩阵 R 我们可以得到反映不同紫花苜蓿品种形态特征的各项指标，即土壤含水量、土壤 pH 值、土壤紧实度、土壤呼吸速率、土壤全氮、全磷、全钾、有机质、土壤有机碳、微生物碳、微生物商、N_{bio}/N_{org}、微生物数量等 14 个重要指标的差异性健康系数。

$R_4=F(X\times U_4)$ 即

R_4	D_1	D_2	D_3
X_1	1	1	1
X_2	0.84	1.17	0.68
X_3	1.09	3.52	0.66
X_4	0.84	1.47	0.58

模糊综合评价系数（差异性健康系数）：

$d_1$1（敖汉苜蓿）

$d_2$0.90（Rangelander）

$d_3$1.76（阿尔冈金）

$d_4$0.96（金皇后）

从 14 个体现苜蓿人工草地土壤特性指标为体系的模糊综合评价的结果来看，阿尔冈金差异性健康系数明显高于敖汉苜蓿草地，为 1.76，说明阿尔冈金草地土壤健康状况好于敖汉苜蓿草地土壤状况。Rangelander 和金皇后的差异性健康综合系数低于敖汉苜蓿草地，差异性健康系数分别达 0.90 和 0.96，说明 Rangelander 和金皇后人工草地土壤健康状况劣于敖汉苜蓿草地。

（五）综合评价系数

敖汉苜蓿 =1 × 0.3+1 × 0.25+1 × 0.15+1 × 0.30=1

Rangelander=1.28 × 0.3+1.28 × 0.25+0.93 × 0.15+0.9 × 0.30=1.36

阿尔冈金 =1.14 × 0.3+1.37 × 0.25+0.99 × 0.15+1.76 × 0.30=1.34

金皇后 =1.14 × 0.3+1.50 × 0.25+1.03 × 0.15+0.96 × 0.30=1.16

四、基于生态承载力的苜蓿生产性能影响分析

针对上述内蒙古林西县 4 种紫花苜蓿人工草地健康评价的有关定量分析，为了更准确的从定量角度进一步予以明确，现引入生态承载力的概念，即在某一特定环境条件下（主要指生存空间、营养物质、阳光等生态因子的组合）某种个体存在数量的最高极限，本方法仅是针对林西县内紫花苜蓿生产性能进行研究，选取的指标为产草量。

研究选择 2003 年、2007 年和 2008 年这 3 个时间点，通过计算林西县连续 5 年 4 种紫花苜蓿人工草地生态承载力的变化情况，来定量分析不同紫花苜蓿品种对周围环境的承受能力。

$$cc=\sum r_j \bullet (\sum \frac{ny_i}{n}) = \sum r_j \bullet (\sum \frac{ny_i}{ln} \bullet YF_i) \qquad (5\text{-}6)$$

式中：cc 为人均生物承载力；i 为消费项目的类型；j 为生产性空间的类型；rj 为第 j 类土地利用的均衡因子；gPi 和 *l*Pi 分别指第 i 种消费项目单位面积的国家年均产量；YFi 指产量因子（为 gPi 和 *l*Pi 的比值）；nyi 为第 i 类消费项目的区域年总产量。

由于均衡因子（rj）随年份变化较小，计算中均衡因子（rj）可视为常量，其取值一般为：森林和化石能源用地 1.1，耕地和建筑用地 2.8，草地 0.5，水域 0.2。

由于该试验区域不受周围建筑用地、耕地、交通等因子的影响，故本研究仅从紫花苜蓿的产草量进行生态承载力的计算，其结果如表 5-7 所示。

表 5-7　紫花苜蓿人工草地生态承载力

项　目	2003 年	2007 年	与 2003 年相比		2008 年	与 2007 年相比		与 2003 年相比	
			差异（hm^2）	变幅（%）		差异（hm^2）	变幅（%）	差异（hm^2）	变幅（%）
敖汉苜蓿	0.792	1.160	0.369	46.580	1.065	–0.095	–8.208	0.273	34.549
Rangelander	0.781	1.242	0.461	58.954	1.240	–0.002	–0.148	0.459	58.720
阿尔冈金	1.237	1.397	0.160	12.893	1.327	–0.070	–4.987	0.090	7.263
金皇后	1.001	1.230	0.230	22.948	1.133	–0.097	–7.905	0.132	13.229

通过计算可以看出，4种紫花苜蓿人工草地生态承载力的变化规律基本一致，2008年的4种紫花苜蓿人工草地生态承载力与2003年相比，呈增加的变化趋势，与2007年的生态承载力相比，呈降低的变化趋势，说明2008年4种紫花苜蓿人工草地生态承载力低于2007年。这一结果与实际生产相一致，2008年，4种紫花苜蓿均为生长6年的品种，正处于生长衰退阶段，而2007年4种紫花苜蓿正值生长最旺盛阶段，且生态承载力高于衰退阶段的生态承载力。

第六章　内蒙古苜蓿适宜性区划

区划的定义最早由地理学区域学派的奠基人德国地理学家 Hettner 于 18 世纪末提出，他认为地理区划就是将一个整体不断地分解成为各个部分，这些部分在空间上相互连接，而其类型则可以分散地分布在这个整体当中。我国学者针对植被区划开展了大量研究工作，候学煜（1981）、吴征镒（1979）、方精云（1991）开展了植被—气候区划方面的研究工作。牧草区划是我国众多农业区划中的重要组成单元之一。1958 年，黄秉维制定了全国综合自然区划，并对我国自然区划的等级单位做了更详细的区分，从而有力地推动了全国和地方自然区划工作的深入。种植适宜当地环境条件的牧草不仅可以作为饲料、肥料、燃料以及工业原料来使用，还可提高草地牧业的生产力。我国牧草适宜性和牧草区划研究比较欠缺，张丽君等（2005）在我国各栽培种植区域内，将我国苜蓿属地方品种划分为 7 个生态类型，但系统的栽培牧草区划研究与单一草种相比较为薄弱。1984 年，洪绂曾先生曾组织国内相关学者撰写了《中国多年生栽培草种区划》，是我国首次在全国范围内对多年生主要栽培牧草进行全面、系统的调查和区分工作，为我国草业和畜牧业的发展奠定了坚实基础。近些年，随着对肉食产品需求的增加，牧草产业迅速发展，特别是对苜蓿草产品的需求，日益增加。苜蓿是我国重要的优良牧草，目前是我国栽培草地建植面积最大的牧草种之一，素有“牧草之王”的美誉。如何明确苜蓿在我国适宜种植的区域，对指导建立优质的中国多年生栽培草种基地具有十分重要的意义。关于牧草区划，我国学者从不同角度开展了一些研究，主要包括利用气象—GIS 手段分析苜蓿区域划分状况、数学统计分析方法分析影响苜蓿分布的环境要素因子等。在吸收借鉴已有的研究基础上，采用模型 - 专家经验交互方法进行我国苜蓿属牧草适宜性区划研究，本研究中苜蓿区划包括紫花苜蓿（*Medicago sativa*）和杂花苜蓿（*M.varia*、*M.media*、*M.sativa* × *M. falcata*）。杂花苜蓿是由紫花苜蓿和黄花苜蓿杂交选育而成的一个杂交种，不包括黄花苜蓿(*M.falcata*)，研究结论可为我国各地区苜蓿种植起到科学的指导作用，也为地方政府畜牧业规划政策提供参考。

第一节　苜蓿属牧草区划指导思想及原则依据

一、指导思想

（一）尊重牧草生物学特性

牧草的生物学特性涉及牧草的生长、发育过程，以及这个过程与环境的关系，不同牧草生物学特性也不同。主要栽培牧草适宜性区划将围绕牧草的生物学特性进行，所得结果也反映出牧草与环境的关系。

（二）联系牧草实际生产现状

牧草实际种植情况反映了牧草的适宜性，区划的结果也要联系实际生产现状，才能为生产服务。主要栽培牧草适宜性以我国目前大面积种植、发展前景广阔的栽培牧草为对象，联系实际进行牧草适宜性区划。

（三）体现牧草长期发展前景

牧草生产、利用过程中，受到政策、市场、牧草特性、气候等因素的影响可能导致牧草实际种植情况发生较大变化，牧草适宜性区划要反映这个特点，选择经济效益、社会效益及生态效益较高的牧草，保证牧草种植的连续性、发展的健康性，避免生产起伏产生的负面影响。

（四）结合行政区划

以往关于多年生牧草区划的研究多是反映了牧草对自然条件的适宜性，主要针对气候条件进行划分研究，但未能与行政区划单位结合，而规划和指导农牧业生产的部门多以行政区划的单位为基础，为方便牧草区划的推广与使用，本研究中将在考虑气候因素的基础上，结合行政区划进行描述与区域划分。

二、区划原则

草业自然条件，如温度、地形、地貌、降水、土壤 pH 值以及海拔等环境因素和草业经济条件在同一地区内有共同性；

草业生产特点和草种的发展方向在同一地区有类似性，主要的障碍因素及重大技术改造措施和建设途径的相对一致性；

保持县（旗）级行政区域的完整性。

三、苜蓿属牧草区划依据

一是以自然条件、气候及生态经济功能的异同为划分一级区界限的基本依据，并在自然条件相类似的情况下，尽量与行政区划界限相吻合；二是二级区划分以区域海拔、地形、地貌、地表水资源、土壤类型等作为主要划分依据。

四、基于自然要素的分布适宜性评价模型

（一）指标

农业区划涉及的指标较多，选用指标多则太复杂，少则不能反映真实情况。多年生牧草区划基于牧草生物学特性，所确定的主导因素主要体现了与牧草生长、发育及推广有关的各项因素，共建立二级指标体系。一级指标选择温度、降水量和土壤作为主导因子，温度因子采用年平均极端高温、年平均极端低温和年平均温度，降水量因子选用年平均降水量，土壤因子选择土壤 pH 值，二级指标体系主要包括海拔、地形、地貌、地表水资源、土壤类型等，根据不同牧草的生物学特性选择使用。

植物的生长是以一系列的生理生化活动为基础，这些生理生化活动受到温度的影响，每种植物的生长都有温度的三基点，即最低温度、最适温度和最高温度，温度三基点与植物的原产地有关；水分是植物体的重要组成部分，是植物生存的物质条件，植物体的许多生理活动都必须在水分的参与下才能进行，水分影响着植物的形态结构、生长发育、繁殖和种子传播等，因此自然降水影响着植物的生长和景观；土壤是植物生长的基质和营养库，土壤提供植物生活的空间、水分和必需的矿质元素。在此基础上建立一级指标体系，包括温度、水分、土壤，建立温度适宜性、水分适宜性和土壤适宜性，从而确定牧草全国尺度上的分布。温度指标选择年平均气温、年平均最高气温、年平均最低气温 3 个指标，水分选择年降水量为指标，土壤以土壤 pH 值为指标。

（二）模型

适宜性评价模型指标主要包括极端低温适宜性模型（Tmin）、极端高温适宜性模型（Tmax）、平均温度适宜性模型（Tavg）、水分适宜性模型（P）以及土壤酸碱度适宜性模型（pH 值）；模拟结果主要分为 3 个水平：适宜、次适宜及不适宜，详细表达式如表 6–1 所列。

表 6–1 基于自然要素的分布适宜性评价模型

模型名称	适 宜	次适宜	不适宜
T_{min}	$Lt_{min} \geqslant Gt_{min}$	—	$Lt_{min}<Gt_{min}$
T_{max}	$Lt_{max} \leqslant Gt_{max}$	—	$Lt_{max}>Gt_{max}$
T_{avg}	$G_{min1} \leqslant Lt \leqslant G_{max1}$	$G_{min2} \leqslant Lt<G_{min1}$ $G_{max2}<Lt \leqslant G_{max1}$	$Lt<G_{min2}$ $Lt>G_{max2}$
P	$GP_{min1} \leqslant Lt \leqslant GP_{max1}$	$GP_{min2} \leqslant Lt<GP_{min1}$ $GP_{max2}<Lt \leqslant GP_{max1}$	$Lt<GP_{min2}$ $Lt>GP_{max2}$
pH	$GpH_{min} \leqslant LpH \leqslant GpH_{max}$	—	$LpH<GpH_{min}$ $LpH>GpH_{max}$

其中，T_{min} 极端低温，Lt_{min} 区域最低气温，Gt_{min} 牧草能够忍受最低气温；T_{max} 极端高温，Lt_{max} 区域最高气温，Gt_{max} 牧草能够忍受最高气温；T_{avg} 平均气温，Lt 区域平均气温，G_{max1} 牧草适宜最高平均气温，G_{min1} 牧草适宜最低平均气温，G_{max2} 牧草次适宜最高平均气温，G_{min2} 牧草次适宜最低平均气温；P 平均降水量，Lt 区域年平均降水量，GP_{max1} 牧草适宜最高年平均降水量，GP_{min1} 牧草适宜最低年平均降水量，GP_{max2} 牧草次适宜最高年平均降水量，GP_{min2} 牧草次适宜最低年平均降水量；pH 土壤酸碱性，LpH 区域土壤 pH 值，GpH_{min} 牧草能够忍受的最低土壤 pH 值，GpH_{max} 牧草能够忍受的最高土壤 pH 值。

根据一级指标体系获得牧草适宜性模型的表达式为：

$Fitness（T）=T_{min} \times T_{max} \times T_{avg} \times P \times pH$

通过收集牧草相关资料，如气候资料、牧草资料、自然资源资料等，气候资料包括温度、降水量等；自然资源资料包括土地利用资料、草地分布资料、水资源分布资料等；牧草资料包括牧草植物学特征、生物学特性、栽培技术等。获得资料后，通过牧草适宜性模型利用 ArcInfoWorkstation 计算获得牧草全国尺度上的适宜性分布图。

二级指标体系主要是对一级指标体系建立的分布图在区域尺度上的深入修订，包括海拔高度、地形、地貌、地表水资源、土壤类型等，这些指标根据不同牧草的生物学特性确定使用不同的指标。确定二级指标体系后，使用 ArcGIS 叠加分析获得牧草的适宜性分布图。

（三）模型——专家经验交互的栽培牧草适宜性评价

以温度、水分、土壤等自然要素的空间数据库为基础，通过 GIS 的地统计学分析方法，以牧草生物学特性为系统标准获得牧草的适宜性分布图，通过模型可以利用连续数据和离散数据，可以合并不同变量之间的交互作用，相对任意的加入对最终分类有用的特征，为减小遗漏误差，将 GIS 与牧草适宜性模型、专家经验、室外调查进行耦合，通过专家经验、室外验证及调整模型参数最终建立牧草适宜性分布图。以紫花苜蓿为例说明紫花苜蓿适宜性分布图的制作过程，主要包括模型初模拟、模型再模拟及精度验证、模拟图区域修订 3 个过程。

1. 模型初模拟

紫花苜蓿适宜性广泛，喜温暖、半干燥、半湿润的气候条件和干燥疏松、排水良好且高钙质的土壤。温度、降雨及土壤酸碱度是影响紫花苜蓿分布的主导因子，影响着紫花苜蓿在全国尺度上的分布，图 6–1 是根据紫花苜蓿生物学特性模拟的初步分布图。

2. 模拟图修订、参数修订及再模拟

模型再模拟过程首先进行模拟图修订及模型参数修订。通过生物学特性确定的模拟图在分布上可能存在一定的问题，为确定牧草分布图在全国尺度上的准确性，通过专家咨询、室外调查进行耦合，进行牧草分布图的修订。室外调查一般包括普查、路线调查和典型调查，根据多年生牧草区划原则、方法及实际工作的效果，主要采用路线调查和典型调查，路线调查是根据初步完成的牧草分布图，针对有争议或不确定的分区界线进行实地调查，从而对分布图进行调整和校正；典型调查是针对牧草具有代表性的点进行调查，通过对代表点的分析获得区域的信息。最后在分布图的基础上通过数据提取，确定牧草适宜性指标的阈值，最后进行模拟图的再模拟。图 6–2 是紫花苜蓿修订图，在此图上提取了紫花苜蓿的适宜性参数阈值，确定参数阈值后再进行第 2 次紫花苜蓿适宜性分布图的模拟。

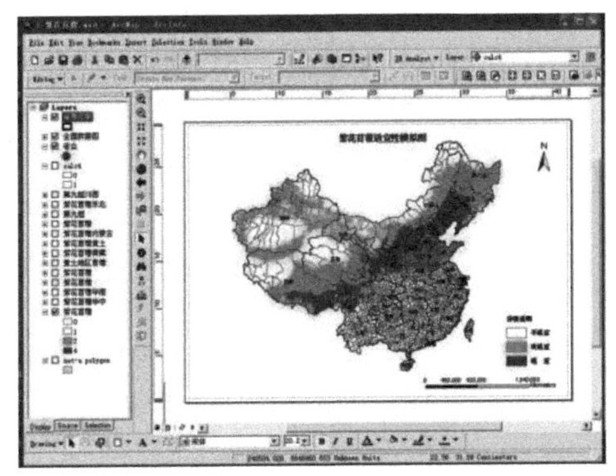

图 6–1 紫花苜蓿初模拟适宜性分布

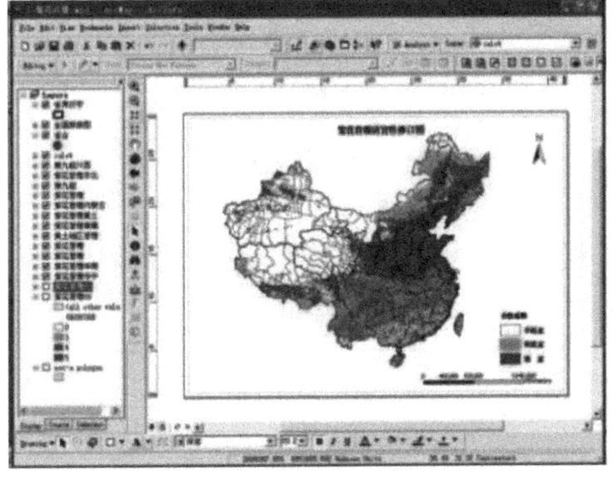

图 6–2 紫花苜蓿适宜性分布修订

3. 精度验证

通过牧草适宜性模拟图的再次模拟，需要对获得的模拟图精度进行验证，本研究以紫花苜蓿的适宜性模拟图为例介绍温度、水分精度验证。

（1）紫花苜蓿的温度适宜性验证。图 6–3A 是紫花苜蓿修订分布图中次适宜地区不同极端高温占有的栅格数量，模型设定的极端最高温度为 39℃，紫花苜蓿适宜性模拟图中极端高温小于 39℃的空间栅格数量占样本总量的 99.02%；模型设定的极端最低温度为 –41℃，极端低温大于 –41℃的空间栅格数量占总样本数量的 98.07%（图 6–3B）。模型设定的适宜生长的年平均温度为 2~16℃，区间的空间栅格数量占总样本数量的 83.26%（图 6–3C）；模型设定的年均温 –4~2℃为低温次适宜，16~18℃为高温次适宜，0~18℃占总样本数量的 72.82%（图 6–3D）。

（2）紫花苜蓿对水分的适宜性验证。紫花苜蓿对年降水量最低要求300mm，在更干旱地区则需要灌溉条件才能适应，年降水超过1300mm紫花苜蓿适宜性差，模型设定的紫花苜蓿适宜的年降水量350~1000mm，这个区间的空间栅格数量占总样本数量的87.46%（图6-4）；300~350mm，900~1300mm为模型设定的次适宜范围，300~1300mm年降水量占总样本数量的89.64%（图6-5）。

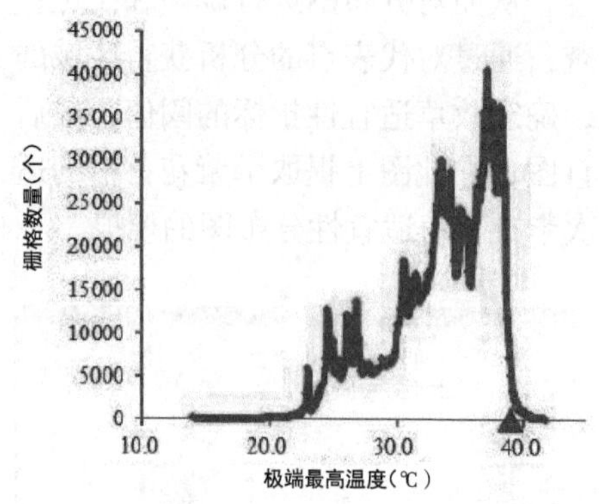

图6-3A　紫花苜蓿次适宜区极端高温分布

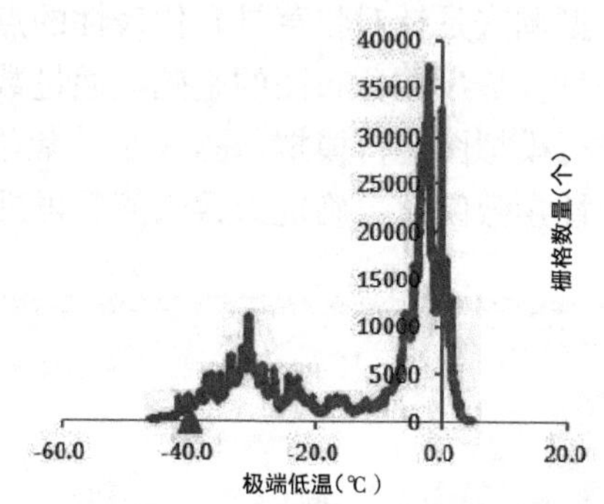

图6-3B　紫花苜蓿次适宜区极端低温分布

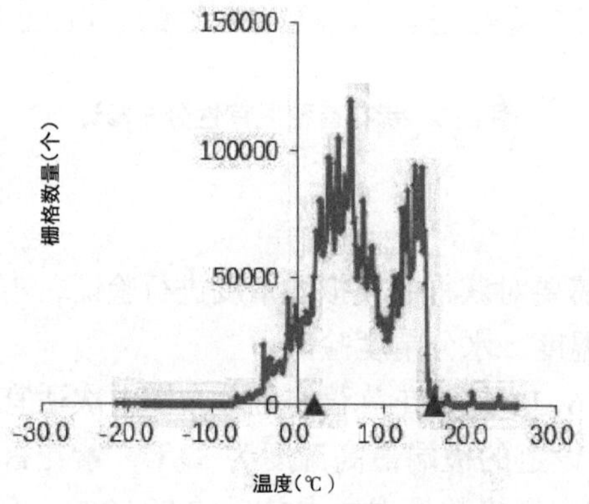

图6-3C　紫花苜蓿适宜区年均温分布

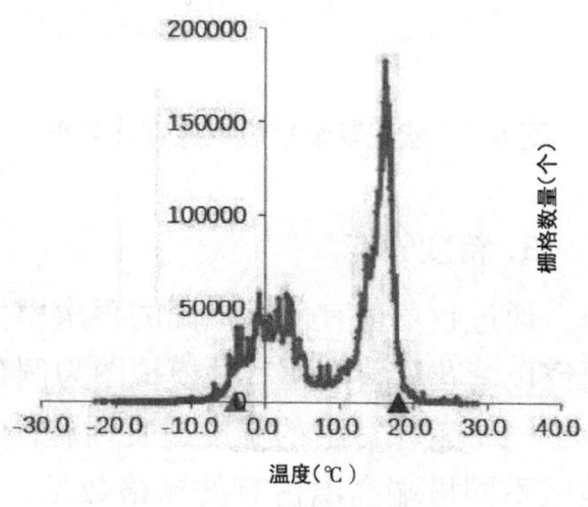

图6-3D　紫花苜蓿次适宜区年均温分布

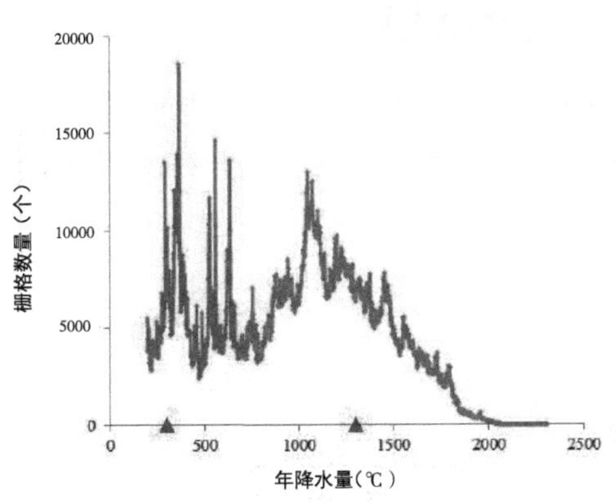

图 6-4 紫花苜蓿适宜性修订图适宜区年降水量分布图

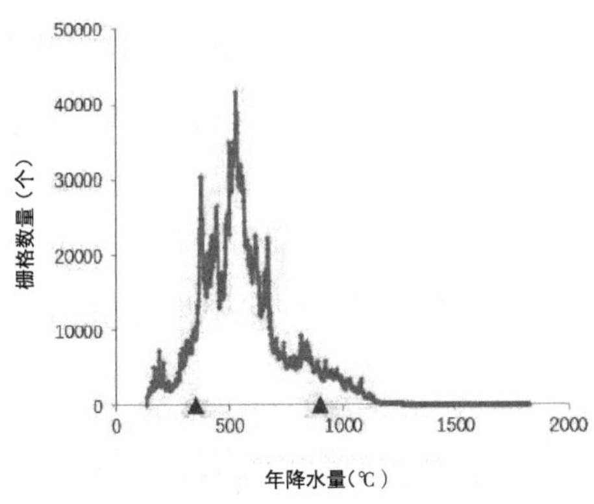

图 6-5 紫花苜蓿适宜性修订图次适宜区年降水量分布图

（四）模拟图区域修订

一级指标体系通过模型确定牧草全国尺度上的分布，而二级指标的某些因子则在小环境中影响着牧草的分布。如山体、湖泊、沼泽及有林地（指郁闭度 >30% 的天然林和人工林。包括用材林、经济林、防护林等成片林地）都不利于紫花苜蓿种植，西北干旱区由于其温度、土壤条件适宜，只是年降水量太少，只要有河流分布的地区，在河流周围都适宜种植紫花苜蓿，青藏高原由于海拔较高，气候寒冷，高海拔地区都不适宜种植紫花苜蓿（图 6-6）。

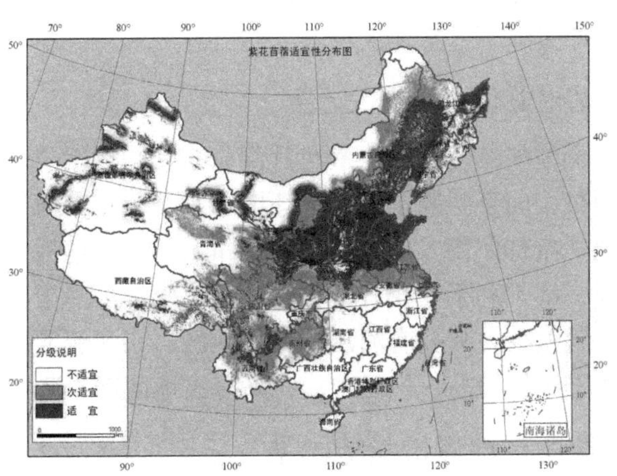

审图号：GS（2016）1600 号

图 6-6 紫花苜蓿适宜性分布最终模拟

第二节　苜蓿适宜性区划

实际生产中利用最多的是紫花苜蓿和杂花苜蓿，黄花苜蓿由于产量较低，生产中利用较少。紫花苜蓿、杂花苜蓿在生物学特性上表现不一，尤其在抗寒性差异较大，故分别对它们进行适宜性评价。

一、紫花苜蓿适宜性评价指标体系

（一）紫花苜蓿对温度的适宜性

紫花苜蓿适宜性评价模型设定的极端最高温度为39℃，极端最低温度 -41℃；适宜生长的年平均温度为2~16℃，年均温 -4~2℃为低温次适宜，年均温16~18℃为高温次适宜。

（二）紫花苜蓿对水分的适宜性

紫花苜蓿适宜性评价模型设定的年降水量最低要求为300mm，年降水量超过1300mm紫花苜蓿适宜性差，紫花苜蓿适宜的年降水量为350~900mm，300~350mm、900~1300mm为次适宜范围。

（三）紫花苜蓿对土壤的适宜性

紫花苜蓿对土壤要求不严，土壤pH值是土壤因素中对紫花苜蓿影响最大的因子，紫花苜蓿喜中性或碱性土壤，以土壤pH值7~8为适宜，土壤pH值5以下不能生长；土壤pH值9以上土壤碱性太重不能生长，碱性土壤中的重度盐碱地通过GIS图层叠加去除不适宜地区。

（四）紫花苜蓿对其他因子的适宜性

温度、降水及土壤酸碱度是影响紫花苜蓿分布的主导因子，影响着紫花苜蓿在全国范围上的分布，而某些因子则在小环境中影响紫花苜蓿的分布。山体、湖泊、沼泽及有林地（指郁闭度>30%的天然林和人工林。包括用材林、经济林、防护林等成片林地）都不利于紫花苜蓿种植，西北干旱区由于其温度、土壤条件适宜，只是年降水量太少，只要有河流分布的地区，在河流周围都适宜种植紫花苜蓿，青藏高原由于海拔较高，气候寒冷，高海拔地区都不适宜种植紫花苜蓿。

二、杂花苜蓿适宜性评价指标体系

（一）杂花苜蓿对温度的适宜性

杂花苜蓿适宜性评价模型设定的极端最高温度为39℃，极端最低温度

为 -42℃；适宜生长的年平均温度为 -4~16℃，年均温 -5~-4℃为低温次适宜，年均温 16~18℃为高温次适宜。

（二）杂花苜蓿对水分的适宜性

杂花苜蓿适宜性评价模型设定的年降水量最低要求为 100mm，在更干旱地区则需要灌溉条件才能种植，年降水量超过 1300mm 杂花苜蓿适宜性差，杂花苜蓿适宜的年降水量为 150~900mm，100~150mm、900~1300mm 为次适宜范围。

（三）杂花苜蓿对土壤的适宜性

这部分内容与紫花苜蓿相似，故不再详述。

（四）杂花苜蓿对其他因子的适宜性

这部分内容与紫花苜蓿相似，故不再详述。

三、苜蓿适宜性评价

根据气候及相关数据，通过 GIS 技术计算获得苜蓿的适宜性分布图（图 6-7、图 6-8）。

（一）适宜区

内蒙古自治区苜蓿的适宜区主要集中东部的赤峰市、通辽市及兴安盟等，西部的乌兰察布盟、呼和浩特市、鄂尔多斯市等，主要沿赤峰市、林西县、阿鲁科尔沁旗、扎鲁特、科尔沁右翼中旗、突泉县、扎赉特旗一线以东的区域，以及商都县、卓资县、呼和浩特市、东胜市沿线以南的区域，另黄河贯穿乌海市、巴彦淖尔市、鄂尔多斯市等，这部分区域气候干燥、天然降水量少，但有黄河作为水源，此区域在主干河流建立 20km 的缓冲带作为苜蓿的适宜区。

（二）次适宜区

内蒙古自治区苜蓿次适宜区主要是沿莫力达瓦达斡尔族自治旗、阿荣旗、扎兰屯市市区、科尔沁右翼前旗、科尔沁右翼中旗、扎鲁特旗、阿鲁科尔沁旗、巴林左旗、西乌珠穆沁旗、多伦县、正镶白旗、察哈尔右翼后旗、土默特右旗、达拉特旗、伊金霍洛旗、乌审旗、鄂托克前旗一带。

（三）不适宜区

苜蓿的不适宜区主要分布在内蒙古自治区中部至北部。

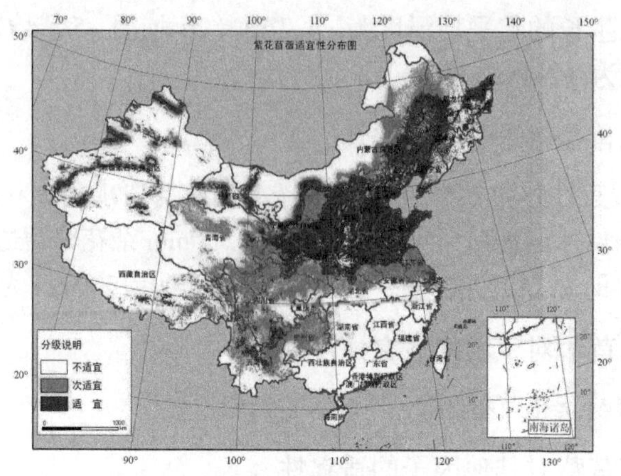

审图号：GS（2016）1600 号

图 6–7　紫花苜蓿适宜性分布

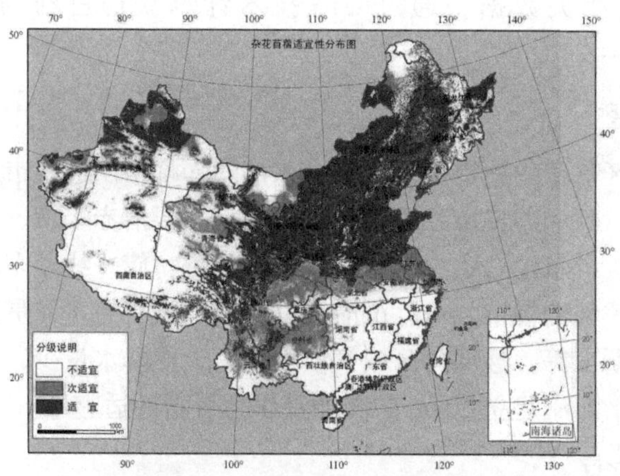

审图号：GS（2016）1600 号

图 6–8　杂花苜蓿适宜性分布

第三节　苜蓿种植现状及分布

一、内蒙古苜蓿种植现状

我国种植苜蓿已有 2000 多年的历史，我国是最早引种苜蓿建植栽培草地的国家之一。公元前 126 年，张骞出使西域将苜蓿引入我国，从此在我国西北和华北广泛栽培，成为我国重要的饲草。在长期的栽培种植过程中，黄河流域及其以北的广大地区，大致在北纬 35°~43°，已成为我国苜蓿种植的主要分布区。在降水量较少但有灌溉条件的西北地区，如河套灌区、河西走廊、新疆灌溉区等地区苜蓿分布也较多，且生长良好。

西北地区既是我国苜蓿发源地，又是我国苜蓿的主要产区，在 20 世纪 80 年代西北 5 省区（甘肃、陕西、新疆维吾尔自治区（全书简称新疆）、内蒙古、宁夏回族自治区（全书简称宁夏））的苜蓿种植面积居全国前 5 位，达 1566 万亩，约占全国苜蓿种植面积（1996.5 万亩）的 78.4%（耿华珠，1995）。随着我国苜蓿科技的不断进步和苜蓿品种的多元化，苜蓿适应性逐步提高，分布区域持续扩大，苜蓿种植区向传统分布区域的南、北两翼扩展，如北部已在黑龙江省的富锦市（北纬 47°）种植多年，近几年在内蒙古的海拉尔市（北纬 49°）也有苜蓿种植成功的例子，南方如四川、重庆、湖北等地也有苜蓿种植成功的案例。

从表 6–2 看出，进入 21 世纪，随着我国草地生态恢复与保护的深化和苜蓿产业化程度的提升，苜蓿种植面积在不断增加，由 2001 年的 3033.0 万亩增加到 2004 年的 4737.1 万亩，之后苜蓿种植面积有所下降，2005 年为 3892.3 万亩，之后苜蓿种植面积又开始增加，到 2010 年苜蓿种植面积已达 4122.8 万亩，2011 年苜蓿种植面积猛增至 5668.4 万亩，比 2001 年增加了 37.5%，比 2004 年的苜蓿面积增加了 19.5%。可以看出，我国苜蓿种植面积也经历了低—高—低—高的过程。与 20 世纪 80 年代（1996.5 万亩）相比，2001 年的苜蓿种植面积增加了 51.9%，到 2011 年增加了 183.9%。同时苜蓿种植范围不断扩大，由 20 世纪 80 年代的 14 个省区（耿华珠，1995）扩展到 2011 年的 27 个，过去不曾种植苜蓿的省（市、区）现在也开始种植苜蓿，如安徽、湖北、重庆、贵州、云南、湖南、广西壮族自治区（全书简称广西）等省（区）。

宁夏苜蓿种植面积由 2001 年的 159.5 万亩，增加到 2011 年的 585.3 万亩，增加了 2.67 倍；新疆 2001 年至 2011 年间经历了低—高—低的过程，由 2001 年的 668.3 万亩发展到 2004 年的 903.5 万亩，之后开始下降，到 2009 年新疆的苜蓿保留种植面积为 271.0 万亩，随后两年增加，2011 年保留种植面积达 709.3 万亩，比 2001 年增加 344.7%；甘肃和内蒙古苜蓿发展比较稳定，甘肃每年面积都保留在 700万~1100 万亩，内蒙古每年苜蓿面积保留在 600万~900 万亩。从 2010 年全国种植苜蓿保留面积看，甘肃、内蒙古、宁夏、新疆和陕西苜蓿保留面积（合计 2965.05 万亩）居前 5 位，占全国总面积的 72.0.%（表 6–2）。与 20 世纪 80 年代我国苜蓿种植分布相比，到 21 世纪初全国苜蓿种植格局基本变化不大，仍以北方为主，从表 12–1 看出苜蓿种植面积居前 9 位的均为北方省区（甘肃、内蒙古、宁夏、新疆、陕西、山西、河南、河北、辽宁），约占全国苜蓿种植面积的

87.9%，居前5位的省区与21世纪80年代（甘肃、陕西、新疆、内蒙古、宁夏）基本相同，只是占全国苜蓿种植面积的比例稍有下降（80年代居前5位省区的苜蓿面积约占全国苜蓿面积的78.4%），由此可见，近30年来，我国苜蓿的主产区与20世纪80年代苜蓿的主产区基本一致，仍然是以西北地区为主，特别是甘肃、内蒙古、宁夏、新疆和陕西仍然是我国苜蓿的主要生产区。

表6-2　2001—2011年各省区紫花苜蓿保留种植面积　　万亩

省　份	2001年	2002年	2003年	2004年	2005年	2006年	2007年	2009年	2010年	2011年
北京								6.1	6.1	6.1
天津	6.0	6.8	4.9	4.9	4.4	1.3	1.1	3.2	1.1	1.1
河北	130.1	130.1	200.1	200.1	200.1	200.1	250.0	157.1	141.4	487.2
山西	246.9	249.1	259.3	259.3	259.3	262.3	226.6	253.1	203.1	254.4
内蒙古	616.1	649.2	802.0	802.0	652.4	742.1	755.3	792.1	830.8	769.1
辽宁	43.6	96.6	152.1	152.1	161.4	179.1	182.9	160.4	138.6	143.6
吉林	19.6	26.6	48.9	48.9	75.2	82.5	83.2	65.9	65.5	59.3
黑龙江	26.0	51.0	64.0	64.0	74.0	88.5	96.3	40.0	43.7	50.0
上海	0	0.0	0.0	0.0	0.0	0.0	0.0	0.0	0.0	0.0
江苏	6.5	6.5	0.3	0.3	11.2	18.2		7.9	4.1	5.7
浙江		0.0	0.5	0.5	0.5	0.5	0.5	0.5	56.7	56.7
安徽	1.0	19.1	2.5	2.5	3.5		1.0	4.6	3.6	7.7
福建	0.0	0.0	0.0	0.0	0.0	0.0	0.0	0.0	0.0	0.0
江西	0.0	0.0	0.2	0.2	0.2	0.3	0.2	0.2	0.2	0.2
山东	93.0	82.0	194.6	194.6	169.3	106.1	68.3	66.4	55.5	107.2
河南	110.6	116.1	152.4	152.4	150.1	151.6	157.0	153.9	172.6	241.2
湖北	6.7	19.0	15.3	15.3	19.0	15.1	17.2	18.0	22.2	43.5
湖南									5.6	12.2
广东	0.0	0.0	0.0	0.0	0.0	0.0	0.0	0.0	0.0	0.0
广西								0.5	0.1	1.2
海南	0.0	0.0	0.0	0.0	0.0	0.0	0.0	0.0	0.0	0.0
重庆	3.4	8.3	10.6	10.6	11.4	8.6	8.8	6.0	11.5	15.4
四川	8.4	8.8	38.5	38.5	42.3	46.5	53.2	71.3	80.9	88.9
贵州		4.0	12.0	12.0	22.0	9.7	45.0	9.8	15.0	20.0
云南								25.5	27.5	49.3
西藏	60.0	60.0	1.5	1.5	0.1	5.1		50.4	41.6	132.8
陕西	170.1	442.2	705.4	705.4	549.4	610.3	550.3	550.3	235.0	742.1
甘肃	674.8	701.1	750.4	750.4	770.4	778.4	793.4	878.5	915.0	1025.5
青海								46.7	56.8	47.4
宁夏	159.5	236.7	418.1	418.1	474.0	558.3	631.3	576.0	594.3	585.3

（续表）

省　份	2001年	2002年	2003年	2004年	2005年	2006年	2007年	2009年	2010年	2011年
新疆	668.3	718.4	903.5	903.5	242.0	340.8	346.5	271.0	394.3	709.3
兵团	0.0	0.0	0.0	0.0	0.0	0.0	0.0	0.0	0.0	6.0
合计	3033.0	4246.5	8574.0	8574.0	8301.0	4522.5	4686.0	6159.0	6597.0	4726.5

2008年的统计数据有异议，未采用。引自：草原基础数据册（全国畜牧总站，2009年）；中国草业统计-2009（全国畜牧总站，2010年）；中国草业统计-2010（全国畜牧总站，2011年）；中国草业统计-2011（全国畜牧总站，2012年）

二、主要品种介绍

（一）关中紫花苜蓿（*Medicago sativa* L. cv. Guanzhong）

产量表现：1983—1985年陕西省内区域试验和生产试验，3年平均鲜草产量分别为55 045kg/hm^{2}和40 652kg/hm^2。种子产量300~450kg/hm^2。

适应区域：陕西省渭水流域、渭北旱塬及山西省南部气候类似地区，也是南方种植苜蓿时可选择的品种之一。

（二）陕北紫花苜蓿（*Medicago sativa* L. cv. Shanbei）

产量表现：1983—1985年在陕西省内区域试验和生产试验，3年平均鲜草产量分别为46 785kg/hm^{2}和32 526kg/hm^2。种子产量375kg/hm^2。

适应区域：适宜陕西省北部、甘肃省陇东、宁夏盐池、内蒙古准格尔旗等黄土高原北部、长城沿线风沙地区种植。

（三）晋南紫花苜蓿（*Medicago sativa* L. cv. Jinnan）

产量表现：1981—1984年区域试验和生产试验，干草产量平均分别为8775kg/hm^{2}和8300kg/hm^2。生长期间浇水分别为1次和3次，干草产量分别为13 125kg/hm^{2}和14 420kg/hm^2。种子产量525~630kg/hm^2。

适应区域：凡年平均温度在9~14℃，≥10℃活动积温2300~3400℃，绝对低温不低于-20℃，年降水量在300~550mm的地区均可种植。如晋南、晋东南低山丘陵和平川农田，以及我国西北地区的南部均宜种植。

（四）偏关苜蓿（*Medicago sativa* L. cv. Pianguan）

产量表现：1988—1992年省内区域试验和生产试验，5年平均干草产量分别为10 750kg/hm^{2}和6800kg/hm^2。种子产量450~500kg/hm^2。

适应区域：适宜黄土高原海拔1500~2400m、年最低气温-32℃左右的地区及晋北、晋西北地区种植。

（五）**陇东紫花苜蓿**（*Medicago sativa* L. cv. Longdong）

产量表现：1983—1985 年在甘肃省武威市、1989—1990 年在甘肃省天水市和兰州市进行区域试验，干草产量平均为 12 038kg/hm²。1985—1986 年甘肃省内生产试验，干草产量平均 8260kg/hm²。种子产量 480~570kg/hm²。

适应区域：我国北方地区均可种植，最适种植区域为黄土高原。

（六）**陇中紫花苜蓿**（*Medicago sativa* L. cv. Longzhong）

产量表现：1988—1990 年甘肃省内区域试验，3 年平均干草产量为 13 050kg/hm²。1985—1986 年生产试验，2 年平均干草产量为 8 985kg/hm²。种子产量 540kg/hm²。

适应区域：最适应区域为黄土高原地区，长城沿线干旱风沙地区一带种植。

（七）**天水紫花苜蓿**（*Medicago sativa* L. cv. Tianshui）

产量表现：1983—1986 年和 1989—1990 年在甘肃省武威市和兰州市区域试验，两地 6 年平均干草产量为 14 775kg/hm²。1986—1988 年生产试验，3 年平均干草产量为 10 860kg/hm²。种子产量 350~500kg/hm²。

适应区域：黄土高原地区，我国北方冬季不太严寒的地区均可种植。

（八）**河西紫花苜蓿**（*Medicago sativa* L. cv. Hexi）

产量表现：1989—1990 年在甘肃省天水市、兰州市区域试验，2 年平均干草产量为 13 175kg/hm²。1985—1988 年生产试验，4 年平均干草产量为 8560kg/hm²。

适应区域：适宜西北各省荒漠、半荒漠、干旱地区有灌溉条件的地段，黄土高原地区种植。

（九）**新疆大叶紫花苜蓿**（*Medicago sativa* L. cv. XinjiangDaye）

产量表现：1981—1984 年在北京中国农业科学院畜牧研究所 10 个苜蓿品种产量比较试验中，秋播第二年（利用第一年）干草产量平均 14 115kg/hm²，第三年为 12 932kg/hm²，第四年为 12 473kg/hm²，第五年为 9704kg/hm²。在乌鲁木齐 4 年平均干草产量 11 900~12 100kg/hm²，单播第二年为 15 000~20 000kg/hm²。种子产量 225~300kg/hm²。

适宜区域：适宜新疆南疆塔里木盆地、焉耆盆地各农区，甘肃省河西走廊，宁夏引黄灌区等地种植。在我国北方和南方一些地区试种良好。

（十）**北疆紫花苜蓿**（*Medicago sativa* L. cv. Beijiang）

产量表现：在新疆区域试验和生产试验，播种当年产量较低，单播第二年干草产量平均为 12 000~18 000kg/hm²，第三年和第四年下降幅度不大，4 年平均干草产量为 10 500~12 000kg/hm²。

适应区域：主要分布在北疆准格尔盆地及天山北麓林区、伊犁河谷等农牧区。我国北方各省、自治区也适宜种植。

（十一）**敖汉紫花苜蓿**（*Medicago sativa* L. cv. Aohan）

产量表现：1986—1989 年在内蒙古赤峰市、东胜市、呼和浩特市区域试验，3 年平均干草产量为 10 350kg/hm^2。1987—1989 年在内蒙古赤峰市敖汉旗生产试验，3 年平均干草产量为 7437kg/hm^2。

适应区域：适宜年平均温度 5~7℃，最高气温 39℃，最低气温 -35℃，大于 10℃活动积温 2400~3600℃，年降水量 260~460mm 的东北各省和内蒙古自治区种植。

（十二）**内蒙古准格尔紫花苜蓿**（*Medicago sativa* L. cv. Neimenggu Zhungeer）

产量表现：1988—1990 年区域试验和生产试验，灌溉条件下 3 年平均干草产量为分别为 10 680kg/hm^2 和 8250kg/hm^2。

适应区域：适宜内蒙古中西部地区以及相邻的陕北、宁夏部分地区种植。

（十三）**肇东苜蓿**（Medicago sativaL. cv. Zhaodong）

产量表现：1985—1986 年黑龙江省内多点区域试验，2 年平均干草产量在湿润区 10 800kg/hm^2，寒冷湿润区为 7050kg/hm^2、温和半干旱区 6100kg/hm^2，1984—1986 年省内生产试验，3 年平均干草产量为 7350kg/hm^2。

适应区域：适宜我国北方寒冷湿润及半干旱地区种植。

（十四）**蔚县紫花苜蓿**（*Medicago sativa* L. cv. Yuxian）

产量表现：1986—1989 年在冀西北的蔚县、阳原县等地区域试验，4 年平均干草产量为 13 460kg/hm^2。1986—1989 年地区生产试验，4 年平均干草产量 9360kg/hm^2。种子产量 360~450kg/hm^2。

适应区域：适宜河北省北部、西部，以及山西省北部和内蒙古自治区中、西部地区。

（十五）**沧州紫花苜蓿**（*Medicago sativa* L. cv. Cangzhou）

产量表现：1987—1989 年在河北沧州地区、衡水地区区域试验，3 年平均干草产量为 13 065kg/hm^2，1987—1989 年上述的地区生产试验，在土壤肥力中等、不浇水条件下 3 年平均干草产量为 12 875kg/hm^2，贫瘠旱地上 3 年平均干草产量为 6030kg/hm^2。种子产量 330~360kg/hm^2。

适应区域：适宜河北省南部，以及山东、河南和山西省部分地区。

（十六）保定紫花苜蓿（*Medicago sativa* L. cv. Baoding）

产量表现：1998—2001 年区域试验，4 年平均干草产量在北京地区为 16 280kg/hm²，在内蒙古赤峰市为 12 345kg/hm²。1999—2001 年多点生产试验，3 年平均干草产量为 13 875kg/hm²。

适应区域：适宜北京、天津、河北、山东、山西、甘肃、宁夏、青海东部、内蒙古东南部、辽宁、吉林中南部等地区种植。

（十七）无棣紫花苜蓿（*Medicago sativa* L. cv. Wudi）

产量表现：1982—1985 年区域试验，4 年平均干草产量为 7605kg/hm²，1984—1988 年生产试验，5 年平均干草产量 7725kg/hm²，种子产量 345~375kg/hm²。

适应区域：适宜山东省北部渤海湾一带及类似地区种植。

（十八）淮阴紫花苜蓿（*Medicago sativa* L. cv. Huaiyin）

产量表现：1985—1986 年在贵州省、湖北省和江苏省多点区域试验，2 年平均鲜草产量 60 795kg/hm²。1985—1986 年江苏省内生产试验，2 年平均鲜草产量 47 940kg/hm²。种子产量 300~450kg/hm²。

适应区域：适宜黄淮平原及其沿海地区，长江中下游地区种植，并有向南方其他省、自治区推广的前景。

（十九）公农 1 号紫花苜蓿（*Medicago sativa* L. cv. Gongnong No.1）

产量表现：1981—1983 年在吉林省公主岭市生产试验，播种当年产量较低，第二年和第三年平均干草产量 17 625kg/hm²。

适宜地区：适宜东北和华北各省、自治区种植。

（二十）公农 2 号紫花苜蓿（*Medicago sativa* L. cv. Gongnong No.2）

产量表现：在旱地栽培条件下，年刈割 2~3 次，播种当年产量低，第二年和第三年 2 年平均干草 15 518kg/hm²。

适应区域：适宜东北和华北各省、自治区种植。

（二十一）公农 3 号紫花苜蓿（*Medicago sativa* L. cv. Gongnong No.3）

产量表现：1994—1996 年在吉林省白城牧场和内蒙古图牧吉牧场区域试验，干草产量平均为 3630kg/hm²，1997—1998 年生产试验，干草产量平均为 2920kg/hm²。

适应区域：适宜东北、西北、华北北纬 46° 以南，年降水量 350~550mm 地区种植。为根蘖型，根蘖率 30%~50%，宜与禾本科牧草混播放牧利用。

（二十二）公农 5 号紫花苜蓿（*Medicago sativa* L. cv. Gongnong No.5）

产量表现：在吉林省中西部地区无灌溉条件下，年可刈割 2~3 次，干草产量

5370~13 690kg/hm^2，种子产量 268~485kg/hm^2。

适应区域：适于我国北方温带地区种植。

（二十三）**龙牧 801 紫花苜蓿**（*Melilotoides ruthenicus* L. Sojak.× *Medicago sativa* L. cv. Longmu No.801）

产量表现：1989—1991 年省内多点区域试验，3 年平均干草产量为 8000kg/hm^2。省内外多点生产试验，3 年平均干草产量为 8485kg/hm^2。在辽宁省辽阳市干草产量 12 390kg/hm^2。

适应区域：适宜小兴安岭寒冷湿润区和松嫩平原温和半干旱区种植。

（二十四）**龙牧 803 紫花苜蓿**（*Medicago sativa* L.× *Melilotoide sruthenicus* L. Sojak. cv. Longmu No.803）

产量表现：1989—1991 年省内多点区域试验，3 年平均干草产量为 7620kg/hm^2。省内外多点生产试验 2 年平均干草产量为 9000kg/hm^2，在辽宁省辽阳市干草产量 15 285kg/hm^2。

适应区域：适宜小兴安岭寒冷湿润区、松嫩平原温和半干旱区、牡丹江半温凉湿润区种植。

（二十五）**龙牧 806 紫花苜蓿**（*Medicago sativa* L.× *Meliloides ruthenica* L. Sojak. cv. Longmu No.806）

产量表现：1997—1999 年省内外区域试验，3 年平均鲜草产量为 34 035kg/hm^2，干草产量为 9136.5kg/hm^2，1999—2001 年省内外生产试验，3 年平均干草产量为 9160.5kg/hm^2。种子产量 430kg/hm^2。

适应区域：东北寒冷气候区、西部半干旱区及盐碱土区均可种植。亦可在我国西北、华北以及内蒙古等地种植。

（二十六）**龙牧 808 紫花苜蓿**（*Medicago sativa* L. cv. Longmu No.808）

产量表现：在年降水量 300~400mm 地区生长良好，干草产量 10 463.48~12 994.48kg/hm^2。种子产量 261.06~322.32kg/hm^2。

适应区域：适于在东北、西北、内蒙古等地区种植。

（二十七）**阿勒泰杂花苜蓿**（Medicago varia Martin. cv. Aletai）

产量表现：1988–1989 年在新疆多点区域试验，水浇地 2 年平均干草产量 13 540kg/hm^2，旱地 4766kg/hm^2。1988–1989 年生产试验，旱地 2 年平均干草产量 5290kg/hm^2。种子产量 250~300kg/hm^2。

适应区域：应年降水量 250~300mm 的草原带旱作栽培，在灌溉条件下，也适应于干旱半干旱的平原农区种植。

（二十八）**草原 1 号杂花苜蓿**（*Medicago varia* Martin. cv. Caoyuan No.1）

产量表现：旱作条件下播种当年产量较低，第二年刈割 3 次，干草产量为 6720kg/hm^2。种子产量 150~300kg/hm^2。

适应区域：适宜内蒙古东部、东北和华北各省种植。由于耐热性差、越夏率低，不宜在北纬 40° 以南的平原地区种植。

（二十九）**草原 2 号杂花苜蓿**（*Medicago varia* Martin. cv. Caoyuan No.2）

产量表现：旱作条件下，播种当年产量低，第二年刈割 3 次，干草产量 6200kg/hm^2。种子产量 150~300kg/hm^2。

适应区域：适宜内蒙古东部、东北和华北各省种植。由于耐热性差、越夏率低，不宜在北纬 40° 以南的平原的地区种植。

（三十）**草原 3 号杂花苜蓿**（*Medicago varia* Martin. cv. Caoyuan No.3）

产量表现：1999—2001 年区域试验，干草产量 3 年平均 10 680kg/hm^2，种子产量 540kg/hm^2。2000—2002 年生产试验，干草产量 3 年平均为 12 330kg/hm^2。种子产量 510kg/hm^2。

适应区域：适宜我国北方干旱、半干旱地区种植。

（三十一）**中苜 1 号苜蓿**（*Medicago sativa* L. cv. Zhongmu No.1）

产量表现：1995—1997 年在以氯化钠为主要盐害的山东省德州市和内陆盐碱地甘肃省兰州市区域试验，3 年平均干草产量为 7120kg/hm^2，两地分别比对照品种增产 12.5% 和 13.5%。1996—1997 年在山东省无棣县含盐量 0.3% 以上的土壤上进行生产试验，2 年平均干草产量 5820kg/hm^2，比对照品种增产 23.6%。

适应区域：适宜我国黄淮海平原即渤海湾一带的盐碱地种植，也可在其他类似的内陆盐碱地种植。

（三十二）**中苜 2 号紫花苜蓿**（*Medicago sativa* L. cv. Zhongmu No.2）

产量表现：2000—2002 年区域试验，3 年平均干草产量为 14 475kg/hm^2，比对照品种增产 11.8%。2000—2002 年生产试验，3 年平均干草产量 15 940kg/hm^2，比对照品种增产 11.3%。种子产量平均 360kg/hm^2。

适应区域：适宜黄淮海平原非盐碱地种植，也可以在华北平原类似地区种植。

（三十三）**中苜 3 号紫花苜蓿**（*Medicago sativa* L. cv. Zhongmu No.3）

产量表现：在黄淮海地区干草产量平均达 15 000kg/hm^2。种子产量可达 330kg/hm^2。

适应区域：黄淮海地区轻度、中度盐碱地。

（三十四）中苜 6 号紫花苜蓿（*Medicago sativa* L. cv. Zhongmu No.6）

产量表现：在北京生长第 2 年植株生育期约为 110d，在晋北陕西怀仁可安全越冬，在北京和河北涿州可经受极端 38℃高温而安全越夏。在良好水肥条件下，年可刈割 3~4 次，在北京年均干草产量达 17 000kg/hm^2。

适应区域：适宜在我国华北中部及北方类似条件地区种植。

（三十五）中兰 1 号苜蓿（*Medicago sativa* L. cv. Zhonglan No.1）

产量表现：1997—1998 年在甘肃省内区域试验和生产试验，2 年平均干草产量分别为 11 765kg/hm^2 和 16 494kg/hm^2。种子产量 360~450kg/hm^2。

适应区域：适宜年平均气温 6~7℃，年降水量 300~400mm，海拔 900~2300m 的半干旱地区种植。

（三十六）甘农 1 号杂花苜蓿（*Medicago varia* Martin. cv. Gannong No.1）

产量表现：1988—1989 年甘肃省内区域试验，干草产量平均 6930kg/hm^2。1988—1990 年生产试验，干草产量平均 11 870kg/hm^2。种子产量较低，为 200~250kg/hm^2。

适应区域：本品种为耐寒性很强的丰产品种，在黄土高原北部、西部地区，青藏高原边缘海拔 2700m 左右、年平均气温 2℃以上地区可种植。

（三十七）甘农 2 号杂花苜蓿（*Medicago varia* Martin. cv. Gannong No.2）

产量表现：1988—1990 年区域试验，播种当年产量低，平均干草产量为 2604kg/hm^2，第二年以后平均干草产量为 8 135kg/hm^2。1990—1994 年生产试验，平均干草产量为 9000kg/hm^2。种子产量 260~435kg/hm^2。

适应区域：本品种为根蘖型苜蓿，适宜在黄土高原地区、西北荒漠沙质土壤地区和青藏高原北部边缘地区种植作为混播放牧，刈牧兼用品种。因其根系强大，扩展性强，更适于用作水土保持、防风固沙和护坡固土。

（三十八）甘农 3 号紫花苜蓿（*Medicago sativa* L. cv. Gannong No.3）

产量表现：1988—1990 年品种比较试验，干草产量平均为 14 067kg/hm^2。1990—1992 年生产试验，干草产量平均 13 050kg/hm^2。种子产量 300~450kg/hm^2。

适宜区域：适宜西北内陆灌溉农业和黄土高原地区种植。

（三十九）甘农 4 号紫花苜蓿（*Medicago sativa* L. cv. Gannong No.4）

产量表现：2002—2004 年区域试验和生产试验，3 年平均干草产量分别为 13 735kg/hm^2 和 13 410kg/hm^2。种子产量 675kg/hm^2。

适应区域：适宜西北内陆灌溉农业和黄土高原地区种植。

（四十）甘农 5 号紫花苜蓿（*Medicago sativa* L. cv. Gannong No.5）

产量表现：在甘肃兰州和临夏观察表明，该品种生育期为 120~150d，种子产量可达 450kg/hm^2。在兰州及附近，年可刈割 4 茬，干草产量 16 000~27 000kg/hm^2。

适应区域：适宜我国北纬 33°~36° 的西北地区种植。

（四十一）甘农 6 号紫花苜蓿（*Medicago sativa* L. cv. Gannong No.6）

产量表现：在甘肃景泰县水浇地干草产量 14 000~16 000kg/hm^2，种子产量 650~700kg/hm^2，在旱地干草产量 8000~10 000kg/hm^2，种子产量 300~400kg/hm^2。

适应区域：适应于我国西北内陆绿洲灌区和黄土高原地区种植。

（四十二）新牧 1 号杂花苜蓿（*Medicago varia* Martin. cv. Xinmu No.1）

产量表现：1984—1987 年区域试验，4 年 5 个试验点平均干草产量 6 671kg/hm^2。其中高产年份可达 12 516kg/hm^2。种子产量约 450kg/hm^2。

适应区域：新疆北部准格尔盆地，伊犁、哈密地区，以及新疆大叶苜蓿，北疆苜蓿适宜种植的地区种植。

（四十三）新牧 2 号紫花苜蓿（*Medicago sativa* L. cv. Xinmu No.2）

产量表现：1988—1989 年在新疆多点试验，2 年平均干草产量为 9430kg/hm^2。1990—1992 年在新疆多点生产试验，3 年平均干草产量为 9392kg/hm^2。种子产量 400kg/hm^2。

适应区域：新疆农区和半农半牧区，以及新疆大叶苜蓿、北疆苜蓿适宜种植的省、自治区均可种植。

（四十四）新牧 3 号杂花苜蓿（*Medicago varia* Martin. cv. Xinmu No.3）

产量表现：1996—1998 年在新疆多点区域试验，3 年平均干草产量为 14 240kg/hm^2。1997—1998 年生产试验，2 年平均干草产量为 14 580kg/hm^2。种子产量 400~450kg/hm^2。

适应区域：冬季严寒地区的优良品种，凡种植新疆大叶苜蓿及北疆苜蓿适合的地区均可种植。

（四十五）新牧 4 号紫花苜蓿（*Medicago sativa* L. cv. Xinmu No.4）

产量表现：在新疆昌吉地区灌溉条件下，年可刈割 3~4 次，干草产量 15 000~18 000kg/hm^2，在南疆大多数灌溉条件下，年可刈割 4~5 次，干草产量 16 000~20 000kg/hm^2。

适应区域：适宜在有灌溉条件的南北疆及甘肃河西走廊、宁夏引黄灌区等地种植。

（四十六）图牧 1 号杂花苜蓿（*Medicago varia* Martin. cv. Tumu No.1）

产量表现：1985—1989 年区域试验和生产试验，平均干草产量分别为 12 250kg/hm^2 和 10 500kg/hm^2。种子产量 150~300kg/hm^2。

适应区域：适宜我国北方半干旱气候区种植。

（四十七）图牧 2 号紫花苜蓿（*Medicago sativa* L. cv. Tumu No.2）

产量表现：1985—1989 年在吉林省白城地区、内蒙古扎赉特旗、甘肃省榆中县等地区域试验，5 年平均干草产量为 12 910kg/hm^2。1985—1989 年在吉林省白城市、通榆县生产试验，5 年平均干草产量为 11 258kg/hm^2。

适应区域：适宜内蒙古中东部、吉林省和黑龙江省种植。

（四十八）赤草 1 号杂花苜蓿（*Medicago varia* Martin. cv. Chicao No.1）

产量表现：在年降水量 300~500mm 的地区，在旱作条件下干草产量 5000~8000kg/hm^2。种子产量 300~400kg/hm^2。

适应区域：我国北方年降水量 300~500mm 的干旱和半干旱地区。

（四十九）渝苜 1 号紫花苜蓿（*Medicago sativa* L. cv. Yumu No.1）

产量表现：在重庆，年可刈割 5~6 次，干草产量 15 000kg/hm^2 以上。

适应区域：我国西南等地区作为饲草种植，其种子生产则需要在西北地区种植。

（五十）润布勒杂花苜蓿（*Medicago varia* Martin. cv. Rambler）

产量表现：1980—1982 年区域试验，3 年平均干草产量在内蒙古自治区海拉尔市 8291kg/hm^2，锡林浩特市为 5200kg/hm^2，在黑龙江省齐齐哈尔市为 3000kg/hm^2。1983—1985 年生产试验，3 年平均干草产量在内蒙古海拉尔市为 4900kg/hm^2，锡林浩特市为 5165kg/hm^2，甘肃榆中县为 10 028kg/hm^2。

适应区域：适宜黑龙江省、吉林省东北部、内蒙古自治区东部、山西省雁北地区、甘肃省、青海省等高寒地区种植。

（五十一）阿尔冈金杂花苜蓿（*Medicago varia* Martin. cv. Algonquin）

产量表现：2000—2002 年在河北省石家庄市、甘肃张掖市、新疆维吾尔自治区乌鲁木齐市进行区域试验，3 年平均干草产量为 17 160kg/hm^2。2001—2003 年上述地区生产试验，3 年平均干草产量为 16 980kg/hm^2。

适应区域：适宜我国西北、华北、东北南部及中原地区种植。

（五十二）阿勒泰杂花苜蓿（*Medicago varia* Martin. cv. Aletai）

产量表现：1988—1989 年在新疆维吾尔自治区内多点区域试验，2 年平均干草产量为 13 540kg/hm²，旱地 4766kg/hm²。1988—1989 年生产试验，2 年平均干草产量旱地 5290kg/hm²。种子产量 250~300kg/hm²。

适应区域：年降水量 250~300mm、生长期 100d 以上、冬季寒冷的地区旱作栽培，也适宜平原农区种植。

（五十三）清水紫花苜蓿（*Medicago sativa* L. cv. Qingshui）

产量表现：在我国海拔 1100~2600m 的西北旱区寒区，干草产量达 7500kg/hm²。

适应区域：适宜我国甘肃省海拔 1100~2600m 的半湿润、半干旱区，可作为刈割草地或水土保持利用。

（五十四）德钦紫花苜蓿（*Medicago sativa* L. cv. Deqin）

产量表现：生育期 150d，在云南德钦地区种植，播种次年收种，种子产量 700kg/hm²。在水分充足条件下，种植第 3 年鲜草产量达 37 652kg/hm²，干草产量 10 053kg/hm²。

适应区域：适宜于云南省迪庆州海拔 2000~3000m 及类似地区种植。

（五十五）中草 3 号紫花苜蓿（*Medicago sativa* L. cv. Zhongcao No.3）

产量表现：在呼和浩特地区生育期约 104d，适宜旱作栽培，正常年份可刈割 3 次，干草产量达 16 176kg/hm²，种子产量 296.5kg/hm²。

适应区域：适宜在我国北方干旱寒冷地区，尤其适宜内蒙古及周边地区种植。

（五十六）东苜 1 号紫花苜蓿（*Medicago sativa* L. cv. Dongmu No.1）

产量表现：在吉林省西部无积雪覆盖条件下仍能安全越冬。在年降水量 300~400mm 地区，生长第 2 年无需灌溉可正常生长。在吉林省西部无灌溉条件下，每年刈割 3 次，干草产量 8000~10 000kg/hm²，灌溉条件下产草量更高。

适应区域：适宜我国东北干旱寒冷地区种植。

（五十七）三得利紫花苜蓿（*Medicago sativa* L. cv. Sanditi）

产量表现：1999—2002 年在甘肃、山西等地区域试验，平均干草产量为 17 393kg/hm²。2000—2002 年在山西、甘肃、新疆等地生产试验，3 年平均干草产量为 12 493kg/hm²。

适应区域：适宜我国华北大部分地区及西北、长江中下游区部分地区种植。

（五十八）金皇后紫花苜蓿（*Medicago sativa* L. cv. Golden Empress）

产量表现：1999—2001 年品种比较试验，在北京市郊区 3 年平均干草产量为 18 880kg/hm²；2000—2002 年在河北省石家庄市、甘肃张掖市、新疆乌鲁木齐市等地区域试验，3 年平均干草产量为 19 180kg/hm²。2001—2003 年在以上 3 地进行生产试验 3 年平均干草产量为 20 575kg/hm^2。

适应区域：适宜山西、宁夏、内蒙古、青海、陕西、甘肃、新疆等地种植。

（五十九）维克多紫花苜蓿（*Medicago sativa* L. cv. Vector）

产量表现：2001—2003 年在河北、山西、北京、江苏等地进行区域试验，3 年平均干草产量为 14 565kg/hm^2。2001—2003 年生产试验，3 年平均干草产量 12 750kg/hm^2。

适应区域：适宜我国华北、长江中下游地区种植。

（六十）德宝紫花苜蓿（*Medicago sativa* L. cv. Derby）

产量表现：1999—2002 年在河北、北京、甘肃等地进行区域试验，4 年平均干草产量为 16 974kg/hm^2。2001—2003 年在甘肃省进行生产试验，3 年平均干草产量为 13 873kg/hm^2。

适应区域：适宜我国华北大部分地区、西北地区东部和新疆部分地区种植。

（六十一）游客紫花苜蓿（*Medicago sativa* L. cv. Eureka）

产量表现：2000 年引入中国后，在江西、上海、江苏和云南等省市的区域试验和生产试验中，干草产量 15 000~22 500kg/hm^2。

适应地区：长江中下游丘陵地区。

（六十二）驯鹿紫花苜蓿（*Medicago sativa* L. cv. ACCaribou）

产量表现：生育期 128d 左右，早熟品种，干草产量可达 13 000~15 500kg/hm^2。

适应地区：适宜华北、西北和东北较寒冷地区种植

（六十三）赛特紫花苜蓿（*Medicago sativa* L. cv. Sitel）

产量表现：1999—2002 年在甘肃、北京、河北等地进行区域试验，4 年平均干草产量为 19 026kg/hm^2。2001—2003 年在甘肃省进行生产试验，3 年平均干草产量为 13 608kg/hm^2。

适应区域：适宜我国华北大部分地区、西北地区东部和新疆部分地区种植。

（六十四）维多利亚紫花苜蓿（*Medicago sativa* L. cv. Victoria）

产量表现：2000—2002 年在河北省石家庄市、新疆乌鲁木齐市区域试验，3 年平均干草产量为 21 780kg/hm^2。2001—2003 年上述两地生产试验，3 年平均干草产量为 20 985kg/hm^2。

适应区域：适宜华北、长江中下游、华东及西南部分地区种植。

（六十五）**皇冠紫花苜蓿**（*Medicago sativa* L. cv. Phabulous）

产量表现：2000—2002 年在河北省石家庄市，甘肃省张掖市、新疆维吾尔自治区乌鲁木齐市的区域适应性实验，3 年平均干草产量为 19 445kg/hm^2。2001—2003 年上述 3 地区生产试验，3 年平均干草产量为 19 700kg/hm^2。

适应区域：适宜华北、西北、东北地区南部，长江中下游及华东长江以北地区种植。

（六十六）**牧歌 401+Z 紫花苜蓿**（*Medicago sativa* L. cv. AmeriGraze401+Z）

产量表现：2000—2002 年在河北省石家庄市、甘肃省张掖市、新疆维吾尔自治区乌鲁木齐市的区域试验，3 年平均干草产量为 19 710kg/hm^2。上述 3 地生产试验，3 年平均干草产量为 20 655kg/hm^2。

适应区域：适宜华北大部分地区、西北、东北、华北中部地区种植。

（六十七）**WL232HQ 紫花苜蓿**（*Medicago sativa* L. cv. WL232HQ）

产量表现：在辽宁省锦州市，河北省沧州市、保定市、承德市、吴桥县，内蒙古通辽市，山西省大同市、阳高县，新疆呼图壁县、本垒县等地的中等肥力、灌溉条件下，年均干草产量为 15 000~17 000kg/hm^2。

适应区域：我国北方干旱、半干旱地区。

（六十八）**WL323HQ 紫花苜蓿**（*Medicago sativa* L. cv. WL323HQ）

产量表现：2000—2002 年在辽宁省锦州市、河北省吴桥县、内蒙古自治区通辽市进行区域试验，3 年平均干草产量为 15 980kg/hm^2。2001—2003 年在河北省沧州市、保定市、承德市、山西省大同市、阳高县、新疆呼图壁县、本垒县进行生产试验，3 年平均干草产量为 17 343kg/hm^2。

适应区域：适宜我国北方干旱、半干旱地区种植。

（六十九）**WL525HQ 紫花苜蓿**（*Medicago sativa* L. cv. WL525HQ）

产量表现：秋眠级 8，冬季刈割后通过 50~55d 的再生可再次刈割 1 茬鲜草，当年播种后的第 60~65d，植株高度达到 40cm 可收获第 1 茬，鲜草产量 6840kg/hm^2，播种第 2~4 年鲜草产量 120 000~180 000kg/hm^2，干草产量 22 131.7~28 359.0kg/hm^2。

适应区域：适宜我国云南温带和亚热带地区种植。

（七十）**威斯顿紫花苜蓿**（*Medicago sativa* L. cv. Weston）

产量表现：秋眠级 8，年干草产量 18 000~22 000kg/hm^2。

适应区域：适宜范围为海拔 1500~3400m，年均温 5~16℃，夏季最高温不超过 30℃，年降水量≥ 560mm 的温带至中亚热带地区。尤其适宜在我国西南和南方山区种植。

主要参考文献

陈宝书 .1999. 牧草及饲用植物栽培学 [M]. 北京 : 中国农业出版社 .

陈宝书 , 王建光 .2004. 牧草饲料栽培学 [M]. 北京 : 中国农业出版社 .

常煜 .2006. 气候变化对呼伦贝尔草原牧草生长的影响 [D]. 兰州 : 兰州大学 .

陈雅君 , 刘学敏 .2000. 紫花苜蓿根腐病的研究进展 [J]. 中国草地 ,1:51–56.

陈玉香 , 周道玮 , 张玉芬 .2004. 玉米、苜蓿间作的产草量及光合作用 [J]. 草地学报 ,12(2):107–112.

成向荣 , 黄明斌 , 邵明安 .2008. 紫花苜蓿和短花针茅根系分布与土壤水分研究 [J]. 草地学报 ,16(2):170–175.

迟丽华 , 宋凤斌 .2007. 松嫩平原 4 种植物光合作用光响应特性的研究 [J]. 吉林农业大学学报 ,29(2):119–122,138.

崔鲜一 .2001. 适宜放牧的根蘖型苜蓿生理特性及营养动态研究 [J]. 草原与草坪 (1):22–24.

崔玉亭 , 韩纯儒 , 卢进登 .1997. 集约高产农业生态系统有机物分解及土壤呼吸动态研究 [J]. 应用生态学报 (8):59–64.

单贵莲 , 徐柱 , 宁发 .2008. 草地生态系统健康评价的研究进展与发展趋势 [J]. 中国草地学报 ,30(2):98–103,115.

杜吉到 , 郑殿峰 , 梁喜龙 .2006. 不同栽培条件下大豆主要叶部性状与产量关系的研究 [J]. 中国农学通报 ,22(8):183–186.

杜占池 , 杨宗贵 .1999. 草原植物光合生理生态研究 [J]. 中国草地 ,3:20–27.

方精云 .1991. 我国森林植被带的生态气候学分析 [J]. 生态学报 ,11(4):377–387.

冯伟 , 朱艳 , 姚霞 .2009. 基于高光谱遥感的小麦叶干重和叶面积指数监测 [J]. 植物生态学报 ,33(1):34–44.

高安社 .2005. 羊草草原放牧地生态系统健康评价 [D]. 呼和浩特 : 内蒙古农业大学 .

高旺盛 , 陈源泉 , 石彦琴 .2007. 中国集约高产农田生态健康评价方法及指标体系初探 [J]. 中国农学通报 ,23(10):131–137.

顾耀江 .2007. 建筑企业安全管理及其评价体系研究 [D]. 上海 : 上海交通大学 .

郭正刚 , 张自和 , 王锁民 .2003. 不同紫花苜蓿品种在黄土高原丘陵区适应性的研究 [J]. 草业学报 ,12(4):45–50.

韩路 , 贾志宽 .2002. 西北干旱半干旱地区农牧交错带发展苜蓿草业的可行性及前景分析 [J]. 中国农业科技导报 ,4(4):66–70.

韩路 .2002. 不同苜蓿品种的生产性能分析及评价 [D]. 杨凌 : 西北农林科技大学 .

何友军 , 王清奎 , 汪思龙 .2006. 杉木人工林土壤微生物生物量碳氮特征及其与土壤养分的关系 [J]. 应用生态学报 ,17(12):2292–2296.

红梅 .2005. 锡林河流域草地地境划分及其健康评价 [D]. 呼和浩特 : 内蒙古农业大学 .

黄秉维 .1958. 中国综合自然区划的初步草案 [J]. 地理学报 (4):14–31.

洪绂曾 .2001. 草业与西部大开发 [M]. 北京 : 中国农业出版社 .

洪绂曾 .1989. 中国多年生栽培草种区划 [M]. 北京 : 中国农业科学技术出版社 .

侯扶江 , 李广 , 常生华 .2002. 放牧草地健康管理的生理指标 [J]. 应用生态学报 ,13(8):1049–1053.

侯扶江 .2004. 阿拉善草地健康评价的 CVOR 指数 [J]. 草业学报 ,13(4):17–26.
侯学煜 .1981. 中国植被地理分布的规律性 [J]. 西北植物研究 (1):1–11.
姜培坤 , 徐秋芳 , 俞益武 .2002. 土壤微生物量碳作为林地土壤肥力指标 [J]. 浙江林学院学报 ,19(1):17–19.
蒋桂英 , 李蒙春 , 李刚 .2000. 高产棉花群体冠层结构与干物质生产及产量的关系 [J]. 新疆农业大学学报 ,23(4):48–51.
蒋平安 , 罗明 , 蒋永衡 .2006. 不同种植年限苜蓿地土壤微生物区系及商值（qMB，qCO_2）[J]. 干旱区地理 ,29(1):115–119.
敬永方 , 张富忠 , 常生华 .2003. 黄土高原农牧交错带苜蓿草地固沙效果观察——环县试验报告 [J]. 草业科学 ,20(7):58–59.
康俊梅 , 张爱萍 , 满都拉 .2008. 影响苜蓿产草量相关因素研究进展 [J]. 内蒙古草业 ,1:59–63.
李虎林 , 白青竹 , 姬文秀 .2008. 不同类型烟草叶片叶绿素和类胡萝卜素含量比较分析 [J]. 延边大学农学学报 ,30(3):153–156.
李瑾 , 安耐青 , 程小莉 .2001. 生态系统健康评价的研究进展 .[J] 植物生态学报 ,25(6):641~647.
李万苍 , 李文明 , 孟有儒 .2005. 苜蓿根腐病菌（Fusariumsolani）生物学特性研究 [J]. 草业学报 ,14(4):106–110.
李映雪 , 朱艳 , 戴廷波 .2006. 小麦叶面积指数与冠层反射光谱的定量关系 [J]. 应用生态学报 ,17(8):1443–1447.
李云梅 , 倪绍祥 , 王秀珍 .2003. 水稻冠层垂直反射率模拟 [J]. 作物学报 ,29(3):397–401.
李斌 , 张金屯 .2003. 黄土高原地区植被与气候的关系 [J]. 生态学报 ,23(1):82–89.
李炳元 , 潘保田 , 程维明 , 等 .2013. 中国地貌区划新论 [J]. 地理学报 ,68(3):291–306.
李兆林 , 王石莹 , 王坤龙 , 等 .2014. 呼和浩特地区苜蓿青贮经济和应用效益分析 [C]. 呼和浩特：第十三次全国畜牧业经济高峰论坛 .
联华 .2002. 内蒙古降水、土壤水分变化规律对苜蓿草地的不利影响与应对措施研究 [J]. 内蒙古科技与经济 ,3:3–4.
林启美 , 吴玉光 .1999. 熏蒸法测定土壤微生物量碳的改进 [J]. 生态学杂志 ,18(2):63–66.
刘贵河 .2004. 硼、钼、锌与大量元素配施对紫花苜蓿草产量和品质的影响 [J]. 草地学报 ,12(4):268–232.
刘速 , 刘晓云 .1989. 人工草地叶面积指数与地上生物量关系的初步研究 [J]. 干旱区研究 ,6(3):48–53.
刘晚苟 , 山仑 , 邓西平 .2001. 植物对土壤紧实度的反应 [J]. 植物生理学通讯 ,37(3):254–260.
刘晚苟 , 山仑 .2003. 不同土壤水分条件下容重对玉米生长的影响 [J]. 应用生态学报 ,14(11):1906–1910.
刘文彬 .2003. 模糊综合评价系统研究与实现 [D]. 廊坊 : 河北工业大学 .
刘香萍 , 王兆吉 , 崔国文 .2009. 苜蓿根及根颈形态指标与其抗寒性关系的研究 [J]. 黑龙江畜牧兽医 ,2:61–62.
刘玉华 , 贾志宽 , 史纪安 .2006. 旱作条件下不同苜蓿品种光合作用的日变化 [J]. 生态学报 ,26(5):1468–1477.

刘钟龄.2002.内蒙古草原退化与恢复演替机理的探讨[J].干旱区资源与环境,1:84-91.
刘玉凤,王明利,石自忠,等.2014.我国苜蓿产业技术效率及科技进步贡献分析[J].草业科学,31(10):1990-1997.
骆进仁.2005.甘肃省退耕还草工程不同类型区退还模式及牧草栽培区划概述[J].草业科学,22(5):80-84.
卢欣石.2001.中国苜蓿秋眠性—适宜引种与生态区划:首届中国苜蓿发展大会[C].中国草原学会,18-20.
罗天琼.1997.牧草生理特性和营养动态的研究[J].四川草原(l):7-11.
马效国,樊丽琴,陆妮.2005.不同土地利用方式对苜蓿茬地土壤微生物生物量碳、氮的影响[J].草业科学,22(10):13-17.
马宗仁,刘荣堂.1993.牧草抗旱生理学[M].兰州:兰州大学出版社.
孟昭仪.1993.公农一号苜蓿产草量动态研究[J].牧草与饲料,4:1-3,14.
牟守国,董霁红,王辉.2007.采煤塌陷地充填复垦土壤呼吸的研究[J].中国矿业大学学报,36(55):663-668.
彭宏春.2001.柴达木盆地弃耕盐碱地紫花苜蓿生物量季节动态[J].草地学报,9(3):218-222.
任继周.1998.草业科学研究方法[M].北京:中国农业出版社.
沈景林,孟扬,胡文良.1999.高寒地区退化草地改良试验研究[J].草业学报,1(8):9-15.
沈彦,张克斌,边振.2007.人工封育区土壤紧实度对植被特征的影响——以宁夏盐池为例[J].水土保持研究,14(6):81-84.
师尚礼,赵桂琴,姚拓.2005.农牧交错带特征分析与苜蓿燕麦种植区域的形成[J].草原与草坪,6:17-20.
时晓霞.2007.不同秋眠级紫花苜蓿品种在北方农牧交错区生产性能的比较研究[D].呼和浩特:内蒙古农业大学.
司马义.巴拉提.1997.不灌溉条件下戈壁伊犁蒿的产量动态及自身因子与相关性的研究[J].中国草地(2):6-11.
宋家祥,庄恒扬.1997.不同土壤紧实度对棉花根系生长的影响[J].作物学报,23(6):719-726.
苏加楷.1998.10个苜蓿品种产草量比较试验报告[J].牧草与饲料(2):11-15.
苏加楷.2003.苜蓿的适应性、分布和区划[C].北京:中国苜蓿发展大会.
孙广玉,李威,蔡敦江.2005.高寒区苜蓿越冬的生理适应性[J].东北林业大学学报,33(6):49-51.
孙洪仁,武瑞鑫,李品红.2008.紫花苜蓿根系入土深度[J].草地学报,16(3):307-312.
孙启忠,韩建国,桂荣.2001.科尔沁沙地苜蓿根系和根颈特性[J].草地学报,9(4):269-276.
孙启忠.2000.我国西北地区苜蓿种子产业化发展优势与对策[J].草业科学,17(2):65-69.
孙启忠,王宗礼,徐丽君.旱区苜蓿[M].北京:科技出版社,2014.
孙艳,王益权,冯嘉玥.2006.土壤紧实胁迫对黄瓜生长、产量及养分吸收的影响[J].植物营养与肥料学报,12(4):559-564.
田德贵,卢克俊,张素华.2003.紫花苜蓿引种试验研究[J].四川草原,5:19-20.
田炯,王翠然,陆根法.2009.层次分析法在生态效率评价中的应用研究[J].环境保护科学.
万素梅,胡守林,黄勤慧.2004.不同紫花苜蓿品种根系发育能力的研究[J].西北植物学

报 ,24(11):2048–2052.
汪文霞 , 周建斌 , 严德翼 , 等 .2006. 黄土区不同类型土壤微生物量碳、氮和可溶性有机碳、氮的含量及其关系 [J]. 水土保持学报 ,26(10):103–107.
王殿武 .1998. 高寒半干旱区农牧增产技术 [M]. 北京 : 地震出版社 .
王刚 , 孙广玉 .2007. 不同紫花苜蓿品种光合能力的比较 [J]. 东北林业大学学报 ,35(4):19–21.
王光净 , 杨继君 , 李庆飞 .2009. 区域经济可持续发展的系统动力学模型及其应用 [J]. 改革与战略 ,25(1):128–132.
王建丽 , 朱占林 , 张永亮 .2005. 苜蓿和无芒雀麦混播草地生长速度和生物量动态的研究 [J]. 作物杂志 ,6:28–22.
王立克 .2004. 镧离子对苜蓿种子萌发的影响 [J]. 南京农业大学学报 ,27(2):136–138.
王瑞云 .2004. 不同苜蓿品种对叶片愈伤组织诱导及植株再生的影响 [J]. 中国草地 ,26(2):36–38,43.
卫新菊 , 贾志宽 , 韩清芳 .2006. 施肥对紫花苜蓿分枝期光合特性的影响 [J]. 中国农学通报 ,22(12):77–83.
尉建平 .2007. 黑龙江省松茸可持续发展评价指标体系 [D]. 哈尔滨 : 东北林业大学 .
魏道智 , 宁书菊 , 林文雄 .2004. 小麦根系活力变化与叶片衰老的研究 [J]. 应用生态学报 ,15(9):1565–1569.
温方 .2007. 紫花苜蓿不同品种生产性能及其光合特性研究 [D]. 北京：中国农业科学院 .
吴涛 .2002. 公路网规划综合评价及相关问题研究 [D]. 合肥 : 合肥工业大学 .
吴旭红 .2005. 镉胁迫对苜蓿膜脂过氧化的影响及保护系统的应答 [J]. 中国草地 ,27(3):37–40.
吴自明 , 张欣 , 万建民 .2008. 叶绿素生物合成的分子调控 [J]. 植物生理学通讯 ,44(6):1064–1070.
吴征镒 .1979. 论中国植物区系的分区问题 [J]. 云南植物研究 (1):1–20.
吴军 , 徐海根 , 陈炼 .2011. 气候变化对物种影响研究综述 [J]. 生态与农村环境学报 ,27(4):1–6.
夏元旭 .2007. 辽宁省高新技术企业技术创新能力评价 [D]. 大连：辽宁师范大学 .
肖蕾 , 王俊和 .2009. 基于价值工程的铁路建设工程评标方法探讨 [J]. 铁道学报 ,31(1):111–114.
邢月华 , 汪仁 , 安景文 .2007. 紫花苜蓿引种试验 [J]. 畜牧与兽医 ,39(8):26–29.
徐丽君 , 徐大伟 , 辛晓平 , 等 .2017. 中国苜蓿属植物适宜性区划 [J]. 草业科学 ,34(11):1–12
徐丽君 , 杨桂霞 , 徐大伟 , 等 .2014. 呼伦贝尔地区人工草地生长季土壤微生物数量变化研究 [J]. 草地学报 ,22(3):528–534.
徐丽君 , 辛晓平 , 杨桂霞 .2014. 海拉尔地区苜蓿生产性能及影响因子研究 [J]. 草原与草坪 (4):36–42.
徐丽君 , 王波 , 玉柱 , 等 .2009. 农牧交错带土壤呼吸特性研究 . 干旱区研究 [J].26(11):14–20.
徐丽君 , 王波，孙启忠 .2008. 科尔沁沙地 3 种紫花苜蓿品种光合日动态研究 [J]. 应用生态学 ,19(10)：2189–2193.
徐丽君 , 王波 , 玉柱 .2008. 两种紫花苜蓿品种光合特性的研究 [J]. 中国农业科技导报 ,10(3):102–106.
徐绪堪 , 段振中 , 郝建 .2009. 基于模糊层次分析法的企业信息系统绩效评价模型构建 [J].

情报杂志 ,28(2):11–13,49.
郑度 , 葛全胜 , 张雪芹 , 等 .2005. 中国区划工作的回顾与展望 [J]. 地理研究 ,24(3):330–344.
徐颖 .2007. 滇西北地区典型山地自然景观分析与评价研究 [D]. 昆明 : 西南林学院 .
徐大伟 , 陈宝瑞 , 辛晓平 .2014. 气候变化对草原影响的评估指标及方法研究进展 [J]. 草业科学 ,31(11):2183–2190.
徐斌 , 杨秀春 , 白可喻 , 等 .2007. 中国苜蓿综合气候区划研究 [J]. 草地学报 ,15(04):316–321,334.
辛晓平 , 徐丽君 , 徐大伟 .2015. 中国主要栽培牧草适宜性区划 [M]. 北京 : 科学出版社 .
许光辉 , 郑洪元 .1986. 土壤微生物分析方法手册 [M]. 北京 : 农业出版社 .
薛镔 .2005. 基于模糊数学的区域生态环境评价 [D]. 哈尔滨：哈尔滨工业大学 .
薛珠政 , 卢和顶 .1998. 群体结构对玉米冠层特征 , 光合特性及产量的影响 [J]. 国外农学 ,18(6):27–29.
闫毅志 .2004. 水库库区环境影响综合评价研究 [D]. 杨凌 : 西北农林科技大学 .
晏洪超 , 王尧 .2003. 紫花苜蓿高产性能试验 [J]. 饲料研究 ,7:30–30.
易鹏 .2004. 紫花苜蓿气候生态区划初步研究 [D]. 北京 : 中国农业大学 .
杨长明 , 杨林章 , 韦朝领 .2002. 不同品种水稻群体冠层光谱特征比较研究 [J]. 应用生态学报 ,13(6):689–692.
杨飞 , 张柏 , 宋开山 .2008. 玉米和大豆光合有效辐射吸收比例与植被指数和叶面积指数的关系 [J]. 作物学报 ,34(11):2046–2052.
杨恒山 , 曹敏建 , 范富 .2005. 东北农牧交错带种植苜蓿与玉米综合效益研究 [J]. 中国生态农业学报 ,13(4):107–109.
杨恒山 , 张庆国 , 刘晶 .2007. 不同生长年限紫花苜蓿根系及其土壤微生物的分布 [J]. 草业科学 ,24(11):38–41.
于辉 , 刘惠青 , 崔国文 .2008. 不同刈割频率下紫花苜蓿品种的越冬率与主根 C/N 比变化 [J]. 中国草地学报 ,30(4):21–24.
俞超 , 张吉 , 叶生暄 .2008.Bt 转基因水稻生理生化特性研究初报 [J]. 江苏农业科学 ,4:31–33.
昝林森 , 王倩 .1992. 渭北旱塬苜蓿播种技术及田间管理的增产效应 [J]. 畜牧兽医杂志 ,2:36–37.
昝林森 .1990. 渭北旱塬杨家坭实验分区牧草引种试验研究 [J]. 牧草与饲料 (4):38–42.
翟云龙 , 章建新 , 薛丽华 .2005. 密度对超高产春大豆农艺性状的影响 [J]. 中国农学通报 ,21(2):109–111.
张从 .2002. 环境评价教程 [M]. 北京 : 中国环境科学出版社 .
张国荣 .1991. 黄土丘陵半干旱区多年生禾本科草引种试验 [J]. 宁夏农林科技 (1):33–36.
张宏宇 , 杨恒山 , 肖艳云 .2008. 播种方式对紫花苜蓿 + 无芒雀麦产量及冠层结构的影响 [J]. 黑龙江畜牧兽医 ,5:52–53.
张杰 , 贾志宽 , 韩清芳 .2007. 不同养分对苜蓿茎叶比和鲜干比的影响 [J]. 西北农业学报 ,16(4):121–125.
张凯 , 王润元 , 王小平 .2008. 黄土高原春小麦叶面积指数与高光谱植被指数相关分析 [J]. 生态学杂志 ,27(10):1692–1697.

张弥,关德新,吴家兵.2006.植被冠层尺度生理生态模型的研究进展[J].生态学杂志,5:563–571.

张丽君,白占雄,关文斌,等.2005.我国苜蓿属植物栽培品种的地理分布[J].华北农学报,20(F12):99–103.

赵春兰.2006.模糊因子综合评价法研究[D].成都:西南石油大学.

赵吉.2005.典型草原土壤健康的生物学优化监测与量化评价[D].呼和浩特:内蒙古大学.

赵金梅,周禾,郭继承.2007.不同水分胁迫对紫花苜蓿分枝期光合性能的影响[J].中国草地学报,29(2):41–44.

赵淑芬,陈志远.2004.内蒙古自治区农牧交错带紫花苜蓿优质高产栽培关键技术[J].华北农学报,19(S1):131–133.

赵艳,魏臻武,吕林有.2008.苜蓿根系生长性状及其与产草量关系的研究[J].草原与草坪,6:1–4.

赵慧颖.2007.气候变化对典型草原区牧草气候生产潜力的影响[J].中国农业气象,28(3):281–284.

郑红梅.2005.22个苜蓿品种生长和品质特性研究及综合评价[D].杨凌:西北农林科技大学.

周立业,郭德,刘秀梅.2004.草地健康及其评价体系[J].草原与草坪,4:17–20.

周艳春,王志锋,樊奋成.2008.10个紫花苜蓿品种产草量及营养价值比较分析[J].吉林农业科学,33(6):72–73.

朱铁霞,辽高凯,张永亮.2008.不同根瘤菌接种量对紫花苜蓿的影响[J].作物杂志,4:37–38.

朱玉洁,冯利平,易鹏.2007.紫花苜蓿光合生产与干物质积累模拟模型研究[J].作物学报,2007,33(10):1682–1687.

Arvidsson J.1999. Nutrient uptake and growth of barley as affected by soil compaction[J]. Plant & Soil, 208(1):9-19.

Bell L W. 2005.Relative growth rate, resource allocation and root morphology in the perennial legumes, Medicago sativa, Dorycnium rectum, and D. hirsutum, grown under controlled conditions[J]. Plant & Soil, 270(1):199-211.

Bolger T P, Matches A G. 1990.Water-use efficiency and yield of sainfoin and alfalfa.[J]. Crop Science, 30(1):143-148.

Bouteau F, Pennarun A M, Kurkdjian A, et al.1993.Ion channels of intact young root hairs from Medicago sativa[J]. Plant Physiology & Biochemistry, 37(12):889-898.

Bouwman A F, Germon J C. 1998.Special issue - Soils and climate change - Introduction[J]. Biology & Fertility of Soils, 27(3):219-219.

Brummer E C, Shah M M, Luth D. 2000.Reexamining the relationship between fall dormancy and winter hardiness in alfalfa.[J]. Crop Science, 40(4):971-977.

Clark L J, Whalley W R, Dexter A R, et al. 2010.Complete mechanical impedance increases the turgor of cells in the apex of pea roots[J]. Plant Cell & Environment, 19(9):1099-1102..

Cock J H, Franklin D, Sandoval G, et al. 1979.The Ideal Cassava Plant for Maximum Yield[J]. Crop Science, 19(2).

Fairweather P C.1999.Determine the 'health'of estuaries:for ecological research.Australian Journal of ecology, 24(4):441–448.

Johnson L D, Marquezortiz J J, Lamb J F S, et al.1998. Root Morphology of Alfalfa Plant Introductions and Cultivars[J]. Crop Science, 38(2):497-502.

Jones C R,Samac D A.1996.Biological control of fungi causing alfalfa seedling damping-off with adisease-suppressives train of streptomyces[J]. Biological Control, 7(2):196-204.

Jones R J, Nelson C J, Sleper D A. 1979.Seedling Selection for Morphological Characters Associated with Yield of Tall Fescue[J]. Crop Science, 19(5):631-634.

Knapp W R, Knapp J S.1980. Interaction of planting date and fall fertilization on winter barley performance.[J]. Agronomy Journal, 72(3):440-445.

Lamb E G, Bayne E, Holloway G, et al. 2009.Indices for monitoring biodiversity change: Are some more effective than others?[J]. Ecological Indicators, 9(3):432-444.

Mcintosh M S. 1981.Genetic and soil moisture effects on the branching-root trait in alfalfa[J]. Cropence, 21(1):15-18.

Marquezortiz J J, Johnson L D, Barnes D K, et al. 1996.Crown Morphology Relationships among Alfalfa Plant Introductions and Cultivars[J]. Crop Science, 36(3):766-770.

Nelson C J, Asay K H, Sleper D A. 1977.Mechanisms of Canopy Development of Tall Fescue Genotypes [J]. Crop Science, 17(3):449-452.

Peltier G L.1931.Hardiness studies with 2-year-old alfalfa plants[J]. Journal of Agricultural science Research, 43:931-955.

Perfect E, Miller R D, Burton B.1987. Root Morphology and Vigor Effects on Winter Heaving of Established Alfalfa[J]. Agronomy Journal, 79(6):1061-1067.

Pyke D A，Herrick J K，Shaver P.2003.What is the standard for range land health assessments. Ireland：Proceeding sof the Ⅶ International Range lands congress.

Rammah A M, Bojtos Z. 1981.Progress from phenotypic selection in alfalfa selected in spaced plantings and evaluated in spaced and dense plantings. I. Individual plant selection.[J]. Acta Agronomica Academiae Scientiarum Hungaricae, 22(6):283-289.

Renaud J P, Allard G, Mauffette Y.1997. Effects of ozone on yield, growth, and root starch concentrations of two alfalfa (*Medicago sativa* L.) cultivars[J]. Environmental Pollution, 95(3):273-81.

Rumbaugh M D. 1963.Effects of Population Density on Some Components of Yield of Alfalfa1[J]. Crop Science, 3(5).

Rustad L E, Huntington T G, Boone R D.2000. Controls on Soil Respiration: Implications for Climate Change[J]. Biogeochemistry, 48(1):1-6.

Saindon G, Michaud R, Stpierre C A. 1991.Breeding for root yield in alfalfa[J]. Canadian Journal of Plant Science, 71(3):727-735.

SheridanKP.1966.Intraspecific variation in apparent net photosynthesis of seven crop species[D]. Univpark:Pennsylvania State University, 27:37–42.

Smith J G, Mott G O, Bula R J. 1964.Ecological Parameters of an Alfalfa Community Under Field Conditions[J]. Crop Science, 4(6):577-580.

Stirzaker R J, Passioura J B, Wilms Y. 1996.Soil structure and plant growth: Impact of bulk density and biopores[J]. Plant & Soil, 185(1):151-162.

Ahc V B, Semenov A M.2000. In search of biological indicators for soil health and disease suppression.[J]. Applied Soil Ecology, 15(1):13-24.

Vance C P. 1978.Comparative aspects of root and root nodule secondary metabolism in alfalfa[J]. Phytochemistry, 17(11):1889-1891.

Volenec J J. 1985.Leaf Area Expansion and Shoot Elongation of Diverse Alfalfa Germplasms [J]. Crop Science, 25(5):822-827.

Volenec J J, Cherney J H, Johnson K D,1987.Yield Components, Plant Morphology, and Forage Quality of Alfalfa as Influenced by Plant Population[J]. Crop Science, 27(2):321-326.

Walker J, Reuter D. 1996.Indicators of Catchment Health[M].Kanpeila:CSIRO.

Wang L C, Attoe O J, Truog E. 1953.Effect of Lime and Fertility Levels on the Chemical Composition and Winter Survival of Alfalfa[J]. Agronomy Journal, 45(8):381-384.

附录

苜蓿（包括7个种）	紫花苜蓿	驯鹿	*Medicago sativa* L. cv. AC Caribou	2007	引进品种	适宜华北、西北和东北较寒冷地区种植
		牧歌 401+Z	*Medicago sativa* L. cv. AmeriGraze401 + Z	2004	引进品种	适宜华北大部分地区、西北、东北、华中部分地区种植
		敖汉	*Medicago sativa* L. cv. Aohan	1990	地方品种	凡年平均温度 5 ~ 7℃、最高气温 39℃、最低气温 –35℃，≥ 10℃年活动积温 2400~3600℃，年降水量 260~460mm 的我国东北、华北和西北各省、区均宜栽培
		保定	*Medicago sativa* L. cv. Baoding	2002	地方品种	北京、天津、河北、山东、山西、甘肃、宁夏、青海东部、内蒙古中南部、辽宁、吉林中南部等地区均可种植
		北疆	*Medicago sativa* L. cv. Beijiang	1987	地方品种	主要分布在北疆准噶尔盆地及天山北麓林区、伊犁河谷等农牧区，我国北方各省、区均可种植
		沧州	*Medicago sativa* L. cv. Cangzhou	1990	地方品种	适宜在河北省东南部，山东、河南、山西部分地区栽培
		德宝	*Medicago sativa* L. cv. Derby	2003	引进品种	我国华北大部分地区及西北、华中部分地区均可种植
		游客	*Medicago sativa* L. cv. Eureka	2006	引进品种	适宜长江中下游丘陵地区种植
		甘农 3 号	*Medicago sativa* L. cv. Gannong No.3	1996	育成品种	适应西北内陆灌溉农业区和黄土高原地区种植

苜蓿（包括7个种）	紫花苜蓿	甘农4号	*Medicago sativa* L. cv. Gannong No.4	2005	育成品种	西北内陆灌溉农业区和黄土高原地区均可种植
		金皇后	*Medicago sativa* L. cv. Golden Empress	2003	引进品种	适宜我国北方有灌溉条件的干旱、半干旱地区种植
		公农1号	*Medicago sativa* L. cv. Gongnong No.1	1987	育成品种	适宜东北和华北各省、区种植
		公农2号	*Medicago sativa* L. cv. Gongnong No.2	1987	育成品种	适宜东北和华北各省、区种植
		关中	*Medicago sativa* L. cv. Guanzhong	1990	地方品种	陕西渭水流域、渭北旱塬及与关中、山西晋南气候类似的地区均可种植。也是南方种植苜蓿时可供选择的品种之一
		河西	*Medicago sativa* L. cv. Hexi	1991	地方品种	适宜黄土高原地区及西北各省荒漠、半荒漠、干旱地区有灌水条件的地方种植
		淮阴	*Medicago sativa* L. cv. Huaiyin	1990	地方品种	适宜黄淮海平原及其沿海地区，长江中下游地区种植，并有向南方其他省份推广的前景
		晋南	*Medicago sativa* L. cv. Jinnan	1987	地方品种	凡年平均气温在9~14℃，≥10℃活动积温2300~3400℃，绝对低温不低于–20℃，年降水量在300~550mm的地区均能种植。如晋南、晋中、晋东南地区低山丘陵和平川农田，以及我国西北地区的南部均宜种植

苜蓿（包括7个种）	紫花苜蓿	陇东	*Medicago sativa* L. cv. Longdong	1991	地方品种	北方许多省区已引种并大面积种植，最适宜栽培区域为黄土高原地区
		陇中	*Medicago sativa* L. cv. Longzhong	1991	地方品种	适应性广，在我国北方各省大都有引种栽培。最适区域为黄土高原地区，在长城沿线干旱风沙地区亦可种植
		内蒙准格尔	*Medicago sativa* L. cv. Neimeng Zhungeer	1991	地方品种	适应在内蒙古中、西部地区以及相邻的陕北、宁夏部分地区种植
		皇冠	*Medicago sativa* L. cv. Phabulous	2004	引进品种	适宜华北、西北、东北地区南部，华中及苏北等地区种植
		偏关	*Medicago sativa* L. cv. Pianguan	1993	地方品种	适应在黄土高原海拔高度为1500~2400m，年最低气温在 -32℃左右的丘陵地区，与晋北、晋西地区推广种植
		三得利	*Medicago sativa* L. cv. Sanditi	2002	引进品种	适宜我国华北大部分地区及西北、华中部分地区种植
		陕北	*Medicago sativa* L. cv. Shanbei	1990	地方品种	适宜陕西北部、甘肃陇东、宁夏盐池、内蒙古准格尔旗等黄土高原北部、长城沿线风沙地区种植
		赛特	*Medicago sativa* L. cv. Sitel	2003	引进品种	适宜我国华北大部分地区，西北地区东部、新疆部分地区种植
		天水	*Medicago sativa* L. cv. Tianshui	1991	地方品种	适宜黄土高原地区种植。我国北方冬季不甚严寒的地区均可种植

苜蓿（包括7个种）	紫花苜蓿	图牧2号	*Medicago sativa* L. cv. Tumu No.2	1991	育成品种	在内蒙古东部地区和吉林、黑龙江省适应种植。1993年在新疆巴音布鲁克高寒地区试种成功
		维克多	*Medicago sativa* L. cv. Vector	2003	引进品种	适宜我国华北、华中地区种植
		维多利亚	*Medicago sativa* L. cv. Victoria	2004	引进品种	适宜华北、华中、苏北及西南部分地区种植
		WL232HQ	*Medicago sativa* L. cv. WL232HQ	2004	引进品种	适宜我国北方干旱、半干旱地区种植
		WL323ML	*Medicago sativa* L. cv. WL323ML	2004	引进品种	适宜河北、河南、山东和山西等省种植
		无棣	*Medicago sativa* L. cv. Wudi	1993	地方品种	适宜鲁西北渤海湾一带以及类似地区种植
		新疆大叶	*Medicago sativa* L. cv. Xinjiang Daye	1987	地方品种	适宜在南疆塔里木盆地、焉耆盆地各农区，甘肃省河西走廊、宁夏引黄灌区等地种植。在我国北方和南方一些地区试种表现较好
		新牧2号	*Medicago sativa* L. cv. Xinmu No.2	1993	育成品种	凡新疆大叶苜蓿、北疆苜蓿能种植的省区均可种植
		蔚县	*Medicago sativa* L. cv. Yuxian	1991	地方品种	河北省北部、西部，山西省北部和内蒙古自治区中、西部地区均宜种植
		肇东	*Medicago sativa* L. cv. Zhaodong	1989	地方品种	适宜北方寒冷湿润及半干旱地区种植，是黑龙江省豆科牧草中当家草种之一。在北方一些省、区引种普遍反映较好

苜蓿（包括7个种）	紫花苜蓿	中兰1号	*Medicago sativa* L. cv. Zhonglan No.1	1998	育成品种	适宜在降水量400mm左右，年均气温6~7℃，海拔990~2300m的黄土高原半干旱地区种植
		中苜1号	*Medicago sativa* L. cv. Zhongmu No.1	1997	育成品种	适宜黄淮海平原及渤海一带的盐碱地种植，也可在其他类似的内陆盐碱地试种
		中苜2号	*Medicago sativa* L. cv. Zhongmu No.2	2003	育成品种	适宜黄淮海平原非盐碱地及华北平原相类似地区种植
		中苜3号	*Medicago sativa* L. cv. Zhongmu No.3	2006	育成品种	适宜黄淮海地区轻度、中度盐碱地种植
		WL525HQ	*Medicago sativa* L. cv. WL525HQ	2008	引进品种	云南温带和亚热带地区
		渝苜1号	*Medicago sativa* L. Yumu No.1	2008	育成品种	我国西南等地区作为饲草种植，其种子生产则需要在西北地区种植
		清水	*Medicago sativa* L. Qingshui	2009	野生栽培品种	适宜我国甘肃省海拔1100~2600m的半湿润、半干旱区，可作为刈割草地或水土保持利用。
		甘农6号	*Medicago sativa* L. Gannong No.6	2009	育成品种	适应于我国西北内陆绿洲灌区和黄土高原地区种植。
		公农5号	*Medicago sativa* L. Gongnong No.5	2009	育成品种	适于我国北方温带地区种植。
		德钦	*Medicago sativa* L. Deqin	2009	野生栽培品种	适宜于云南省迪庆州海拔2000~3000m及类似地区种植。
		中草3号	*Medicago sativa* L. Zhongcao No.3	2009	育成品种	适宜在我国北方干旱寒冷地区，尤其适宜内蒙古及周边地区种植。

苜蓿（包括7个种）	紫花苜蓿	新牧4号	*Medicago sativa* L. Xinmu No.4	2009	育成品种	适宜在有灌溉条件的南北疆及甘肃河西走廊、宁夏引黄灌区等地种植。
		威斯顿	*Medicago sativa* L. Weston	2009	引进品种	适宜范围为海拔1500~3400m，年均温5~16℃，夏季最高温不超过30℃，年降水量≥560mm的温带至中亚热带地区。尤其适宜在我国西南和南方山区种植。
		东苜1号	*Medicago sativa* L. Dongmu No.1	2009	育成品种	适宜我国东北干旱寒冷地区种植。
		龙牧808	*Medicago sativa* L. Longmu No.808	2009	育成品种	适于在东北、西北、内蒙古等地区种植。
		甘农5号	*Medicago sativa* L. Gannong No.5	2009	育成品种	适宜我国北纬33°~36°的西北地区种植。
		中苜6号	*Medicago sativa* L. Zhongmu No.6	2009	育成品种	适宜在我国华北中部及北方类似条件地区种植。
		中苜4号	*Medicago sativa* L. Zhongmu No.4	2011	育成品种	黄淮海地区
		甘农7号	*Medicago sativa* L. Gannong No.7	2013	育成品种	适宜黄土高原半干旱、半湿润地区和北方类似地区种植。
		中苜5号	*Medicago sativa* L. Zhongmu No.5	2014	育成品种	适宜在黄淮海地区种植。
		WL343HQ	*Medicago sativa* L. WL343HQ	2015	引进品种	适于我国北京以南地区种植。
		阿迪娜（Adrenalin）	*Medicago sativa* L. cv. Adrenalin	2017	引进品种	适宜在北京、兰州、太原等地及气候相似的温带区域种植。

苜蓿（包括7个种）	紫花苜蓿	东苜2号	*Medicago sativa* L. cv. Dongmu No.2	2017	育成品种	适宜在吉林、黑龙江及气候相似地区种植。
		康赛（Concept）	*Medicago sativa* L. cv. Concept	2017	引进品种	适宜在我国华北及西北东部地区种植。
		赛迪7号（Sardi7）	*Medicago sativa* L. cv. Sardi No.7	2017	引进品种	适宜在我国河北、河南、四川、云南等地种植。
		沃苜1号	*Medicago sativa* L. cv. Womu No.1	2017	育成品种	适宜在华北大部分、西北部分地区种植。
		东农1号	*Medicago sativa* L. cv. Dongnong No.1	2017	育成品种	适宜在东北三省及内蒙古东部地区种植。
		甘农9号	*Medicago sativa* L. cv. Gannong No.9	2017	育成品种	适宜在我国北方温暖干旱半干旱灌区和半湿润地区种植。
		WL168HQ	*Medicago sativa* L. cv. WL168HQ	2017	引进品种	适宜在吉林、辽宁和内蒙古中部种植。
		中兰2号	*Medicago sativa* L. cv. Zhonglan No.2	2017	育成品种	适宜在黄土高原半湿润区以及北方降水量大于320mm的区域及类似地区种植。
		玛格纳601（Magna601）	*Medicago sativa* L. cv. Magna601	2017	引进品种	适宜在我国西南、华东和长江流域等地区种植。
		中苜8号	*Medicago sativa* L. cv. Zhongmu No.8	2017	育成品种	适宜在黄淮海盐碱地或华北、华东气候相似地区种植。
		凉苜1号	*Medicago sativa* L. cv. Liangmu No.1	2016	育成品种	适宜我国西南地区海拔1000~2000m，降水量1000mm左右的亚热带生态区种植。
		草原4号	*Medicago sativa* L. Caoyuan No.4	2015	育成品种	适宜在我国山东、河北、内蒙古中南部、陕西、山西等省区种植。

苜蓿（包括7个种）	黄花苜蓿	呼伦贝尔	*Medicago falcate* L. cv. Hulunbeier	2004	野生栽培品种	适宜我国北方高寒及干旱地区种植
		秋柳	*Medicago falcata* L. cv. Syulinskaya	2007	引进品种	适宜北方寒冷、半干旱地区种植
	杂花苜蓿	阿勒泰	*Medicago varia* Martin. cv. Aletai	1993	野生栽培品种	适应年降水量250~300mm 的草原带旱作栽培，在灌溉条件下，也适应于干旱半干旱的平原农区种植
		阿尔冈金	*Medicago varia* Martin. cv. Algonquin	2005	引进品种	适宜我国西北、华北、中原、苏北以及东北南部种植
		草原 1 号	*Medicago varia* Martin. cv. Caoyuan No.1	1987	育成品种	适宜内蒙古东部、我国东北和华北各省种植。由于耐热性差，越夏率低，不宜在北纬 40°以南的平原地区大面积推广
		草原 2 号	*Medicago varia* Martin. cv. Caoyuan No.2	1987	育成品种	适宜内蒙古，我国东北、华北和西北一些省区种植。由于抗热性差，越夏率低，在北纬 40° 以南的平原地区不宜大面积推广种植
		草原 3 号	*Medicago varia* Martin. cv. Caoyuan No.3	2002	育成品种	适宜我国北方寒冷干旱、半干旱地区种植。在内蒙古东部及黑龙江省的寒冷地区均可安全越冬
		赤草 1 号	*Medicago varia* Martin cv. Chicao No.1	2006	育成品种	适宜我国北方降水量300~500mm 的干旱和半干旱地区种植
		甘农 1 号	*Medicago varia* Martin. cv. Gannong No.1	1991	育成品种	黄土高原北部、西部，青藏高原边缘海拔 2700m 以下，年平均温度 2℃以上地区均可种植

苜蓿（包括7个种）	杂花苜蓿	甘农2号	*Medicago varia* Martin. cv. Gannong No.2	1996	育成品种	该品种是具有根蘖性状的放牧型苜蓿品种，适宜在黄土高原地区、西北荒漠沙质壤土地区和青藏高原北部边缘地区栽培作为混播放牧、刈收兼用品种。因其根系强大，扩展性强，更适宜于水土保持、防风固沙护坡固土
		公农3号	*Medicago varia* Martin. cv. Gongnong No.3	1999	育成品种	适宜东北、西北、华北北纬46℃以南、年降水量350~550mm的地区种植
		润布勒	*Medicago varia* Martin. cv. Rambler	1988	引进品种	适宜黑龙江省、吉林东北部、内蒙古东部、山西省雁北地区、甘肃、青海等高寒地区栽培
		图牧1号	*Medicago varia* Martin. cv. Tumu No.1	1992	育成品种	北方半干旱气候均可种植。1993年在新疆著名高寒地区巴音布鲁克试种成功
		新牧1号	*Medicago varia* Martin. cv. Xinmu No.1	1988	育成品种	新疆北部准噶尔盆地，伊犁、哈密地区，以及新疆大叶苜蓿、北疆苜蓿适宜栽培的地区均可种植
		新牧3号	*Medicago varia* Martin. cv. Xinmu No.3	1998	育成品种	凡种植新疆大叶苜蓿及北疆苜蓿适合的省内外地区均可种植，是冬季严寒地区的优良品种
		公农4号	*Medicago varia* Martin Gongnong No.4	2011	育成品种	东北、华北和西北地区

苜蓿（包括7个种）	苜蓿	龙牧801	*Melilotoides ruthenicus* L. *Sojak*×*Medicago sativa* L. cv. Longmu No.801	1993	育成品种	适宜小兴安岭寒冷湿润区和松嫩平原温和半干旱区种植
		龙牧803	*Medicago sativa* *L.×Melilotoides ruthenicus* L. *Sojak*. cv. Longmu No.803	1993	育成品种	适宜小兴安岭寒冷湿润区、松嫩平原温和半干旱区、牡丹江半山间温凉湿润区种植
		龙牧806	*Medicago sativa* *L.× Meliloides ruthenica* L. *Sojak*. cv. Longmu 806	2002	育成品种	东北寒冷气候区、西部半干旱区及盐碱土区均可种植。亦可在我国西北、华北以及内蒙古等地种植
	南苜蓿（金花菜）	楚雄	*Medicago hispida* Gaertn. cv. Chuxiong	2007	地方品种	适宜长江中下游及以南地区种植
		淮扬	*Medicago hispida* Gaertn. Huaiyang	2013	地方品种	适宜在长江中下游地区种植。
	天蓝苜蓿	陇东	*Medicago lupulina* L. cv. Longdong	2002	野生栽培品种	适宜我国北方除高寒地区和荒漠半荒漠地区以外的大部分地区，尤宜在黄土高原种植